数字化设计与智慧生活

Digital Design and Smart Life

中国建筑学会室内设计分会 编

化学工业出版社
·北京·

内容简介

本书精选了数字化设计作品 48 件，介绍并展现了每件作品的设计理念、构思、方案及效果。书中作品来自国内设计类特色教育创新项目——“室内设计 6+”2024 年（第十二届）联合毕业设计项目的优秀成果，遴选 41 所国内设计专业知名高校的联合毕业设计答辩优秀作品。

本书可供高等院校建筑设计、室内设计、环境艺术设计、景观设计等相关专业师生使用，也可供建筑、室内、环艺和景观等专业设计人员参考。

图书在版编目（CIP）数据

数字化设计与智慧生活 / 中国建筑学会室内设计分会编. -- 北京 : 化学工业出版社，2025. 4. -- ISBN 978-7-122-47350-9

Ⅰ. TU238.2

中国国家版本馆 CIP 数据核字第 2025BC6566 号

责任编辑：徐　娟　　　装帧设计：中海盛嘉
责任校对：杜杏然　　　封面设计：刘丽华

出版发行：化学工业出版社（北京市东城区青年湖南街 13 号　邮政编码 100011）
印　　装：北京宝隆世纪印刷有限公司
880mm×1230mm　1/16　印张 14　字数 400 千字　2025 年 9 月北京第 1 版第 1 次印刷

购书咨询：010-64518888　　　售后服务：010-64518899
网　　址：http://www.cip.com.cn
凡购买本书，如有缺损质量问题，本社销售中心负责调换。

定　　价：138.00 元

本书编委会名单

主　任：苏　丹　陈　亮

副主任（以学会和高校为序、排名不分先后）：

宣　蔚　周　林　莫军华　李枝秀　白　舸　王双全　黄　敏　何　凡　谢旭斌　张　勃
白仲航　王庆斌　陈淑飞　刘晨晨　马　云　蒋维乐　何　宇　万　凡　张新红　林　铠
齐伟民　李翔宁　肖毅强　孙　澄　蔺宝钢　刘　烨　陈嘉嘉　张昕楠　沈　康　汤晓颖
林　海　张　健　甘森忠　许　慧　陈　爽

执行主编：陈　亮　刘伟震

副主编：郭晓阳

编　委（排名不分先后）：

杨　琳　余　洋　梁　青　刘晨晨　张　豪　王祖君　吴晓燕　李　南　崔奕欣　崔　丛
杨　茜　李　鹏　张骞月

评委及企业导师（按照拼音首字母排序）

实验组：

董　雅　傅　祎　郭晓明　刘怀洋　刘　烨　娄晓军　马　超　杨晓绮　杨忠军　张　磊
邹广天

东北区：

安冬冬　丁　一　付养国　何爱利　梁思佳　林　琳　林　铠　刘东卫　马克辛　孙　霆
唐　建　王　盟　王重为　闫志刚　杨金鹏　杨震宇　余　洋　张明杰　张　涛　周立军

华北区：

白仲航　刘　彬　刘东文　刘宪光　唐　建　王慧刚　王　跃　吴歆威　杨丽丽　张洪俊
张　强　张　伟

华东区：

曹端顺　陈月浩　丁　昶　郭晓阳　韩　茹　黎文崇　刘　佳　卢克岩　王传顺　王　海
王红江　肖功渝　张乘风　张军学　张　郁

华西区：

樊　倩　郭晓阳　郝　缨　靳　江　梁长江　刘晨晨　刘月超　唐　媛　王　军　吴　昊
徐　岩　翟斌庆

华中区：

曹　凯　陈　欣　郭晓阳　何东明　何　凡　洪振辉　蒋宏华　李　萍　李　哲　李枝秀

刘可可　梅小清　陶志雄　王国彬　王晚成　王祖君　谢　坚　徐　立　徐平凡　姚睿博
叶砚葳　周　彤

华南区：

丁　铮　孔　杰　梁　青　林文格　倪　阳　彭　晓　邱剑云　王　鹏　杨日伟　张　梁
周　通

高校导师（按照拼音首字母排序）

实验组：

林　怡　刘　杰　刘晓军　师立华　石大伟　宋佳音　孙　贝　滕学荣　王今琪　谢冠一
薛　颖　杨　琳　叶　青　于立晗　兆　翚　赵　伟　朱　飞　朱宁克　左　琰

东北区：

包　明　迟家琦　都　伟　杜心舒　富尔雅　高　巍　何　兰　贺　禧　黄宏伟　阚盛达
李继来　李　莹　刘利剑　刘学文　刘治龙　吕丹娜　吕海景　马　辉　邵卓峰　唐　晔
陶　宁　田　华　张　娇　张瑞峰　张享东

华北区：

都红玉　郭笑梅　韩　冰　刘辛夷　刘怡涵　马品磊　全　进　任永刚　孙　锦　王宏飞
魏　强　杨　雪　张金勇　张翼明　赵逦龙　周　梦

华东区：

陈月浩　邓　琛　董立惠　耿　涛　郭谌达　郭浩原　姬　琳　金常江　李建华　林建力
刘　健　裴纹英　邵　靖　王蓓蓓　续　昕　郑志元　周　佳　周炯焱

华西区：

郭贝贝　李　静　马若琼　马　云　申　明　谭人殊　吴　雪　向　坤　谢　迁　张　豪
赵一青　郑君芝

华中区：

黄　敏　黄学军　雷　鑫　李　江　李　敏　李星星　梁竞云　刘少博　刘锡睿　陆　虹
尚　磊　王　刚　王　譞　谢　华　熊淑辉　张　进

华南区：

胡林辉　黄　芳　黄　铮　黄　智　李逸斐　廖　橙　田启龙　王　萍　巫　濛　薛震东
叶　昱　朱应新

前言

室内设计专业在中国经过了将近 70 年的发展历程，其专业名称、从属学科也经历了数次改变。直到今天在建筑学、环境设计等学科内都设置有室内设计专业，可见该专业所涵盖知识的复杂性。目前设有室内设计（或类似）专业的高校有 1500 多所，可见该专业也具有广泛性。

中国建筑学会室内设计分会是室内设计专业领域国内最具权威的学术组织，多年来一直引领着中国室内设计学术与实践的发展方向。从 2013 年起中国建筑学会室内设计分会开始组织“室内设计 6+”，至今已持续了十二届。在国内按地域和实践类型分为实验组、东北区、华北区、华东区、华西区、华中区、华南区七个组，共有 60 余所院校参与，已在国内形成了较大的影响力。“室内设计 6+”组织模式的不断创新也是今年的亮点之一，“飞行院校”的加入打破了以往区域的限制，在迎接新的挑战同时也促进了区域之间的交流。这种模式的创新我们会坚持走下去，我们要打破区域、校际之间的壁垒，让各院校的教师、学生思想的碰撞更为猛烈。这种模式所产生的最终效应和成果是我们想看到的，也是本书所要呈现的。

大学是传道、授业、解惑的场所，教学又是大学办学的根本。如何培养好学生是一所学校、一个专业、一群教师的职责，“室内设计 6+”正是在以不断创新教学形式来完成这一目标。今年的命题“数字化设计与智慧生活”是当下国家发展需要且社会热点的话题之一。每个参加院校的师生们对此 的不同解读和思想碰撞，最终会呈现在本书上。

每年我们都会将各个区域名列前茅的优秀作品汇聚成册，这首先是对该项目的记录和总结，同时也是对能刊登在作品集上的设计者的鼓励。十二本作品集放在一起，一方面是汇聚了每年各个院校教学的成果，展现设计教育变化着的时代气息；另一方面也体现出我们这个学术团体为中国室内设计教育发展进步所贡献的绵薄之力。

蘇丹

2025 年 3 月

目录

1 项目规章

中国建筑学会室内设计分会
"室内设计 6+"联合毕业设计特色教育创新项目章程 2
（2024 版）修订草稿

本书收集作品高校名录 5

2 实验组作品

天津大学
智链万象——南京禄口国际机场 T2 航站楼国际区头等舱贵宾休息区室内设计 8

同济大学
西南九学生宿舍楼室内外改造设计：渐入 +（家）境 12

哈尔滨工业大学
智慧校园宿舍改造 16

西安建筑科技大学
生生不息：云南宜良九乡游客服务中心室内设计 20

华南理工大学
南京之光 未来之门：南京禄口国际机场 T2 航站楼国际区头等舱
贵宾休息区 24

北京建筑大学
江苏警官学院宿舍改造设计 28

北京工业大学
南京禄口国际机场室内设计 32

3 东北区作品

东北师范大学

几生·寻和——黄河流域智慧+旅游理念下服务中心及酒店设计 38

“石域化境”——黄河流域文化聚落的数字化叙事空间表达 42

东北大学

围天画地·山塬嵌瑰——乾坤湾景区酒店设计 46

吉林建筑大学

“筑地回响”——立足非物质文化遗产现代重铸的文旅酒店设计 50

大连工业大学

山河锦绣·记忆重塑——前世今生视角下综合服务中心及配套酒店设计 54

沈阳建筑大学

九曲·云谣——游客服务及休闲度假酒店设计 58

吉林建筑大学

映晋曲幽·山水安澜——交互沉浸体验式晋剧文化酒店叙事空间 62

内蒙古工业大学

河韵生境·Buildings growing in the Yellow River
——黄河畔“生长建筑”文化创意性酒店设计 66

辽宁工业大学

舜洄　寻九篇——黄河流域5A级景区主题酒店建筑及室内设计 70

4 华北区作品

天津美术学院

水韵楚心——华为智联融创馆设计 76

山栖以市——公园式社区商业空间设计 80

河北工业大学

“四年八季”——叙事性校园通信服务厅数字化互动设计 84

山东建筑大学

“Shapes万物”——基于数字化与智慧生活主题的校园综合服务厅设计 88

北方工业大学

未来数字化商业生活智慧中心设计——以上海青年城项目设计为例 92

河南工业大学

窟COOL——基于龙门文化下的未来年轻力商业综合体设计 96

5 华东区作品

上海视觉艺术学院

未来智造奥德赛——基于工业 5.0 理念的未来工厂空间研究 102

鲁迅美术学院

拓香 · 萃意——沉浸“自然”的咖啡“博物馆”工坊设计 106

合肥工业大学

咖啡工坊——人工智能背景下的苏州旧厂房商业改造展示设计 110

四川大学

咖啡游迹——苏州工业园区咖啡文化体验空间设计 114

江南大学

“南柯一梦”——昆剧叙事转译与咖啡烘焙工厂室内设计 118

南京林业大学

融圈 · 邻聚——渭河社区中心公共空间改造设计 122

江南大学

咖啡烘焙工厂参数化室内设计研究 126

齐鲁工业大学

望向潜窗中——东南 · 邻里茂社区中心智慧型商业空间环境设计 130

6 华西区作品

西安美术学院

共鸣——信息时代背景下山地农耕聚落的外放型空间跃迁 136

西安交通大学

信息时代下元阳哈尼族村寨外向空间设计 140

西安美术学院

云海精灵——云南省阿者科传统村落风貌环境提升设计 144

云南艺术学院

智慧时代下大地遗产的响应式单元更新 148

兰州大学

水痕浮生——无锡慈善博物馆空间设计 152

西安工程大学

寻找“梦中”的阿者科

——构建农旅融合的特色乡宿文化综合体与梯田景观 156

7 华中区作品

南昌大学

陶引力工坊——基于情绪价值的陶窑“社区”设计 162

湖北美术学院

埏埴之器 166

长胜窑——非遗窑址项目改造设计研究 170

武汉理工大学

“淘气”元素城——江西省赣州市宁都县长胜镇非遗陶场改造设计 174

南昌大学

寻——宁都县长胜镇非遗陶窑基地空间设计 178

中南大学

穿越幻象——宁都县长胜非遗陶窑乡村整合设计 182

8 华南区作品

福州大学

蓝色空间号——去设施化办公空间设计 188

厦门大学

无界 · 运动融合型办公空间 192

深圳大学

无建之物——基于对象导向本体论哲学的汽车博物馆设计 196

广西艺术学院

一起“森”呼吸——Z 世代办公空间探索 200

广东工业大学

游 · 栖息地——基于“Z 时代”背景下的办公社群化研究 204

广州美术学院

我身在何处？——基于人工智能他异关系下多重宇宙的“生产场域”设计 208

1

项目规章

中国建筑学会室内设计分会

“室内设计 6+”联合毕业设计特色教育创新项目章程

（2024 版）修订草稿

本书收集作品高校名录

中国建筑学会室内设计分会
“室内设计 6+”联合毕业设计特色教育创新项目章程

（2024 版）修订草稿

教育是国之大计、党之大计。党的二十大报告指出，“加强基础学科、新兴学科、交叉学科建设，加快建设中国特色、世界一流的大学和优势学科。”高等教育体系在教育体系中具有引领性、先导性作用，在加快建设高质量教育体系中应走在时代前列。

为服务城乡建设领域室内设计专门人才培养，加强室内设计师培养的针对性，促进相关高等学校在专业教育教学方面的交流，引导面向建筑行（企）业需求开展综合性实践教学工作，由中国建筑学会室内设计分会（以下简称“室内设计分会”）倡导、主管，国内外设置室内设计相关专业（方向）的高校与行业知名建筑与环境设计企业开展联合毕业设计。

为使联合毕业设计活动规范、有序进行，形成活动品牌和特色，室内设计分会在征求相关高等学校意见和建议的基础上形成原《“室内设计 6+1”校企联合毕业设计章程》，并于 2013 年 1 月 13 日“室内设计 6+1”2013（首届）校企联合毕业设计（北京）命题会上审议通过，公布试行，并结合活动实施情况持续修订。2018 年该活动经中国建筑学会批准为《“室内设计 6+”联合毕业设计特色教育创新项目》。

历经十余届的坚持开展，“室内设计 6+”联合毕业设计取得了卓越成果，形成广泛而深远的影响力，积累了室内分会设计教育平台建设成功经验，形成了多联融合的特色教育创新项目组织实施格局。

一、联合毕业设计设立的背景、目的和意义

1. 背景

自 1992 年 5 月开始的全国建筑学专业评估全面引导和提升了我国建筑学专业教育水平，同时也带动了室内设计专业（方向）建设和发展。截至 2023 年度，通过全国建筑学专业（本科）评估学校（含有条件）已达 78 所。

2010 年教育部启动了“卓越工程师教育培养计划”，于 2011~2013 年分三批公布了进入“卓越计划”的本科专业和研究生层次学科。

2011 年国务院学位委员会、教育部公布《学位授予和人才培养学科目录（2011 年）》，增设了艺术学（13）学科门类，将设计学（1305）设置为艺术学学科门类中的一级学科。环境设计建议作为设计学一级学科下的二级学科；室内设计及其理论建议作为新调整的建筑学（0813）一级学科下的二级学科。

2012 年教育部公布《普通高等学校本科专业目录（2012 年）》，在艺术学（13）学科门类下设设计学类专业，环境设计（130503）等成为其下核心专业。

艺术学门类的独立设置，设计学一级学科以及环境设计、室内设计等学科专业的设置与调整，形成了我国环境设计教育和室内设计专门人才培养学科专业的新格局。

2022 年国务院学位委员会、教育部印发《研究生教育学科专业目录（2022 年）》《研究生教育学科专业目录管理办法》。该目录主要适用于研究生专业设置以及学士、硕士、博士的学位授予工作。新版目录将设计学（1403，可授工学、艺术学学位）列入新增单列的交叉学科（14）。

2024 年 2 月，教育部公布了 2023 年度普通高等学校本科专业备案和审批结果，并发布了最新《普通高等学校本科专业目录（2024）》。本科专业类型和区域布局结构进一步优化，高校服务经济社会发展的意识和能力进一步增强。其中，将建筑学（082801）、风景园林（082803）、历史建筑保护工程（082804T）等列在工学（08）建筑类中；环境设计（130503）、产品设计（130504）、艺术与科技（130509T）等“室内设计 6+”项目相关专业，列在艺术学（13）设计学类中。

2. 目的和意义

组织开展室内设计联合毕业设计，对加强相关学科专业特色建设，深化综合性实践各教学环节交流，促进室内设计教育教学协同创新，融通融合，结合文化、科技、人工智能等培养服务行（企）业需求的室内设计专门人才，具有十分重要的意义。

二、联合毕业设计组织机构

1. 指导单位、主办单位

“室内设计 6+”联合毕业设计由室内设计分会主办，受全国高等学校建筑学学科专业指导委员会、教育部高等学校设计学类专业教学指导委员会等指导。

2. 参加高校、主（参）编高校

联合毕业设计一般由学科专业条件相近、设置室内设计方向的相关专业的 6 所高校间通过协商、组织成为活动参加组，并以通过全国建筑学专业（本科）评估学校作为核心高校。应突出参加组合的地理区域、办学类型、专业特色、就业面向等的代表性、涵盖性、多样性，在学科专业间形成一定的交叉性和联合毕业设计工作环境和交流氛围。

室内设计分会组织建立《“室内设计 6+”联合毕业设计特色教育创新项目》三个层级的参加高校组。进一步提升“室内设计 6+”联合毕业设计既有“实验组”对全国活动的引领和示范作用；在室内设计分会工作六大地区（东北、华北、华东、华西、华中、华南地区）增设“室内设计 6+”联合毕业设计“（ × 地区）组”，开展地区活动，突出地区特色；在有条件的省市增设“室内设计 6+”联合毕业设计“（ × 省 / 市）组”，开展省市活动，突出省 / 市特色。每届联合毕业设计中，各组可多邀请 1 所本地区或本省 / 市的高校作为临时参加高校，再邀请 1 所跨地区或跨省 / 市的高校作为临时交流高校，形成带动本地和跨地交流的项目进出更新机制。参加高校需严格遵守与室内分会签订的成为本教育创新项目成员高校协议，积极开展相关工作。

室内设计分会安排专家、项目观察员等指导不同层级参加组联合毕业设计活动，促进多联融合交流。

每年通过各层级活动参加组申报和室内分会遴选，确定相应的毕业设计开题调研、中期检查、毕业答辩等的承办高校，以及中国建筑学会室内设计分会推荐专业教学参考书：“室内设计 6+” ×（年）（第 × 届）（ × 地区或 × 省 / 市）联合毕业设计《（主题） × [卷]——（总命题） × 》（以下简称《主题卷》）主编高校，其他参加高校作为参编高校。

每所高校参加联合毕业设计到场汇报的学生一般以 6~8 人为宜，分为 2 个方案设计组；要求配备 2~3 名指导教师，其中至少有 1 名指导教师具有高级职称；高校导师熟悉建筑学（室内设计）、风景园林（景观设计）、历史建筑保护工程、环境设计、产品设计、艺术与科技等参加专业的实践业务，与相关领域企业联系较广泛。室内设计分会负责聘任高校导师，指导开展联合毕业设计。

3. 命题单位

参加高校向室内设计分会推荐所在地区、省市的行业代表性建筑与室内设计企业作为毕业设计命题单位，单位命题人应具有高级职称；室内分会负责聘任单位命题人作为联合毕业设计特聘导师。特聘导师与相应高校导师联合编制联合毕业设计总命题下的《“（子课题） × ”毕业设计教学任务书》，指导开展联合毕业设计。

4. 支持单位

通过室内设计分会联系和参加高校推荐等，遴选每届活动支持单位。室内设计分会负责聘任支持单位代表为项目观察员，参与联合毕业设计观察点评。

5. 出版单位

室内设计分会和《主题卷》总编高校遴选专业出版单位，作为《主题卷》出版单位，参与联合毕业设计相关环节工作。

三、联合毕业设计流程环节

1. 联合毕业设计每年由室内设计分会主办 1 届，与参加高校毕业设计教学工作实际相结合。

2. 室内设计分会负责联合毕业设计总体策划、宣传，组织研讨、编制、公布每届联合毕业设计《（主题） × ——（总命题） × 框架任务书》《项目纲要》等，协调参加高校、命题单位、相关机构等，聘请领域专家为专题论坛演讲人，组织对毕业设计子课题成果、毕业设计组织单位、毕业设计命题单位等的审核，以及室内设计教育国际交流等。

3. 联合毕业设计主要教学环节包括：命题研讨、开题调研、中期检查、毕业答辩、编辑出版、专题展览等 6 个主要环节，以及联合指导、观察点评、校组交流、对外交流等多个联合毕业设计活动的扩展环节。相关工作分别由室内设计分会、参加高校、命题单位、支持单位、出版单位等分工协同落实。

4. 命题研讨

室内设计分会组织召开联合毕业设计命题研讨会。每届联合毕业设计的总命题着眼建筑学（室内设计）、风景园林（景观设计）、历史建筑保护工程、环境设计、产品设计、艺术与科技等相关领域学术前沿和行业发展热点问题，参加高校联合命题单位细化总命题下子课题。联合毕业设计子课题要求具备相关设计资料收集、现场踏勘、项目管理方支持等条件。

命题研讨会一般安排在高校秋季学期，在当年室内设计分会年会期间（10月下旬）安排专题研讨。

5. 开题调研

室内设计分会组织开展联合毕业设计开题调研活动，颁发联合毕业设计高校导师和特聘导师聘书；联合主办高校协同落实开题仪式、专题论坛、开题报告汇报、项目调研等工作。每所参加高校进行开题报告汇报，每组不超过20分钟，专家点评不超过10分钟。

开题活动一般安排在高校春季学期开学初（3月上旬）进行。

6. 中期检查

室内设计分会组织开展联合毕业设计中期检查活动；联合主办高校协同落实专题论坛、中期检查汇报、项目调研等工作。每所参加高校推荐不超过2个初步设计方案组进行汇报，每组不超过20分钟，专家点评不超过10分钟。

中期检查一般安排在春季学期期中（4月中旬）进行。

7. 毕业答辩

室内设计分会组织开展联合毕业设计毕业答辩及课题研究活动；联合主办高校协同落实毕业答辩、颁发证书、项目调研等工作。每所参加高校推荐不超过2个深化设计方案组进行陈述与答辩，每组不超过20分钟，专家点评不超过10分钟。

在答辩、点评的基础上，室内设计分会组织开展《“室内设计6+”联合毕业设计特色教育创新项目》年度研讨，重点研究各毕业设计子课题成果质量，肯定毕业设计组织单位、毕业设计命题单位、支持单位等。坚持“质量第一、宁缺毋滥”的原则，毕业设计子课题成果质量成绩按百分制计，其中90分以上、80~89分两段打分结果一般按照1：2比例设置。

毕业答辩及课题研究一般安排在春季学期期末（6月上旬）进行。

8. 专题展览

室内设计分会在每届联合毕业设计结束当年的室内设计分会年会暨学术研讨会（每年10~11月份）举办期间安排联合毕业设计作品专题展览；专题展览结束后，相关高校可自愿向室内设计分会申请联合毕业设计作品巡回展出。

9. 编辑出版

基于每届联合毕业设计成果，由室内分会组织编辑出版《主题卷》，作为室内分会推荐的专业教学参考书。《主题卷》编撰工作由室内设计分会和总编高校、参编高校联合编著，参加高校导师负责本校排版稿的审稿等工作，出版单位作为责任单位，负责校审、出版、发行等工作。

10. 对外交流

室内设计分会和出版单位一般在每届联合毕业设计结束当年室内分会年会期间联合举行《主题卷》发行式；由室内分会联系如亚洲室内设计联合会（AIDIA）等室内设计国际学术组织，开展室内设计教育成果国际交流，宣传中国室内设计教育，拓展国际交流途径。

四、联合毕业设计相关经费

1. 室内设计分会负责筹措对毕业设计项目子课题成果（含完成人、指导教师）、毕业设计组织单位、毕业设计命题单位、支持单位等的邀请，以及室内设计分会年会专题展览、宣传经费，以及《主题卷》出版补充经费等。

2. 参加高校自筹参加联合毕业设计相关师生各环节经费。

3. 联合主办高校负责联合毕业设计开题调研、中期检查、毕业答辩等环节的宣传、场地、设备、调研、专家差旅等经费；毕业答辩环节联合主办高校负责用作毕业答辩的深化设计方案《主题卷》书稿册页的打印装订等经费；《主题卷》总编高校负责出版主体经费等，并为项目成果交流提供一定数量的样书。

4. 命题单位、支持单位、出版单位等负责给校企联合毕业设计提供一定形式的支持等。

5. 室内设计分会适时组织参加高校组，将《“室内设计6+”联合毕业设计特色教育创新项目》申报为国家有关基金项目。

五、附则

本章程于2024年5月12日室内设计分会常务理事会审议通过，由室内设计分会负责解释。先前版本废止。

本书收集作品高校名录

实验组（7校）

天津大学 同济大学 哈尔滨工业大学 西安建筑科技大学 华南理工大学 北京建筑大学 北京工业大学

东北区（7校）

东北师范大学 东北大学 吉林建筑大学 大连工业大学 沈阳建筑大学 内蒙古工业大学 辽宁工业大学

华北区（5校）

天津美术学院 河北工业大学 山东建筑大学 北方工业大学 河南工业大学

华东区（7校）

上海视觉艺术学院 鲁迅美术学院 合肥工业大学 四川大学 江南大学 南京林业大学 齐鲁工业大学

华西区（5校）

西安美术学院 西安交通大学 云南艺术学院 兰州大学 西安工程大学

华中区（4校）

南昌大学 湖北美术学院 武汉理工大学 中南大学

华南区（6校）

福州大学 厦门大学 深圳大学 广西艺术学院 广东工业大学 广州美术学院

2

实验组

参加院校：天津大学、同济大学、哈尔滨工业大学、西安建筑科技大学、华南理工大学、北京建筑大学、北京工业大学

命题单位：金螳螂文化发展股份有限公司

支持单位：北京筑邦建筑装饰工程有限公司

联合主办单位：北京工业大学、北京建筑大学、天津大学

实验组作品

天津大学

智链万象——南京禄口国际机场 T2 航站楼国际区头等舱贵宾休息区室内设计

同济大学

西南九学生宿舍楼室内外改造设计：渐入 +（家）境

哈尔滨工业大学

智慧校园宿舍改造

西安建筑科技大学

生生不息：云南宜良九乡游客服务中心室内设计

华南理工大学

南京之光 未来之门：南京禄口国际机场 T2 航站楼国际区头等舱贵宾休息区

北京建筑大学

江苏警官学院宿舍改造设计

北京工业大学

南京禄口国际机场室内设计

智链万象——南京禄口国际机场T2航站楼国际区头等舱贵宾休息区室内设计

智链万象——轨迹引领生活，
南京禄口国际机场T2航站楼国际区头等舱贵宾休
设计以用户为中心，将机场贵宾室旅客需求和功能空间组织紧密联系，保证空间舒适、实用、温馨。创新性地提出智能化轨道系统，从而满足旅客个性化需求，打造精准、高效、便捷的未来服务模式。基于智能轨道系统丰富空间设施和软装，充分考虑全龄友好设计、无障碍标识设计、声环境设计与光环境设计，以及数字交互设计，带来集前瞻性、地域性和审美性于一体的松弛感候机体验。

前期分析

场地分析

场地位于航站楼3层东侧国际旅客区边缘，场地可使用面积为1254㎡，场地东侧挑高为10-13m，西侧则有内部建筑天花板覆盖，挑高为4m左右。场地为西北-东南向长条型区域。

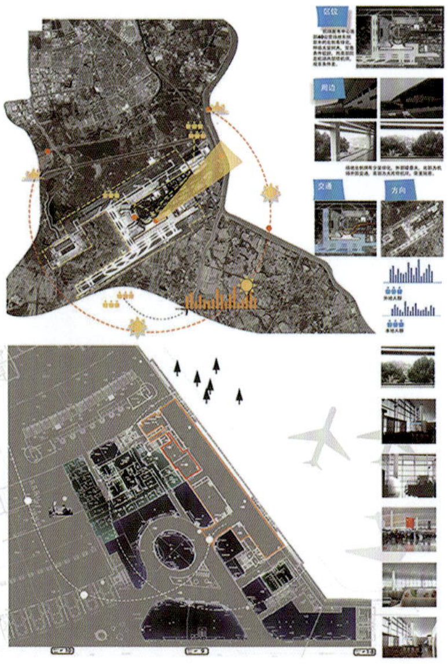

共性需求

个性需求

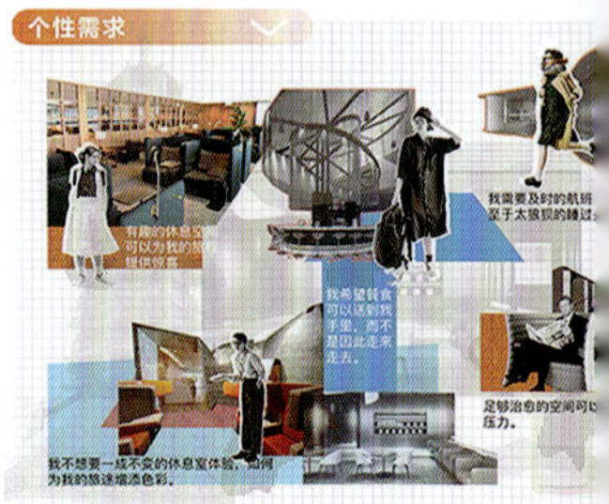

剖面图

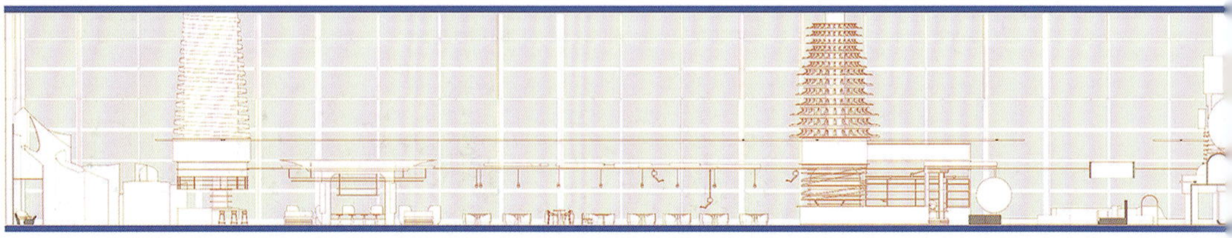

天津大学

指导教师：赵伟 宋佳音

作　者：武思凝 缪灿 任新月 朱恩博 温都苏

触手可及
设计

场地概况

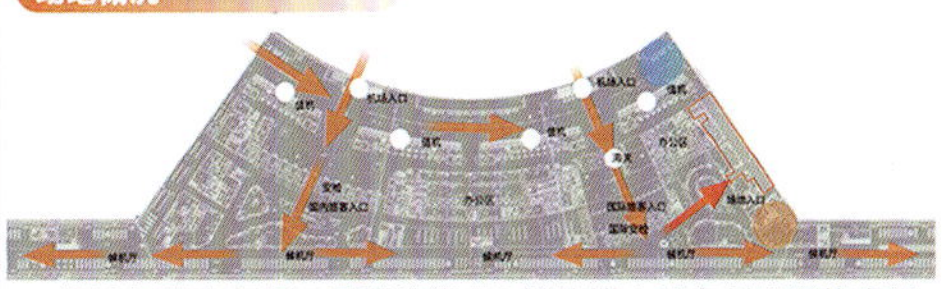

场地位于南京禄口国际机场 T2 航站楼 3 层东侧国际旅客区边缘，场地可使用面积为 1254㎡。

用户画像

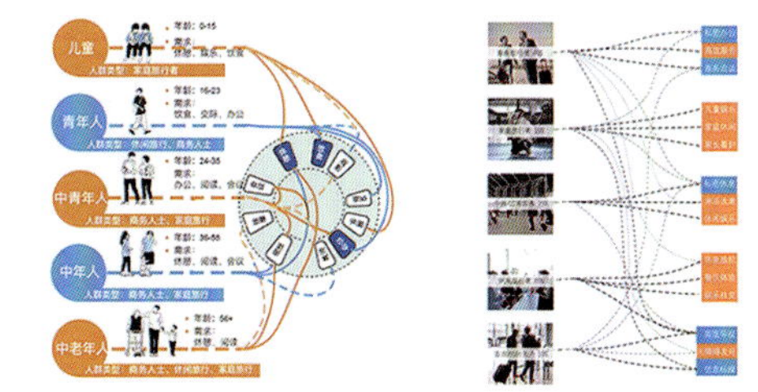
儿童
青年人
中青年人
中年人
中老年人

痛点分析

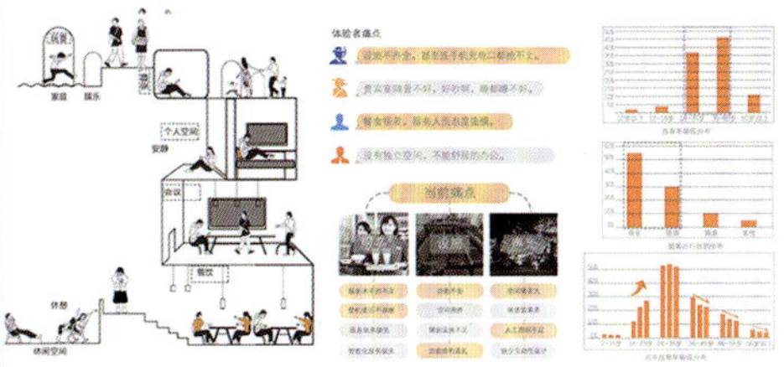

趋势

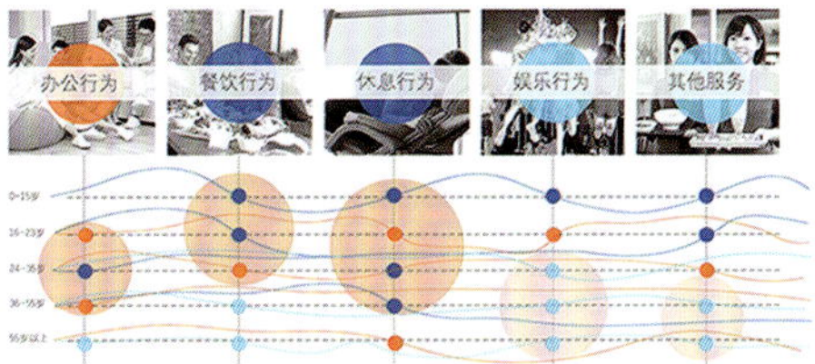
办公行为
餐饮行为
休息行为
娱乐行为
其他服务

务设计策略

旅客服务蓝图

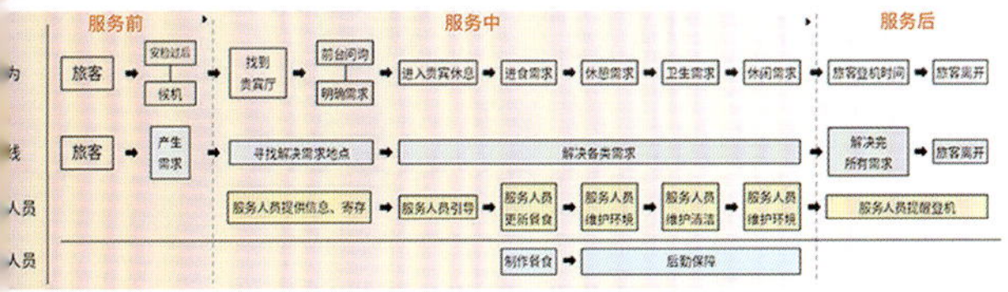
服务前
服务中
服务后
旅客
找到贵宾厅
进入贵宾休息
进食需求
休憩需求
卫生需求
休闲需求
旅客登机时间
旅客离开
寻找解决需求地点
解决各类需求
解决完所有需求
服务人员提供信息、寄存
服务人员引导
后勤保障

空间策略

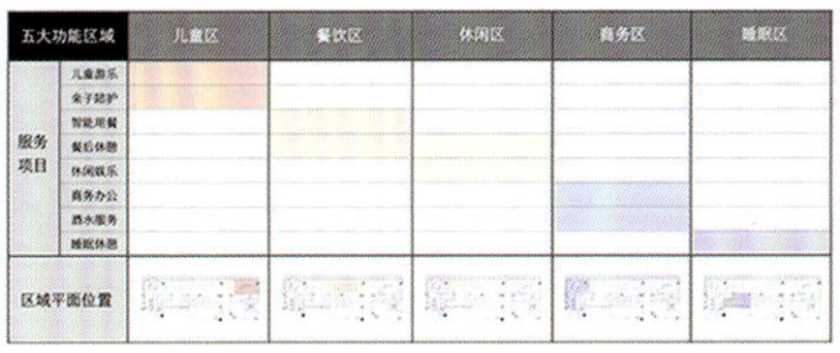
五大功能区域
儿童区
餐饮区
休闲区
商务区
睡眠区
服务项目
儿童娱乐
亲子陪护
智能用餐
餐后休憩
休闲娱乐
商务办公
商务服务
睡眠休憩
区域平面位置

求分析

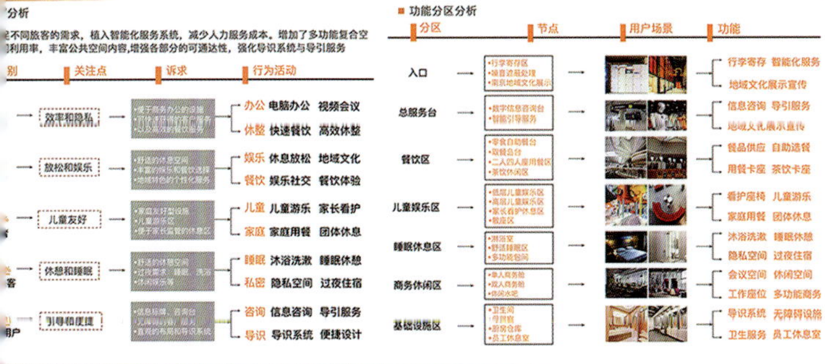
功能分区分析
分区
节点
用户场景
功能
入口
总服务台
餐饮区
儿童娱乐区
睡眠休息区
商务休闲区
基础设施区
效率和隐私
放松和娱乐
儿童友好
休息和睡眠
引导和便捷
办公 电脑办公 视频会议
休整 快速餐饮 高效休整
娱乐 休息放松 地域文化
餐饮 娱乐社交 餐饮体验
儿童 儿童游乐 家长看护
家庭 家庭用餐 团体休息
睡眠 沐浴洗漱 睡眠休憩
私密 隐私空间 过夜住宿
咨询 信息咨询 导引服务
导识 导识系统 便捷设计
行李寄存 智能化服务
地域文化展示宣传
信息咨询 导引服务
餐品供应 自助选餐
看护座椅 儿童游乐
家庭用餐 团体休息
沐浴洗漱 睡眠休憩
隐私空间 过夜住宿
会议空间 休闲空间
工作位置 多功能商务
导识系统 无障碍设施
卫生服务 员工休息室

全服务流程分析

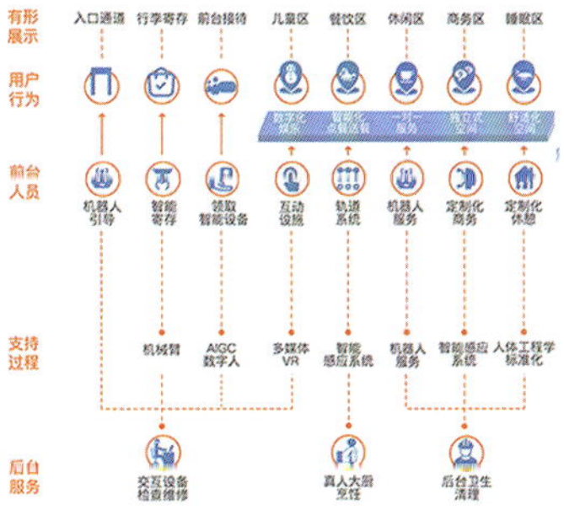
有形展示
用户行为
前台人员
支持过程
后台服务
入口通道
行李寄存
前台接待
儿童区
餐饮区
休闲区
商务区
睡眠区
机器人引导
智能寄存
领取智能设备
机械臂
多媒体VR
机器人服务
交互设备检查维修
真人大厨烹饪
后台卫生清理

能化设计策略

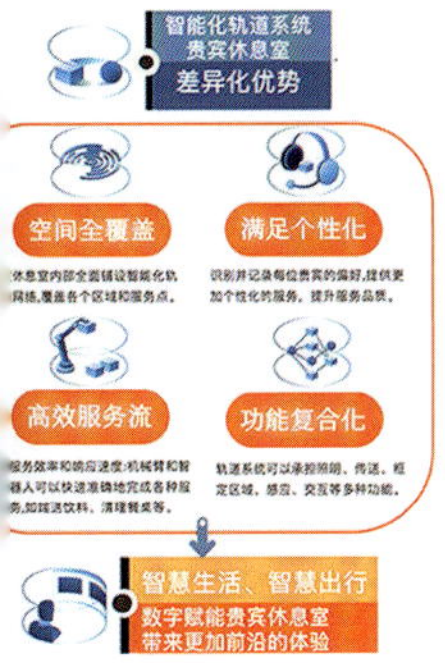
智能化轨道系统
贵宾休息室
差异化优势
空间全覆盖
满足个性化
识别并记录每位贵宾的偏好,提供更加个性化的服务，提升服务品质。
高效服务流
功能复合化
轨道系统可以承担照明、传送、框定区域、感应、交互等多种功能。
智慧生活、智慧出行
数字赋能贵宾休息室
带来更加前沿的体验

轨道系统分析图

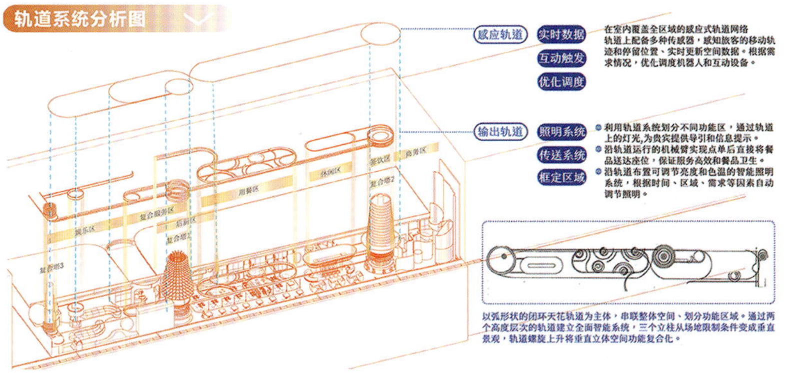
感应轨道
实时数据
互动触发
优化调度
在室内覆盖全区域的感应式轨道网络
轨道上配备多种传感器，感知旅客的移动轨迹和停留位置、实时更新空间数据。根据需求情况，优化调度机器人和互动设备。
输出轨道
照明系统
传送系统
框定区域
利用轨道系统划分不同功能区，通过轨道上的灯光,为贵宾提供导引和信息提示。
沿轨道运行的机械臂实现点单后直接将餐品送达座位，保证服务高效和餐品卫生。
沿轨道布置可调节亮度和色温的智能照明系统，根据时间、区域、需求等因素自动调节照明。

以弧形状的闭环天花轨道为主体，串联整体空间、划分功能区域。通过两个高度层次的轨道建立全面智能系统，三个立柱从场地限制条件变成垂直景观，轨道螺旋上升将垂直立体空间功能复合化。

总平面图

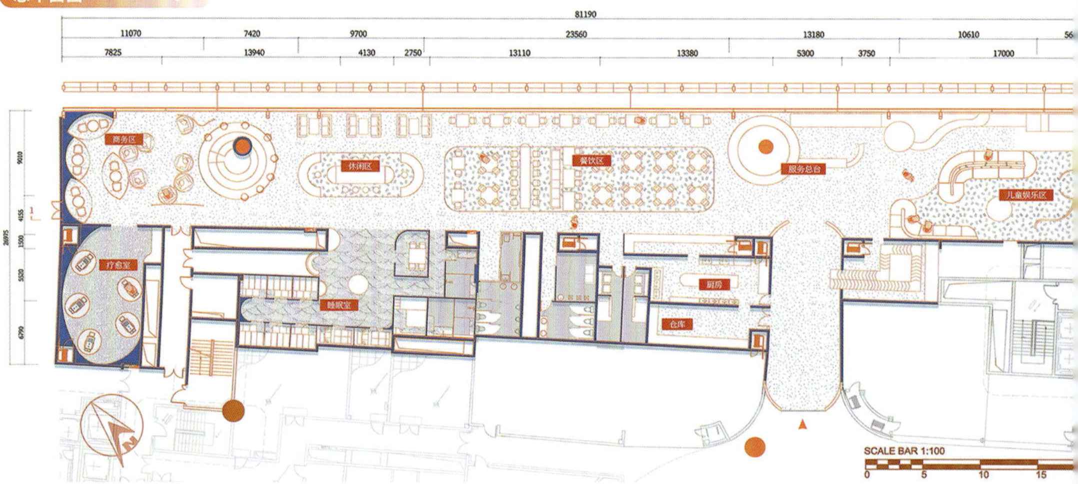
81190
11070
7420
9700
23560
13180
10610
7825
13940
4130
2750
13110
13380
5300
3750
17000
商务区
休闲区
餐饮区
服务总台
儿童娱乐区
疗愈室
睡眠室
厨房
仓库
SCALE BAR 1:100
0
5
10
15

平面分析图

■ 空间流线分析

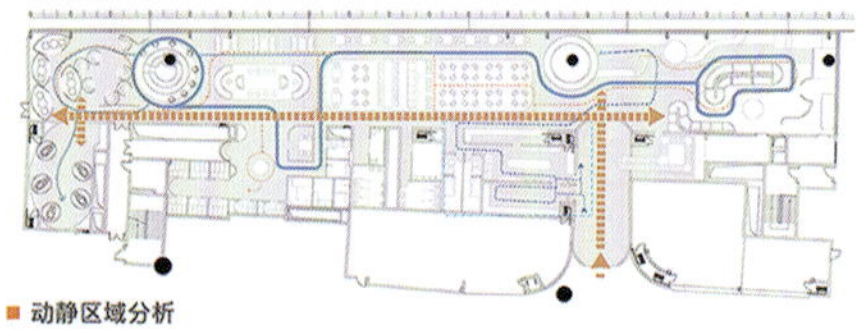

■ 动静区域分析

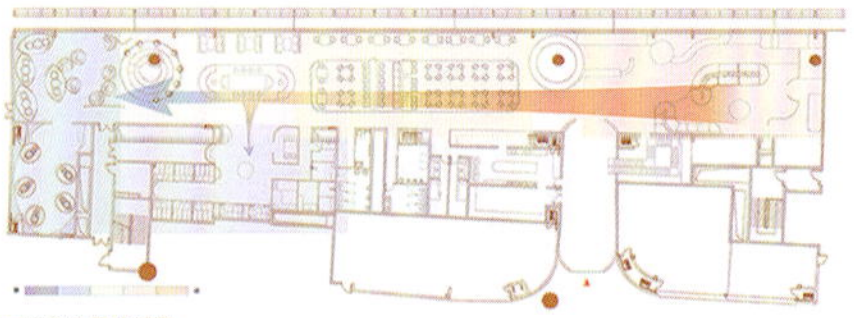

■ 功能分区分析图

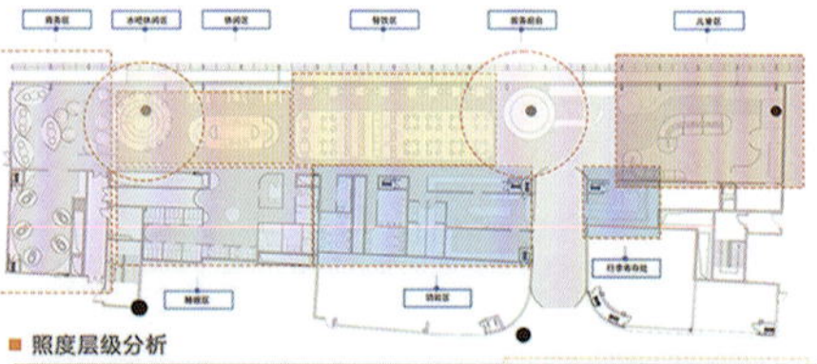

■ 照度层级分析

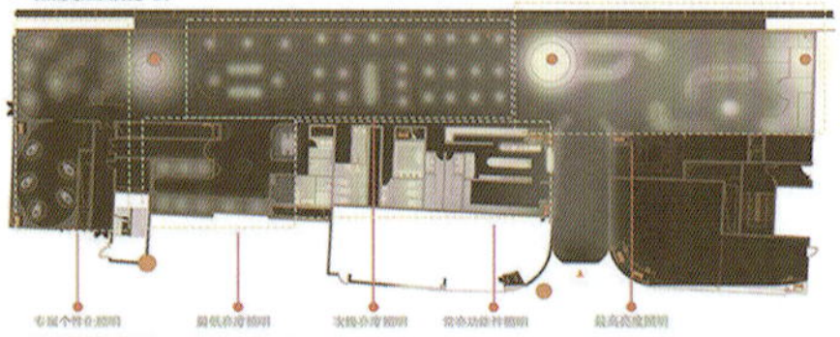

光环境设计分析

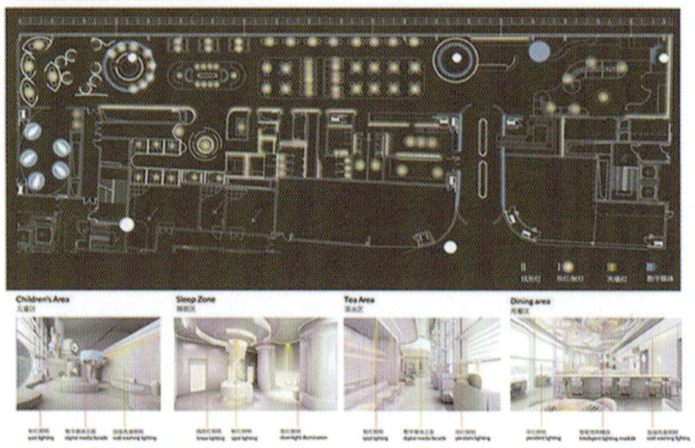

声环境设计分析

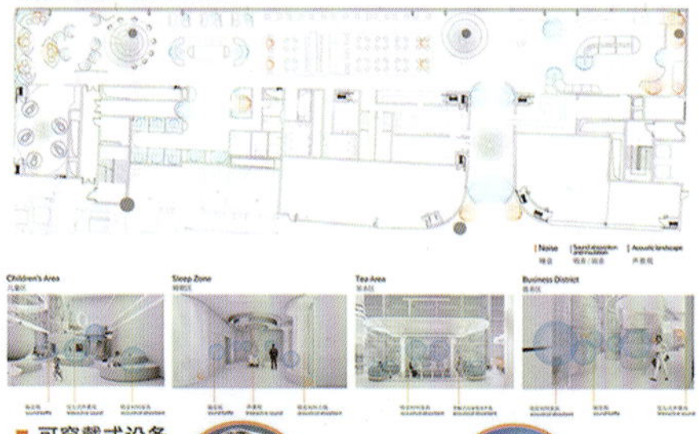

■ 可穿戴式设备

智能耳机设备

智能手环

智能化设计策略

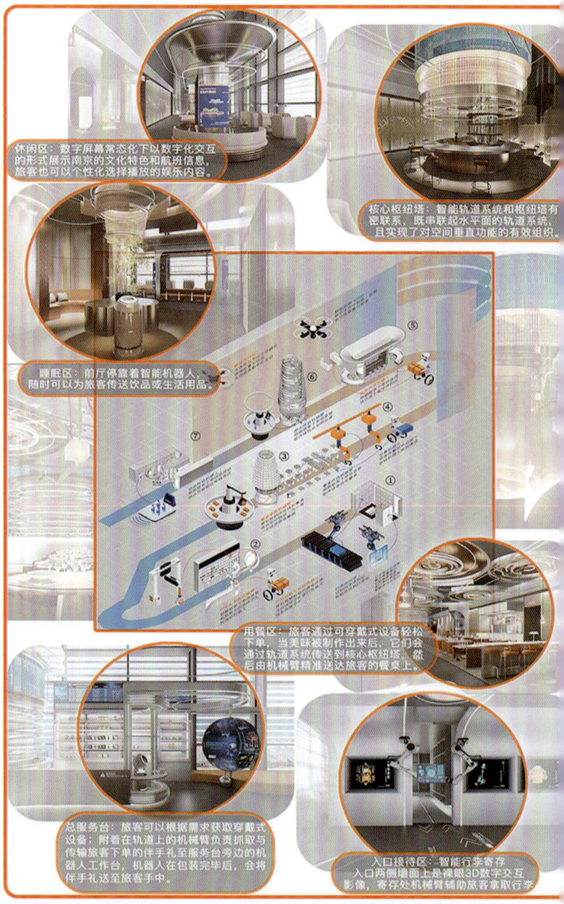
休闲区：数字屏幕常态化下以数字化交互的形式展示南京的文化特色和航班信息，旅客也可以个性化选择播放的娱乐内容。
核心枢纽塔：智能轨道系统和枢纽塔有密联系，既串联起水平面的轨道系统，且实现了对空间垂直功能的有效组织。
睡眠区：前厅停靠着智能机器人，随时可以为旅客传送饮品或生活用品。
用餐区：旅客通过可穿戴式设备轻松下单，当美味被制作出来后，它们会通过轨道系统传送到核心枢纽塔，然后由机械臂精准送达旅客的餐桌上。
总服务台：旅客可以根据需求获取穿戴式设备；附着在轨道上的机械臂负责抓取与传输旅客下单的伴手礼至服务台旁边的机器人工作台，机器人在包装完毕后，会将伴手礼送至旅客手中。
入口接待区：智能行李寄存
入口两侧墙面上是裸眼3D数字交互影像，寄存处机械臂辅助旅客拿取行李

数字化交互设计分析

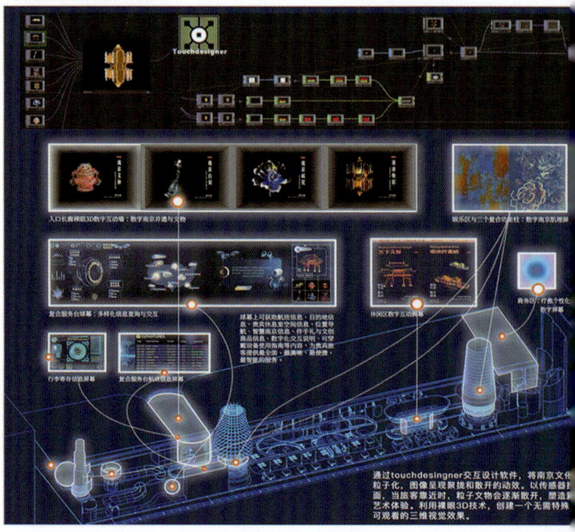
Touchdesigner
通过touchdesingner交互设计软件，将南京文化
粒子化，图像呈现聚拢和散开的动效。以传感器
面，当旅客靠近时，粒子文物会逐渐散开，塑造
艺术体验。利用裸眼3D技术，创建一个无需特殊
可观看的三维视觉效果。

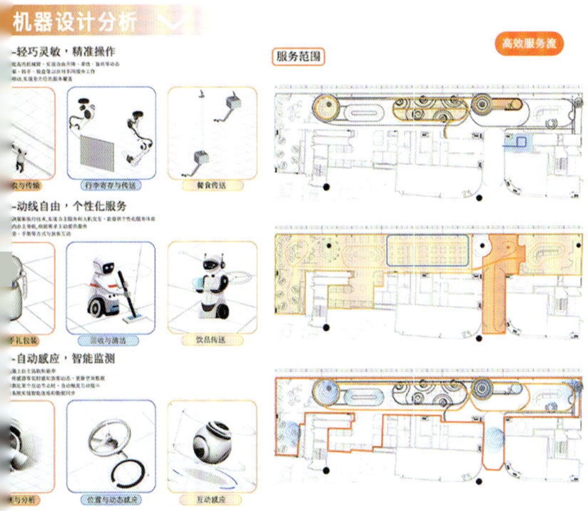
机器设计分析
-轻巧灵敏，精准操作
行李寄存与传送
餐食传送
-动线自由，个性化服务
回收与清洁
饮品传送
-自动感应，智能监测
位置与动态感应
互动感应
服务范围
高效服务流

用餐区智能轨道系统分析

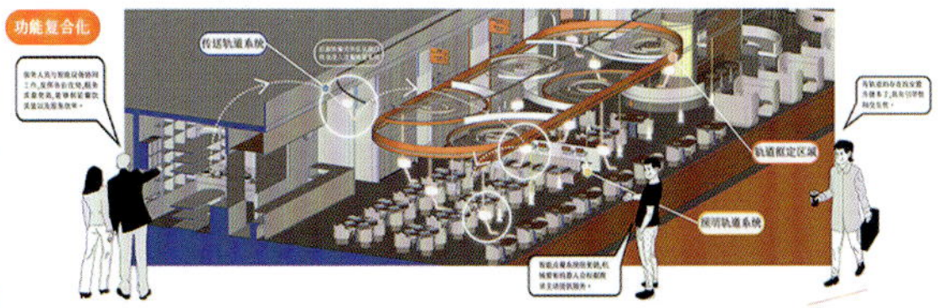
功能复合化
传送轨道系统
轨道框定区域
照明轨道系统

智能轨道系统平面图

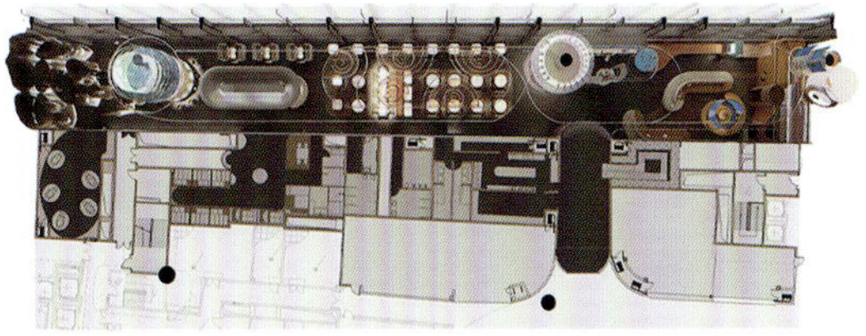

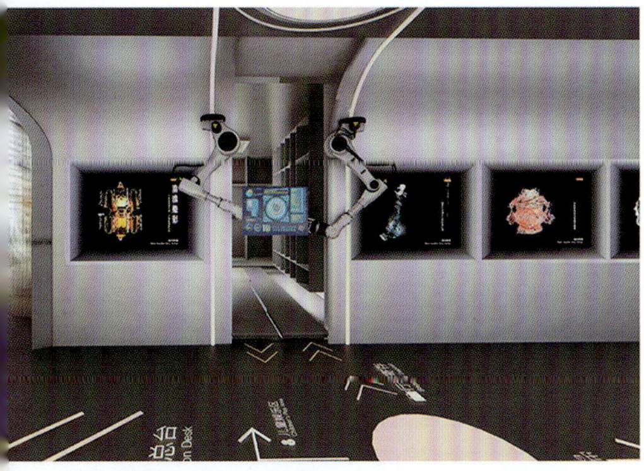

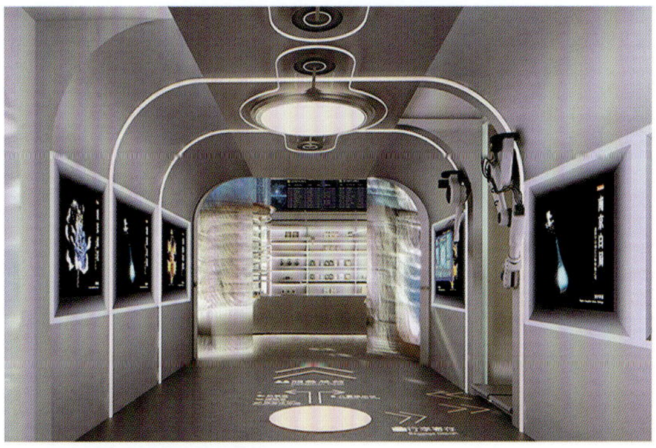

西南九学生宿舍楼室内外改造设计：渐入+（家）境

现状问题

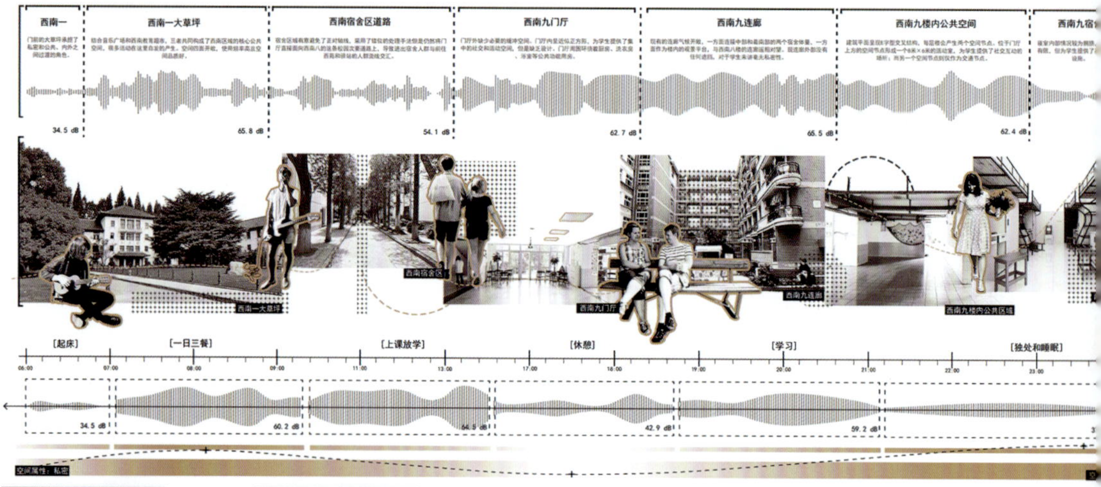
西南一
西南一大草坪
西南宿舍区道路
西南九门厅
西南九连廊
西南九楼内公共空间
34.5 dB
65.8 dB
54.1 dB
62.7 dB
65.5 dB
62.4 dB
[起床]
[一日三餐]
[上课放学]
[休憩]
[学习]
[独处和睡眠]
空间属性：私密

设计概念

我们的设计初衷是将数字化工具与室内设计创新融合，不仅展示成果，更重视探索与创新，注重实验性和创新性。我们以用户行为和空间分析为基础，重新构建空间秩序，创造有序的过渡空间，有序地展开“登堂入室的过程”，赋予空间“起承转合”的变化。

首先，通过问卷调研和现状问题分析，发现问题，确定使用者所需空间。西南九现存主要问题是现有公共空间功能不合理，缺乏过渡空间设计，利用率不高。

其次，需要量化各种功能空间具体所需的面积，并对空间的复合功能进行分析。通过填写的有效问卷，我们了解到各个功能空间的使用时间段和人数，引入影响因子，以及单人单次空间占有面积（依据设计规范以及人体工程学相关理论得出，有一定的主观性，仅供参考）来计算。通常一个空间不太可能达到 100% 的使用率，因此我们设定了 70%–85% 的使用率，确保空间得到充分利用的同时，留有一定的缓冲空间以应对不同时间段的使用需求变化。例如，不同于设计者既定任务书，我们是通过计算得出自习室的实际需求面积是 103.2 平方米。

接下来，对空间进行定性分析，合理分配公共空间。我们同样利用参数化 grasshopper 工具，从三个角度，视线通达性、路径分析、人流密度分布，对空间属性进行界定。发现在现状下：建筑外部，门厅入口前的校园次要道路视线较为密集。建筑内部，门厅及位于中间的连廊处视线最为密集，其次是各个交通节点。基于上述分析，从大到小，由外至内，在确定下总体的功能平面排布之后，针对每个空间细化设计。

通过对家具的功能划分来划分每个空间，例如宿舍单元空间内部就包含使用者所需的三种功能的家具：坐卧类家具、凭倚类家具、储存类家具。家具的不同组合塑造了不同的空间，甚至还存在移动家具产生的未来发展的可能性。

由此，我们的设计逻辑达成闭环：利用数字化工具量化空间的各项指标，最大限度地适应不同的需求，为大学生提供一个灵活多样、个性化定制的居住环境。

问卷调研

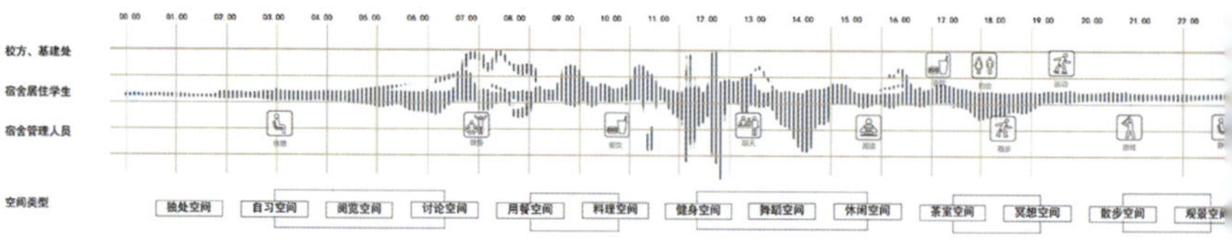
校方、基建处
宿舍居住学生
宿舍管理人员
空间类型
独处空间
自习空间
阅览空间
讨论空间
用餐空间
料理空间
健身空间
舞蹈空间
休闲空间
茶室空间
冥想空间
散步空间

编程量化

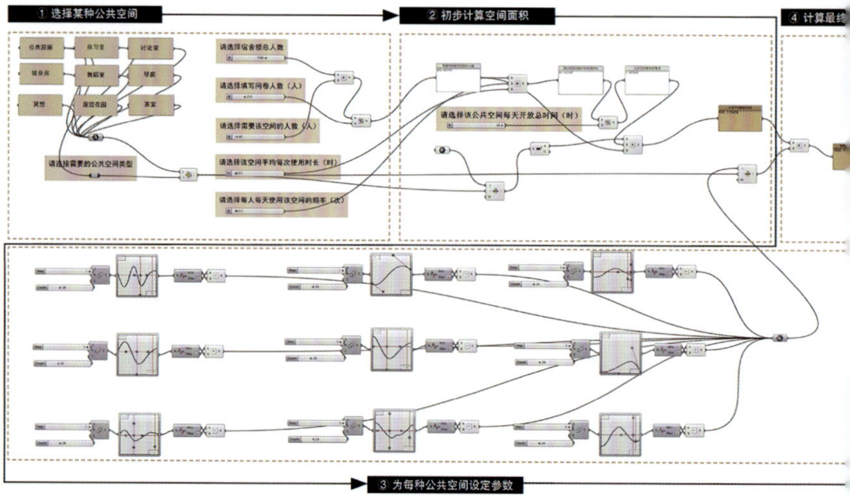
① 选择某种公共空间
② 初步计算空间面积
4 计算最终
请选择需要的公共空间类型
请选择宿舍楼总人数
请选择填写问卷人数（人）
请选择需要该空间的人数（人）
请选择该空间平均每次使用时长（时）
请选择每人每天使用该空间的频率（次）
请选择该公共空间每天开放总时间（时）
③ 为每种公共空间设定参数

空间

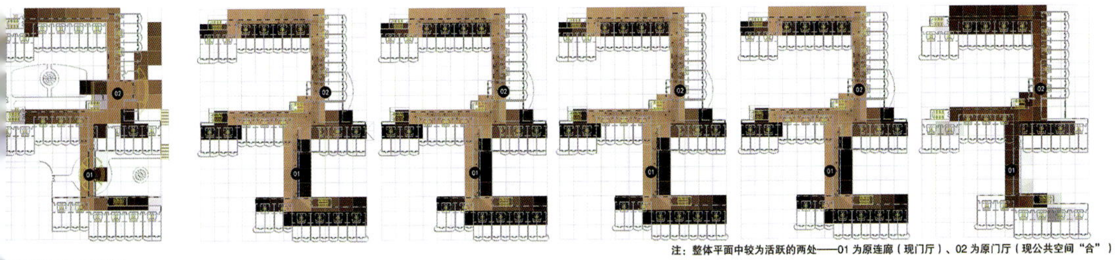

01
02

注：整体平面中较为活跃的两处——01 为原连廊（现门厅）、02 为原门厅（现公共空间"合"）

原型

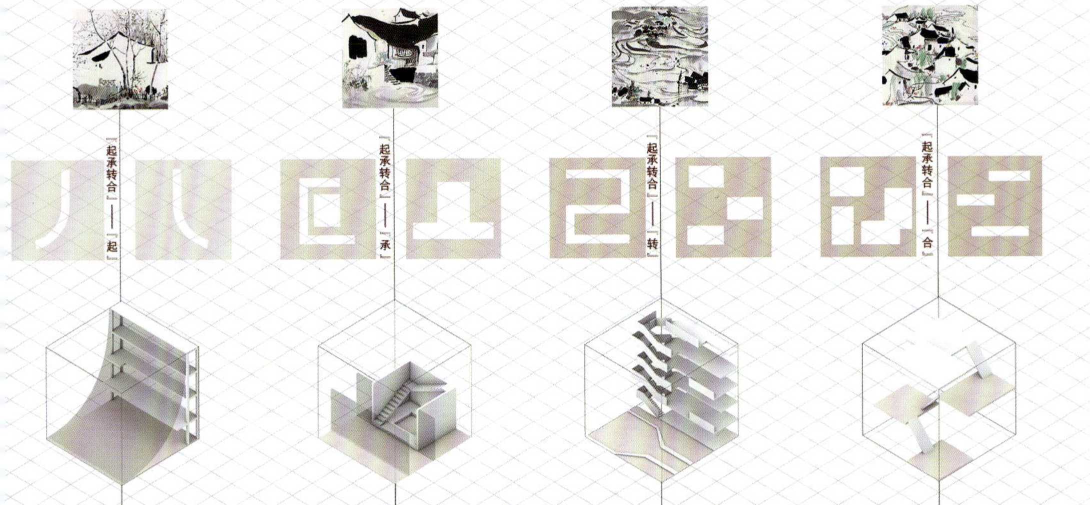

起承转合——起
起承转合——承
起承转合——转
起承转合——合

上采用传统家的意向的"坡屋顶"，是对西南九坡屋顶老建筑，一面从连廊顶部延续到门厅上方，留有一定的入口檐下空间。

摒弃了表象符号化，而是通过路径和功能设计，对中国传统门厅进行当代诠释。将围合式结构与明亮的天井相结合，创造出室内外相连通的空间。

通过室外平台和连廊设计，延展了垂直方向上的视线交流，使内庭院更加活跃，在流动过程中感受到变化和新鲜的区域，增强空间的层次感。

延续对人群动线优化后的路径，并以此路径(包含层与层之间的)为核心，利用 grasshopper 生成了多种可能的平面，其中自由穿梭，移步异景。

空间

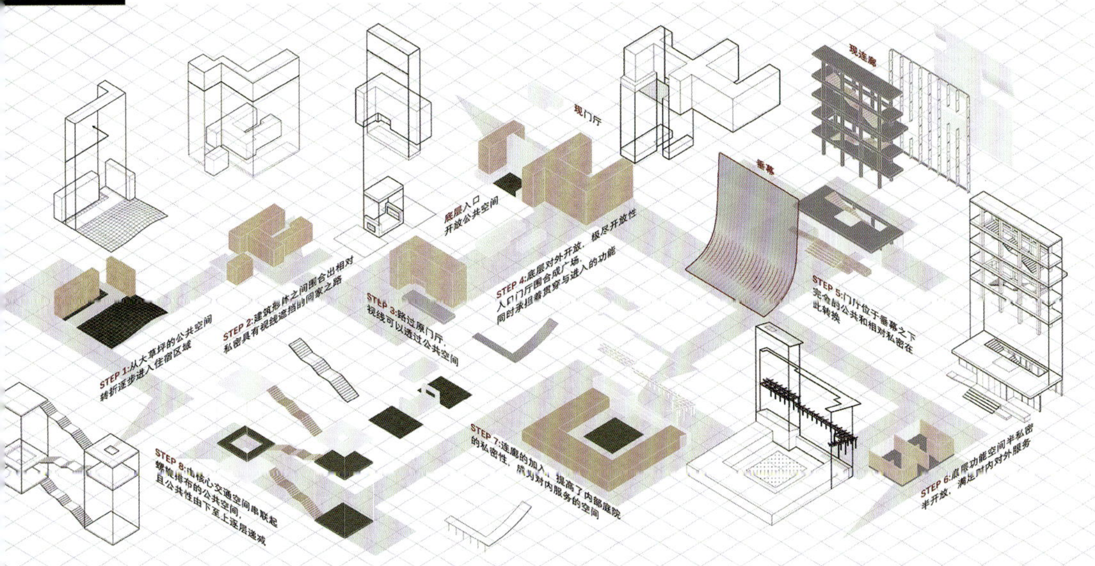

现门厅
现连廊
看幕
底层入口
开放公共空间
STEP 1:从大草坪的公共空间转折逐步进入住宿区域
STEP 2:建筑形体之间围合出相对私密具有视线遮挡的回家之路
STEP 3:路过原门厅，视线可以透过公共空间
STEP 4:底层对外开放，极尽开放性入户门厅围合成广场，同时承担着贯穿与进入的功能
STEP 5:门厅位于垂幕之下完全的公共和相对私密在此转换
STEP 6:底层功能空间半私密半开放，满足对内对外服务
STEP 7:连廊的加入，提高了内部庭院的私密性，成为对内服务的空间
STEP 8:由核心交通空间串联起螺旋排布的公共空间，且公共性由下至上逐层递减

在合理分配公共空间的基础上，通过对空间秩序的调整以及过渡空间的塑造来渐入"归家"的感受，有序地展开公共至私密的过渡。

单元

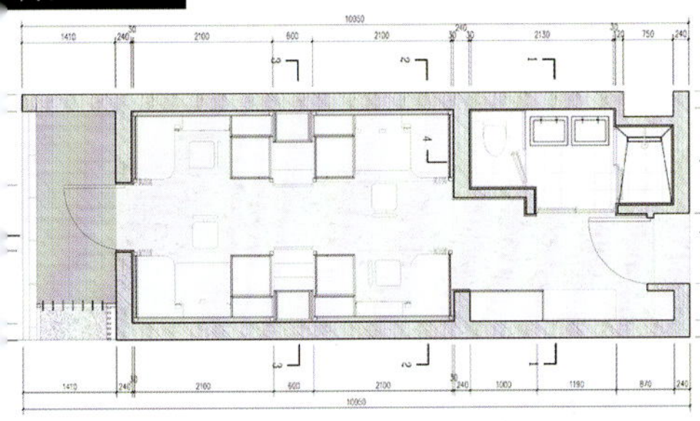

10050
1410
2100
600
2100
2130
750
240

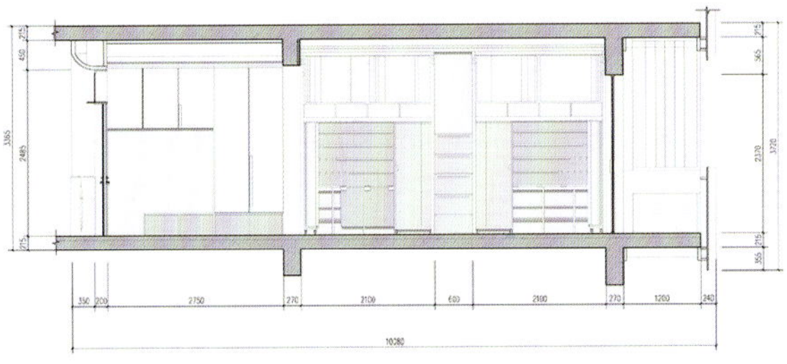

10080
2750
2100
600
2100
1200
240

同济大学

指导教师：左琰　林怡
作　者：许清云　夏逢霖　王日新

爆炸轴测及细部图

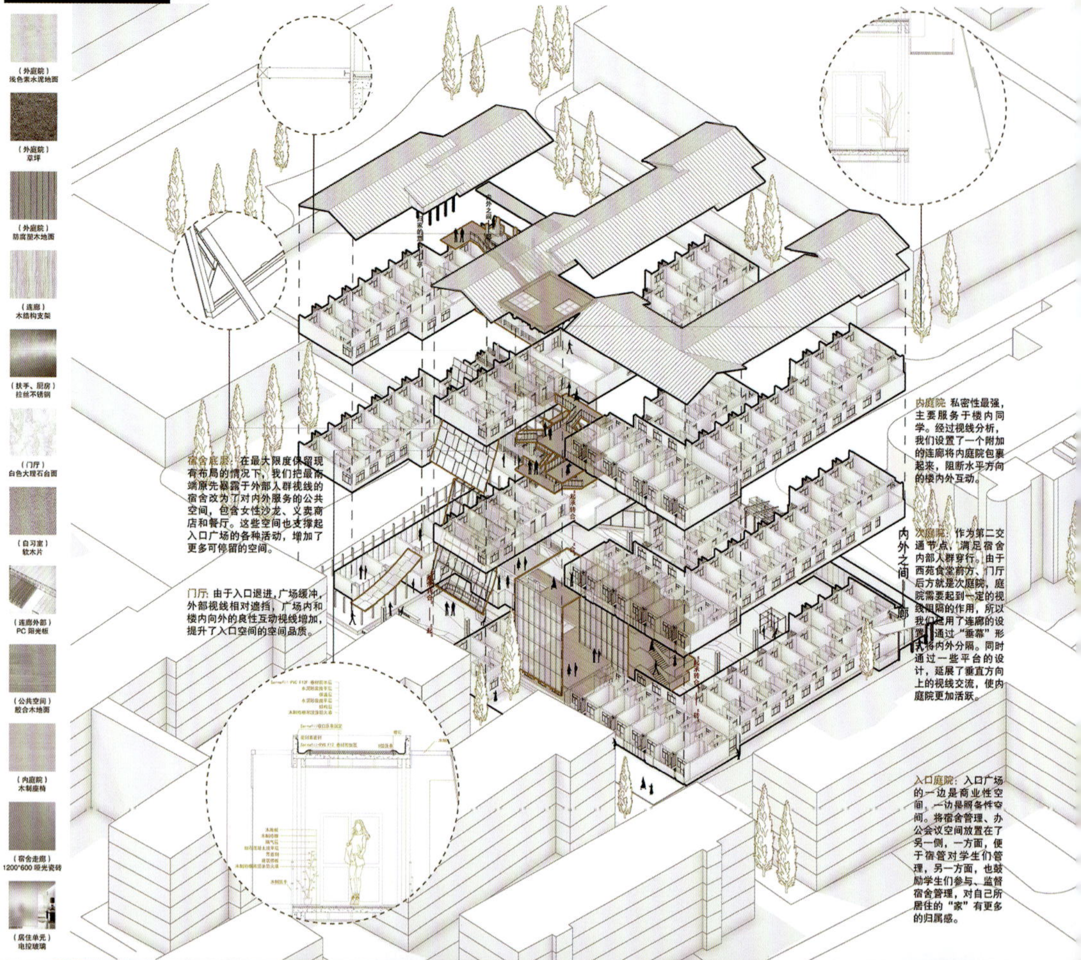
（外庭院）浅色素水泥地面
（外庭院）草坪
（外庭院）防腐塑木地面
（连廊）木结构支架
（扶手、厨房）拉丝不锈钢
（门厅）白色大理石台面
（自习室）软木片
（连廊外部）PC 阳光板
（公共空间）胶合木地面
（内庭院）木制座椅
（宿舍走廊）1200*600 哑光瓷砖
（居住单元）电控玻璃
内外之间——廊

宿舍底层：在最大限度保留现有布局的情况下，我们把最南端原先暴露于外部人群视线的宿舍改为了对内外服务的公共空间，包含女性沙龙、义卖商店和餐厅。这些空间也支撑起入口广场的各种活动，增加了更多可停留的空间。

门厅：由于入口退进，广场缓冲，外部视线相对遮挡，广场内和楼内向外的良性互动视线增加，提升了入口空间的空间品质。

内庭院：私密性最强，主要服务于楼内同学。经过视线分析，我们设置了一个附加的连廊将内庭院包裹起来，阻断水平方向的楼内外互动。

次庭院：作为第二交通节点，满足宿舍内部人群穿行。由于西苑食堂前方、门厅后方就是次庭院，庭院需要起到一定的视线阻隔的作用，所以我们运用了连廊的设置，通过“垂幕”形式将内外分隔。同时通过一些平台的设计，延展了垂直方向上的视线交流，使内庭院更加活跃。

入口庭院：入口广场的一边是商业性空间，一边是服务性空间。将宿舍管理、办公会议空间放置在了另一侧，一方面，便于宿管对学生们管理，另一方面，也鼓励学生们参与、监督宿舍管理，对自己所居住的“家”有更多的归属感。

一层共享自习空间
一层门厅
门厅至二层

技术路线

BIM模型
Building Information Model
RVT
点云模型
Point Cloud Model
建筑环境模拟
Building environment simulation
参数化设计
Parametric Design
Dx
AIGC效果
Artificial Intelligence & Generative Computing
3D打印
3D print
UltiMaker
AR/VR可视化
Augmented Reality/Virtual Reality
EasyAR
全寿命监控
Building Life Cycle Monitoring
阿里云
智能防灾
Intelligent Disaster Prevention
ZCLF 中创立方
调研阶段
Research Phase
方案阶段
Conceptual Phase
实施阶段
Presentation Phase
管理阶段
Management Phase

基于斯维尔（SEDU）的声环境模拟

构造做法	水泥砂浆 20mm＋灰砂砖砌体 240mm＋石灰水泥砂浆（混合砂浆）20mm				
参照构造	加气砌块墙75厚，双面抹灰				
面密度(kg/m²)	526				
隔声量来源	《建筑设计资料集》				
倍频程中心频率	125 Hz	250 Hz	500 Hz	1000 Hz	2000 Hz
分频隔声量	30	30	30	40	50
不利偏差	0	1	8	1	0
计权隔声量	38				
频谱修正量	-4				
隔声性能	34				
限值	低限:≥45,高要求:≥50				
结论	不满足				

通过声环境模拟计算书，可知目前的构造做法无法满足现行空气隔声要求。寝室噪音主要来自固体传声

构造做法	水泥砂浆 20mm＋灰砂砖砌体 240mm＋石油沥青(ρ=1400) 1mm＋矿棉、岩棉、玻璃棉板(ρ=80-200) 20mm＋石膏板 9mm				
参照构造	砖墙240厚，双面抹灰各20厚				
面密度(kg/m²)	506				
隔声量来源	《建筑设计资料集》				
倍频程中心频率	125 Hz	250 Hz	500 Hz	1000 Hz	2000 Hz
分频隔声量	42	43	49	57	60
不利偏差	0	4	5	0	0
计权隔声量	54				
频谱修正量	-4				
隔声性能	50				

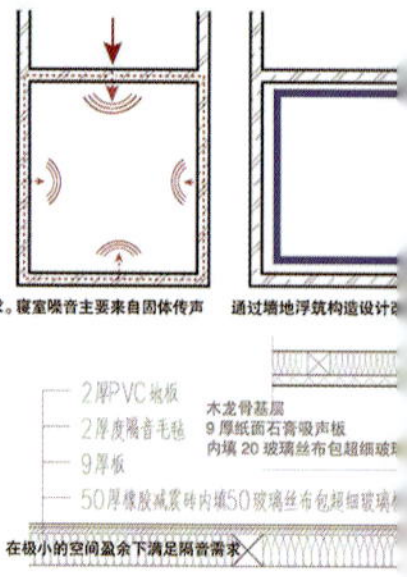
通过墙地浮筑构造设计
2厚PVC地板
2厚度隔音毛毡
9厚板
50厚橡胶减震砖内填50玻璃丝布包超细玻璃
木龙骨基层
9厚纸面石膏吸声板
内填 20 玻璃丝布包超细玻

墙面和地面的隔音构造处理，在极小的空间盈余下满足隔音需求

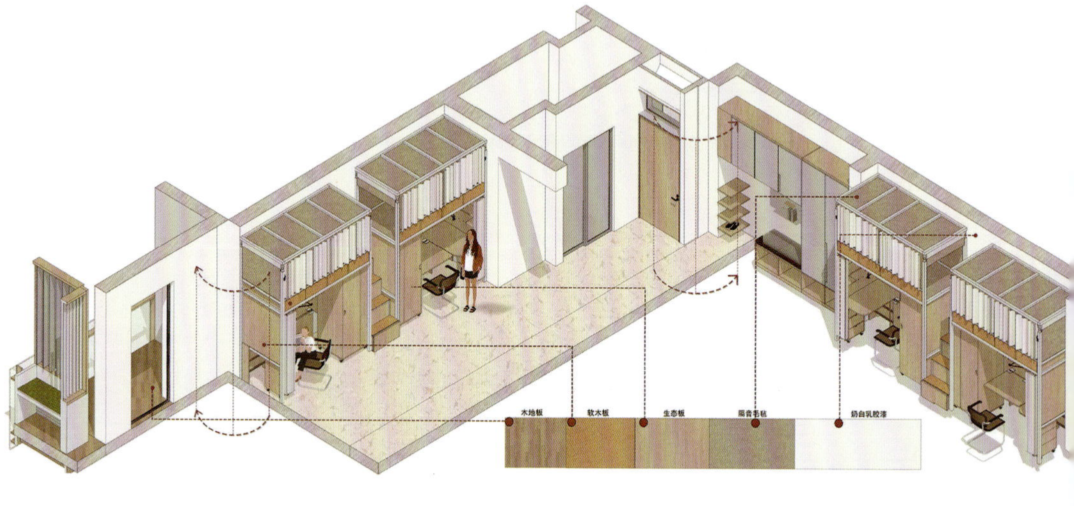
木地板
软木板
生态板
隔音毛毡
奶白乳胶漆

录建之窗的污染物趋势模拟

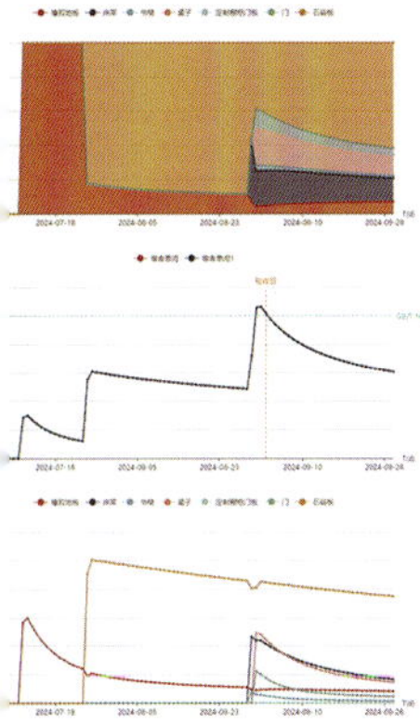

室内通风前后对比图

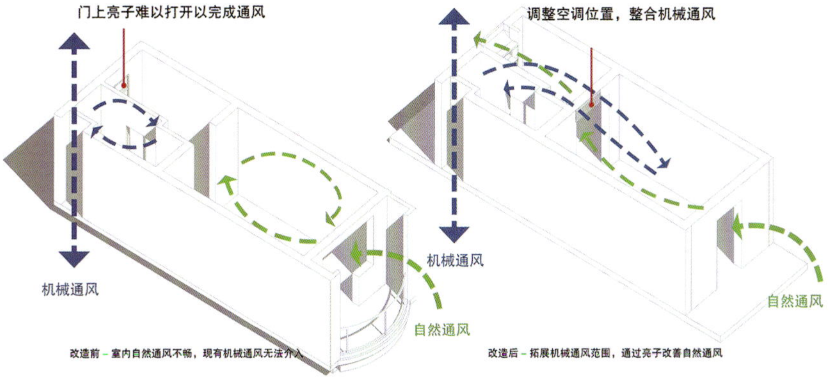

门上亮子难以打开以完成通风
调整空调位置，整合机械通风
机械通风
机械通风
自然通风
自然通风
改造前－室内自然通风不畅，现有机械通风无法介入
改造后－拓展机械通风范围，通过亮子改善自然通风

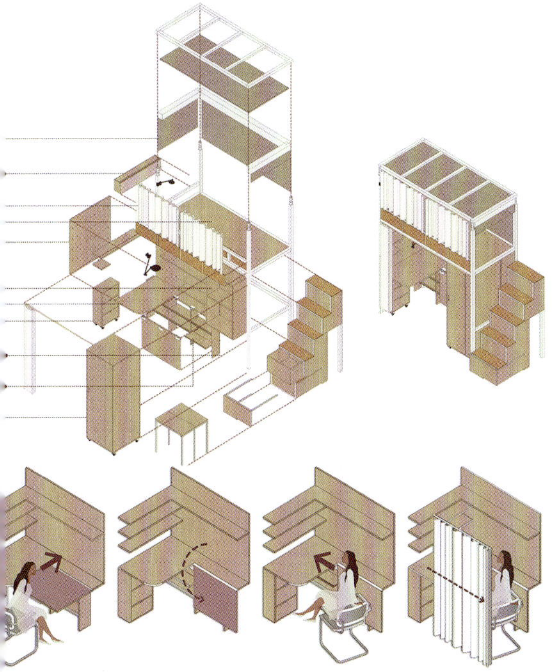

室内间接采光昼夜场景图

吊顶内藏灯带，夜晚为暖色光，注重温馨的氛围营造；日间为白色光，注重室内采光补充。

使用人工采光间接照明的方式改善光环境，通过智慧家居实现昼夜光照色温、照度的变化。

面图

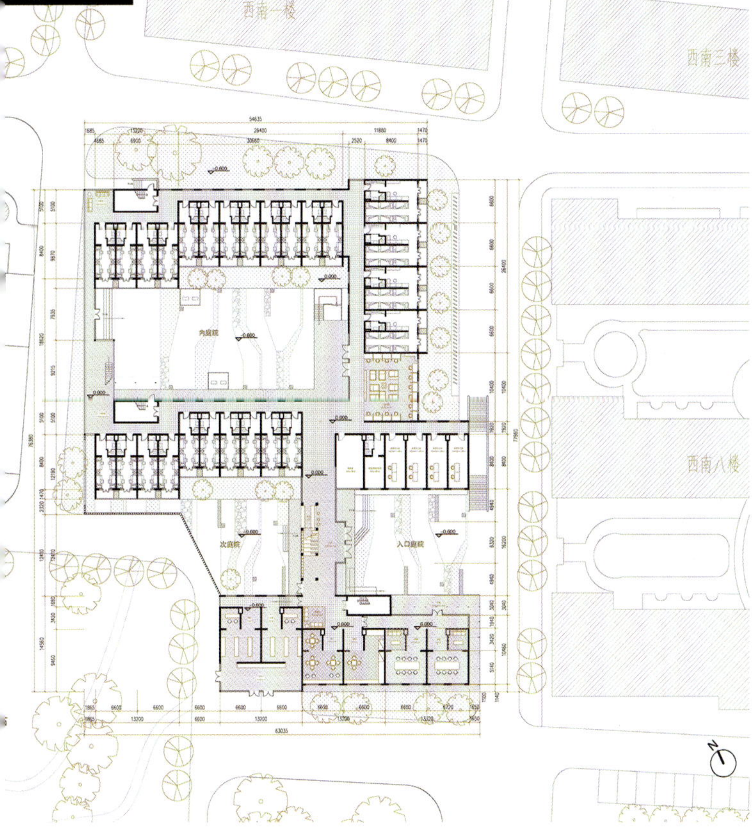

西南一楼
西南三楼
西南八楼
内庭院
次庭院
入口庭院

2F、3F 平面图

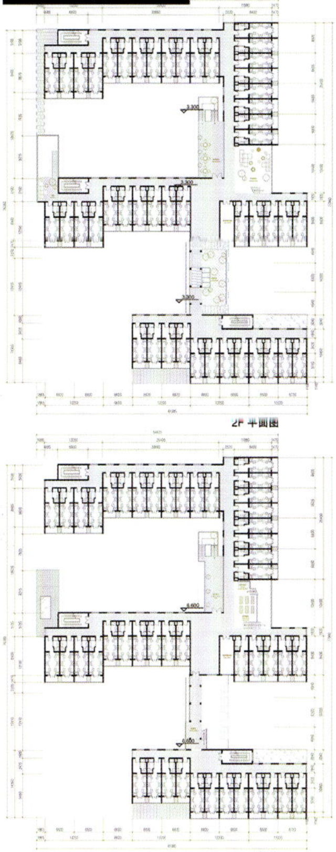

2F 平面图

3F 平面图

6＋ 室内·联合毕业设计

智慧校园宿舍改造

室内设计6＋

江苏警官学校学生宿舍改造
数字设计 智慧生活

设计说明

随着人工智能技术的快速发展和
人机交互成为当前研究的热点领
于宿舍空间有限和布局不合理，学
在宿舍内的居住体验和学习效果受
响。因此，针对单元化宿舍空间进
化改造，并结合人机交互技术，以
学生的居住质量和生活舒适度，是
非常重要的研究课题。这项研究的
在于，通过结合人机交互技术，从
方面对单元化宿舍空间进行优化
为学生提供更好的居住环境和学习
提升他们的生活质量。

结构体量分析

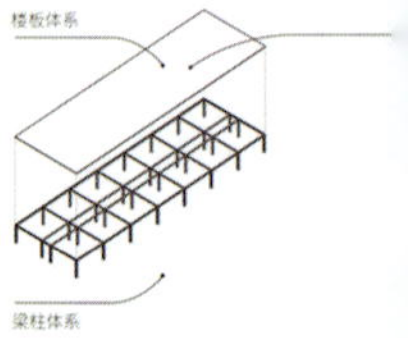
楼板体系
梁柱体系

哈尔滨工业大学

指导教师：刘杰 兆翠

作　者：戴宏真 雷豪杰 李雨实

分析

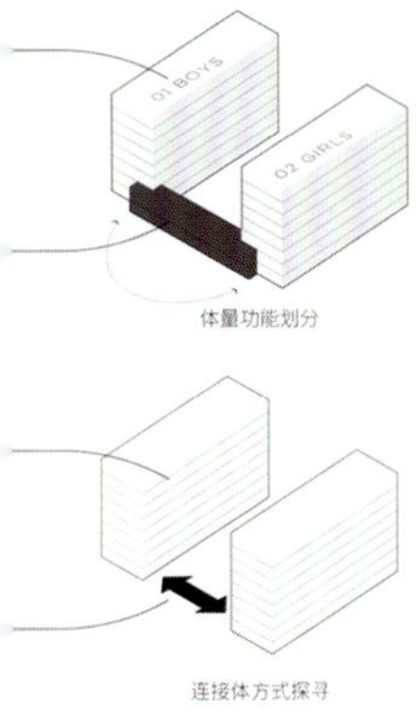

01 BOYS
02 GIRLS
体量功能划分
连接体方式探寻

宿舍体量分解

总平面图　1：500

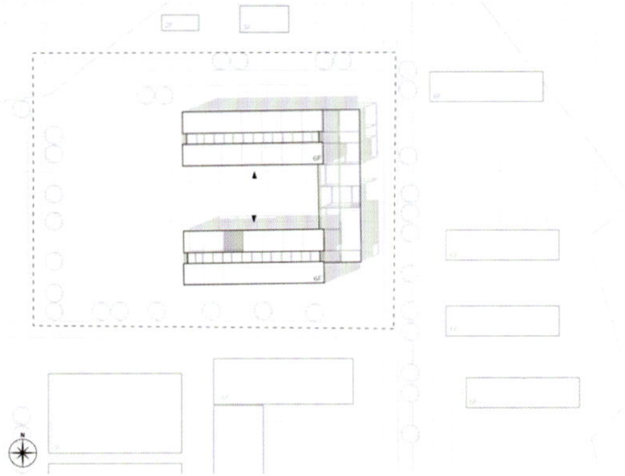

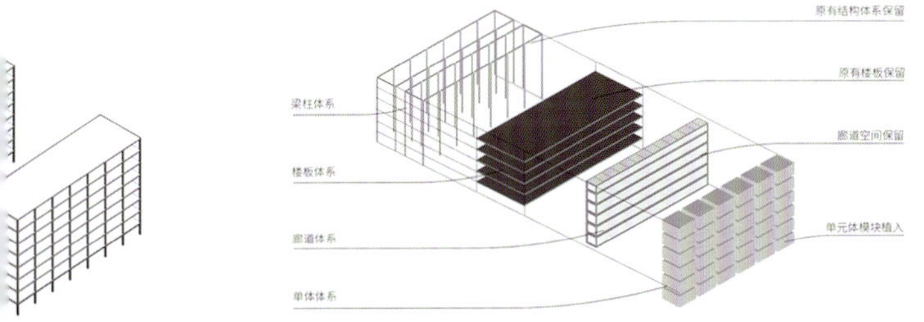

原有结构体系保留
原有楼板保留
廊道空间保留
单元体模块植入
梁柱体系
楼板体系
廊道体系
单体体系

建筑单元体分析

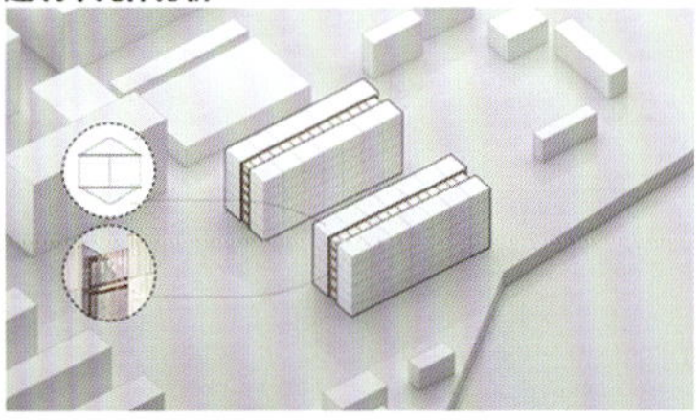

建筑单元体分析

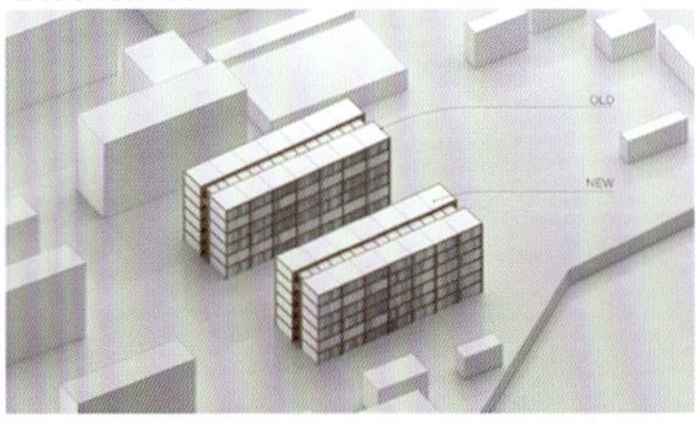

OLD
NEW

建筑单元体加法体量分析

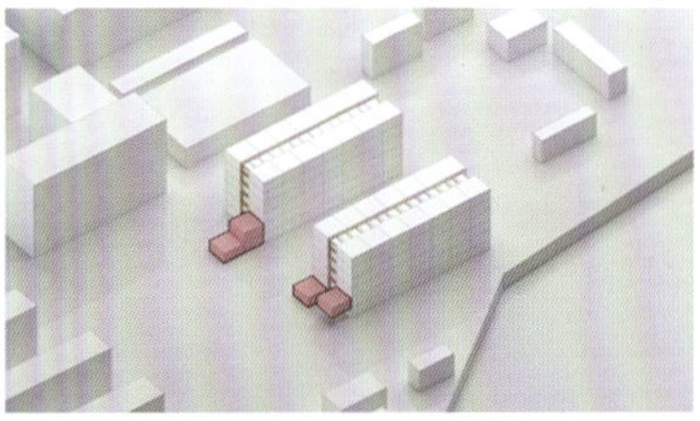

建筑单元视线分析

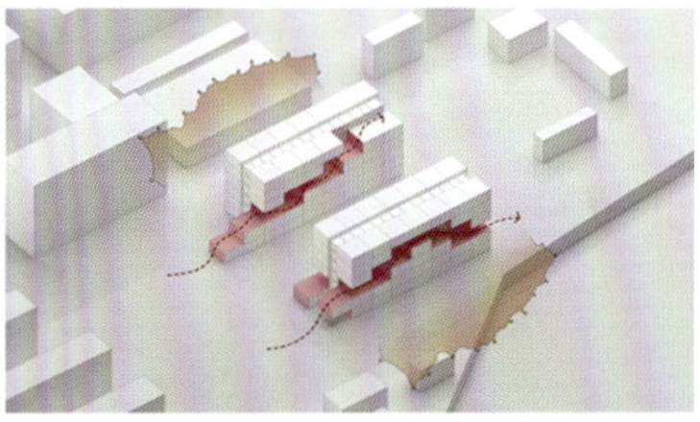

建筑改造框架分析

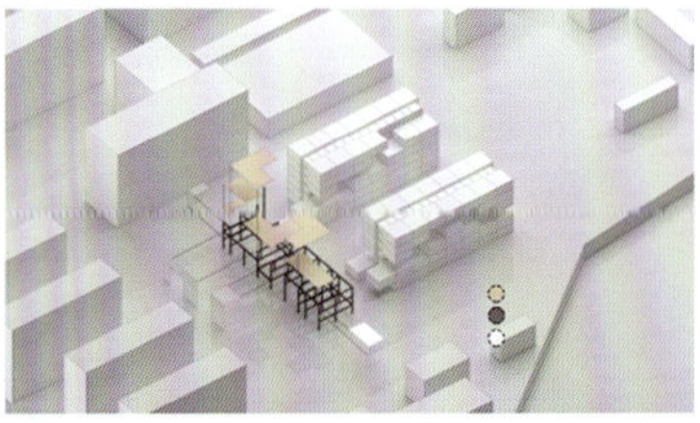

建筑表皮分析

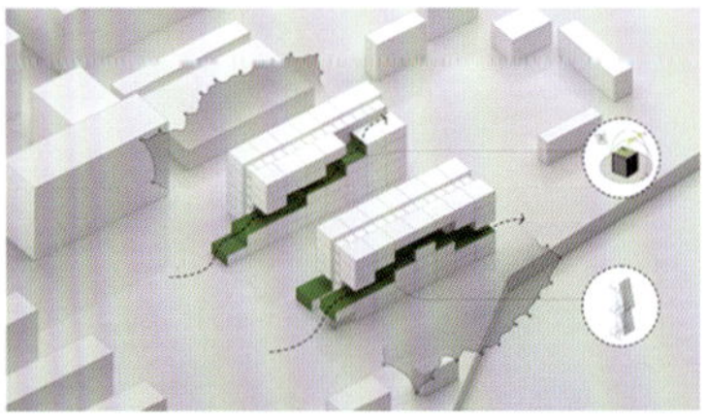

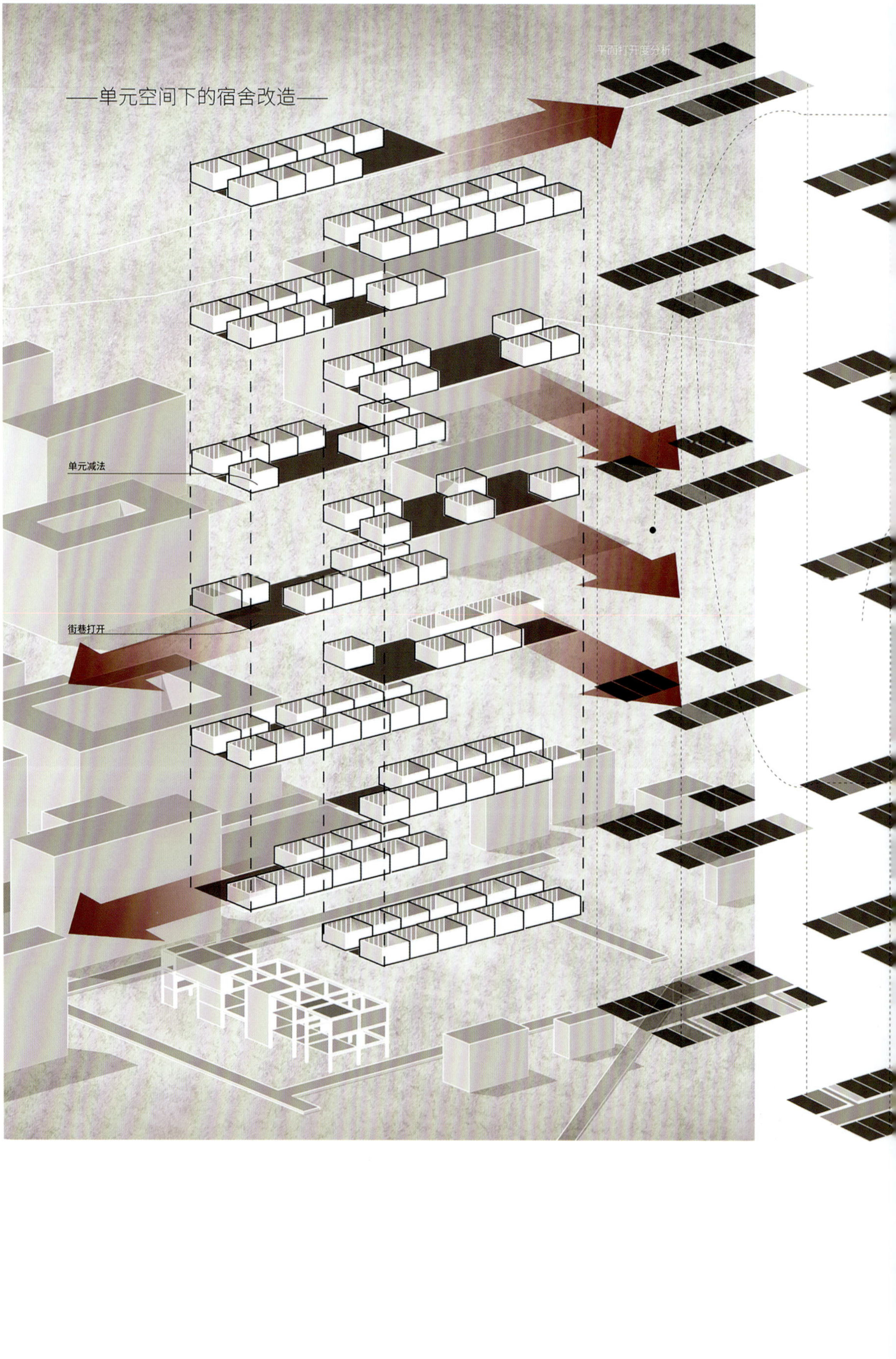
—单元空间下的宿舍改造—
平面打开度分析
单元减法
街巷打开

室内打开透视01

室内打开透视02

室外打开透视01

室外打开透视02

立面图1

立面图2

生生不息：云南宜良九乡游客服务中心室内设计

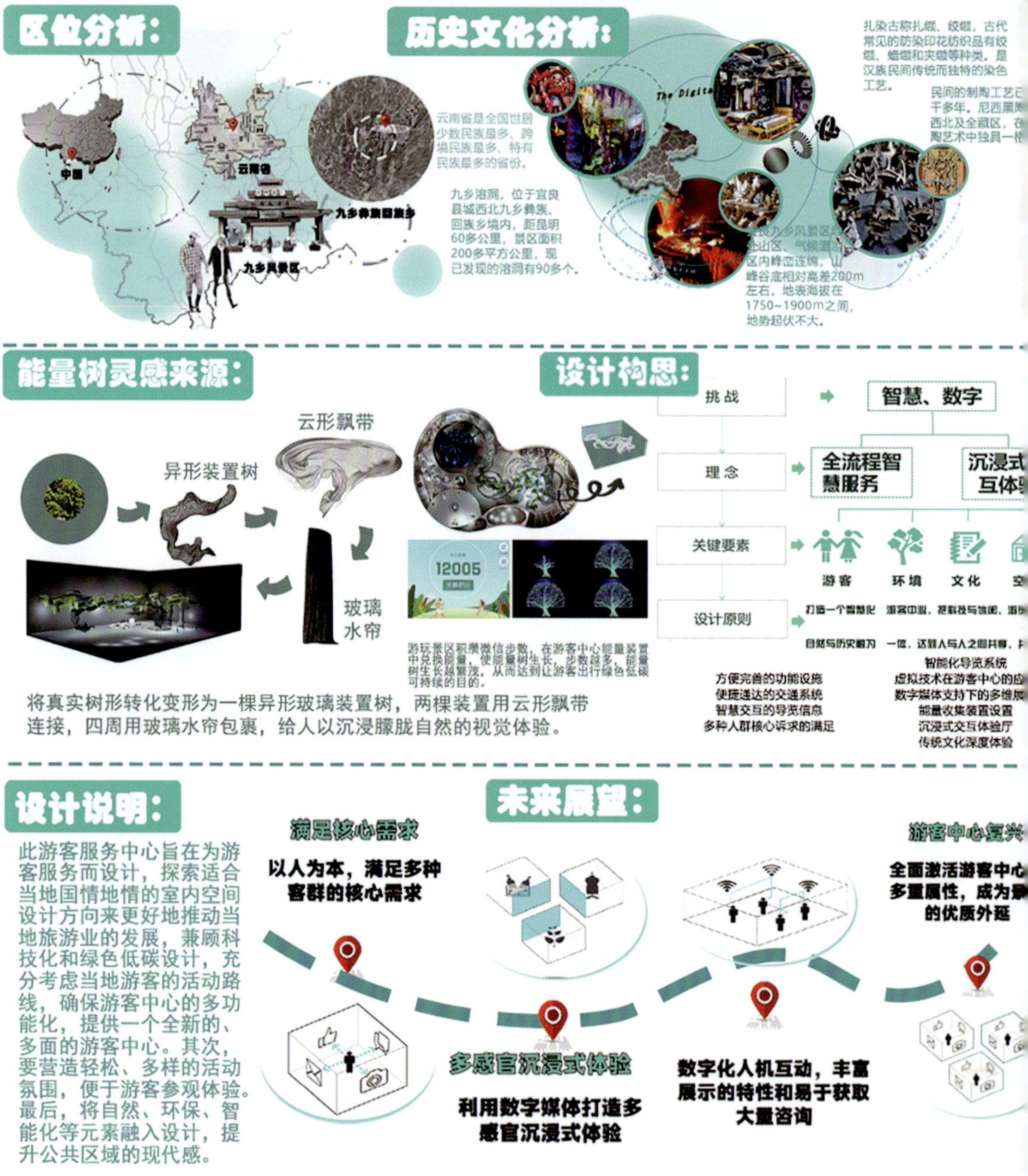

区位分析：
中国
云南省
九乡彝族回族乡
九乡风景区
云南省是全国世居少数民族最多、跨境民族最多、特有民族最多的省份。
九乡溶洞，位于宜良县城西北九乡彝族、回族乡境内，距昆明60多公里，景区面积200多平方公里，现已发现的溶洞有90多个。
历史文化分析：
The Digital
扎染古称扎缬、绞缬，古代常见的防染印花纺织品有绞缬、蜡缬和夹缬等种类。是汉族民间传统而独特的染色工艺。
民间的制陶工艺已千多年。尼西黑陶西北及全藏区，在陶艺术中独具一格
区内峰峦连绵，山峰谷底相对高差200m左右，地表海拔在1750~1900m之间，地势起伏不大。
能量树灵感来源：
异形装置树
云形飘带
玻璃水帘
12005
游玩景区积攒微信步数，在游客中心能量装置中兑换能量，使能量树生长，步数越多，能量树生长越繁茂，从而达到让游客出行绿色低碳可持续的目的。
将真实树形转化变形为一棵异形玻璃装置树，两棵装置用云形飘带连接，四周用玻璃水帘包裹，给人以沉浸朦胧自然的视觉体验。
设计构思：
挑战
智慧、数字
理念
全流程智慧服务
关键要素
游客
环境
文化
设计原则
打造一个智慧化自然与历史融为
游客中心，把科技与休闲，一体，达到人与人之间共享，
方便完善的功能设施
便捷通达的交通系统
智慧交互的导览信息
多种人群核心诉求的满足
智能化导览系统
能量收集装置设置
沉浸式交互体验厅
传统文化深度体验
设计说明：
此游客服务中心旨在为游客服务而设计，探索适合当地国情地情的室内空间设计方向来更好地推动当地旅游业的发展，兼顾科技化和绿色低碳设计，充分考虑当地游客的活动路线，确保游客中心的多功能化，提供一个全新的、多面的游客中心。其次，要营造轻松、多样的活动氛围，便于游客参观体验。最后，将自然、环保、智能化等元素融入设计，提升公共区域的现代感。
未来展望：
满足核心需求
以人为本，满足多种客群的核心需求
多感官沉浸式体验
利用数字媒体打造多感官沉浸式体验
数字化人机互动，丰富展示的特性和易于获取大量咨询
游客中心复兴

平面布置图：

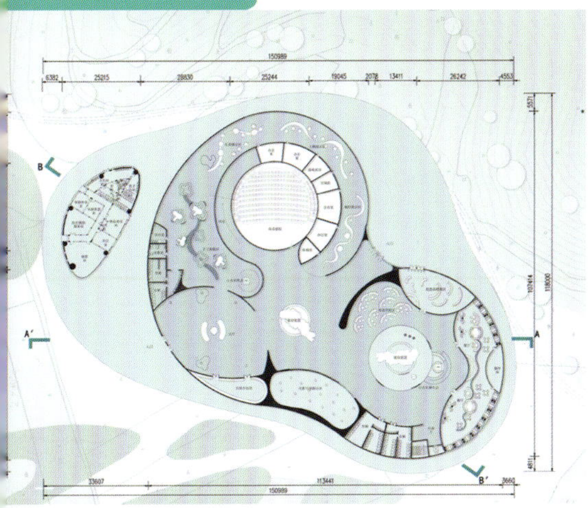

一层平面图

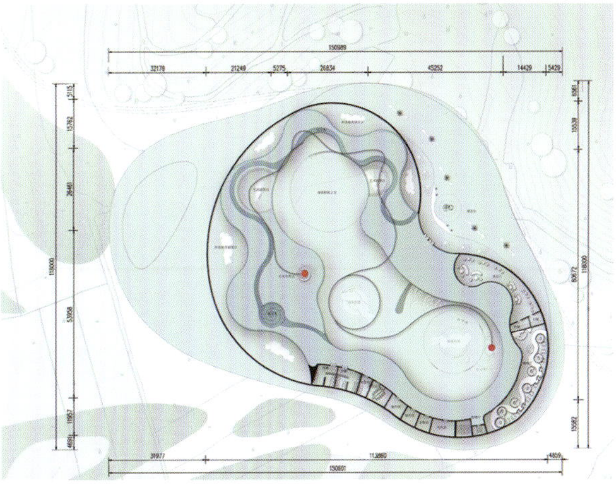

二层平面图

效果图展示：

小火车乘车点

手工体验

空间节点图

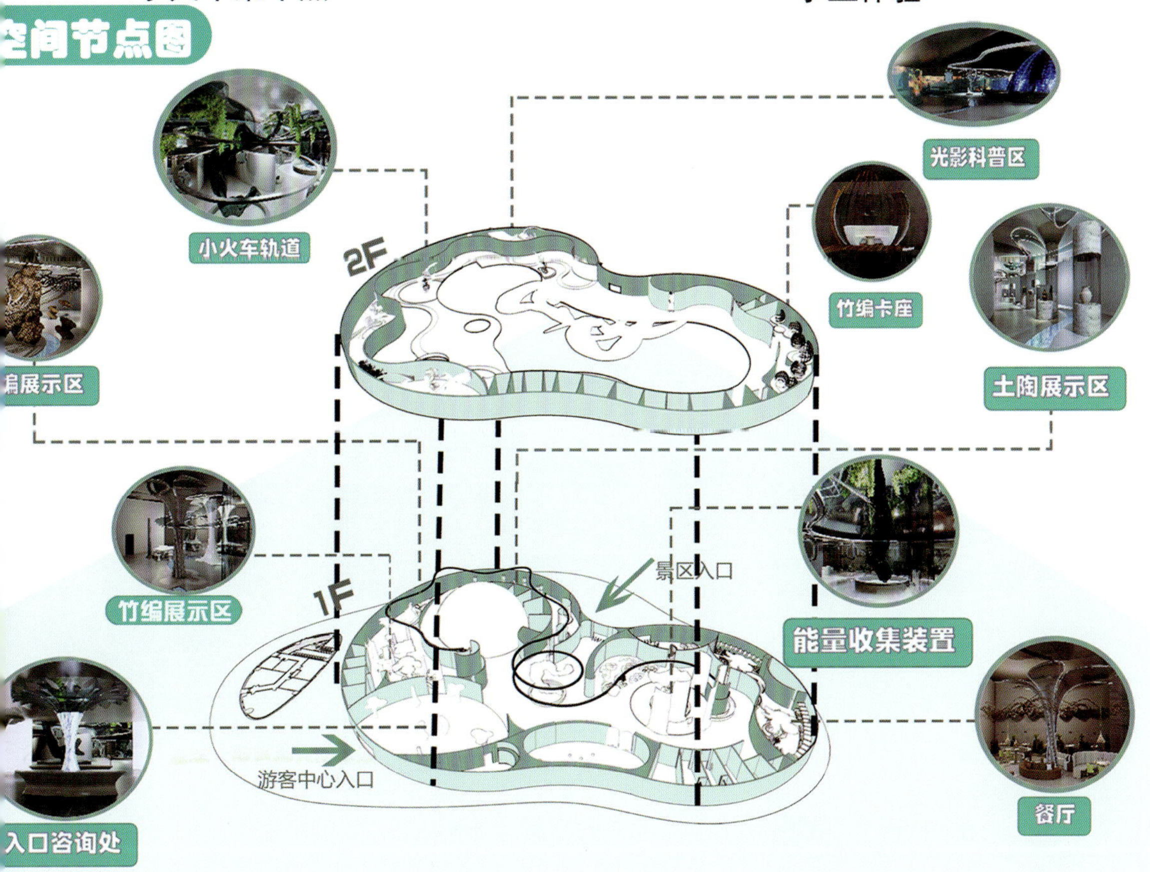

光影科普区
小火车轨道
2F
竹编卡座
土陶展示区
1F
景区入口
竹编展示区
能量收集装置
入口咨询处
游客中心入口
餐厅

西安建筑科技大学

指导教师：师立华 刘晓军

作 者：刘星宇 阮 慧 李逸尘 王 瑞

流线分析图：

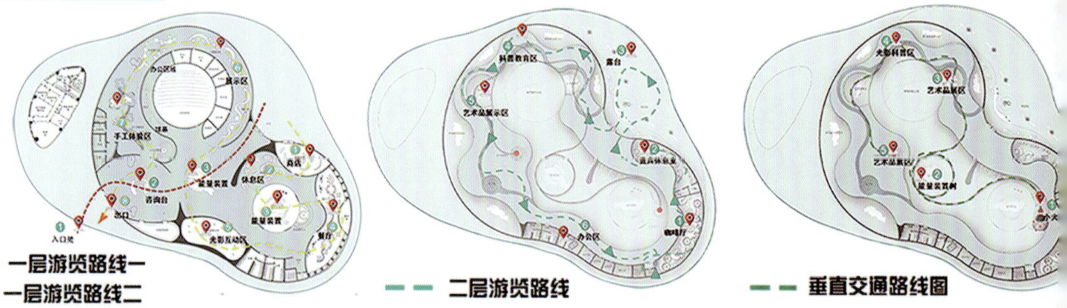

一层游览路线一
一层游览路线二
二层游览路线
垂直交通路线图

餐厅

竹编展示

分层结构图：

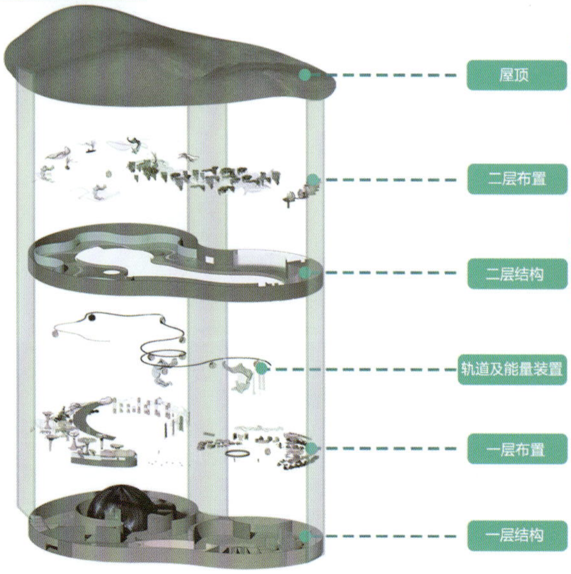
屋顶
二层布置
二层结构
轨道及能量装置
一层布置
一层结构

特色节点

蓝色

红色

不同的节日能量装置的色调可随之改变，如云南特色节日火把节，空间整体可变为暖色，泼水节可变为蓝色冷色调等。

咖啡厅

导览大厅

火车轨道

土陶展示

布料展示

客进入景区：

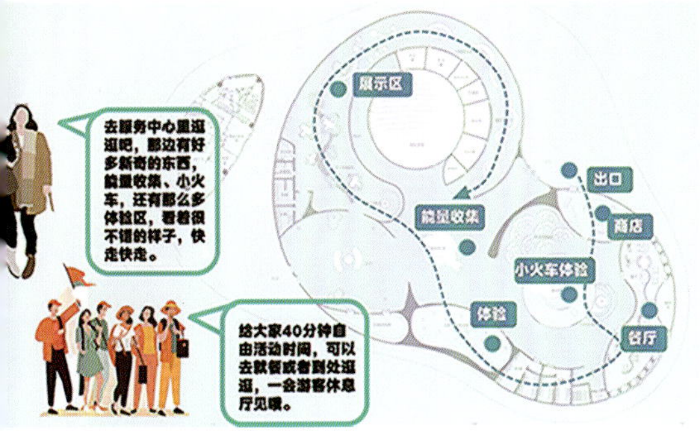
展示区
去服务中心里逛逛吧，那边有好多新奇的东西，蝴蝶收集、小火车，还有那么多体验区，看着很不错的样子，快走快走。
出口
商店
小火车体验
体验
餐厅
给大家40分钟自由活动时间，可以去就餐或者到处逛逛，一会游客休息厅见哦。

游客回到游客中心：

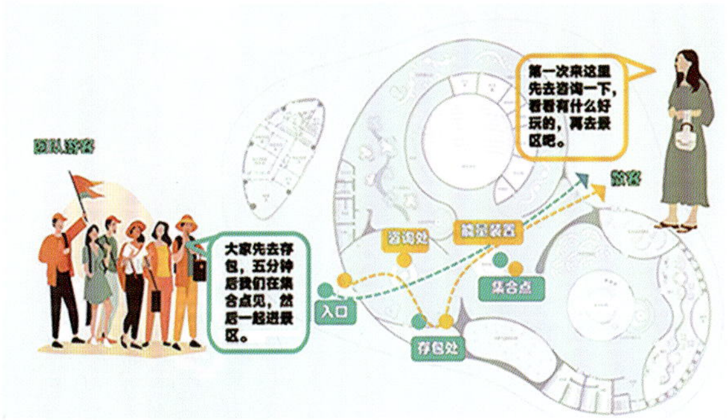
第一次来这里先去咨询一下，看看有什么好玩的，再去景区吧。
大家先去存包，五分钟后我们在集合点见，然后一起进景区。
入口
咨询处
集合点
存包处

立面分析图：

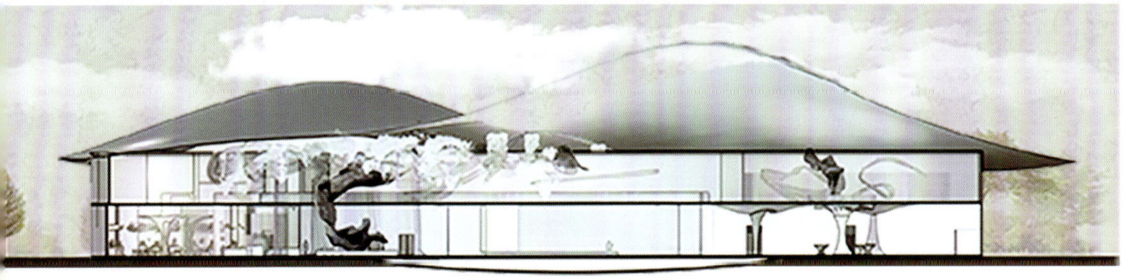

A—A′剖立面

B—B′剖立面

南京之光 未来之门：南京禄口国际机场T2航站楼国际区头等舱贵宾休息区

RADIENCE OF NANJING JOURNEY THROUGH TIME
南京之光 未来之门
出发或抵达时精力充沛 意外之遇 每一口都带来无穷新天地
Arrive feeling fully refreshed
Connect with the unexpected
Explore new worlds in every bite

南京禄口国际机场T2航站楼国际区头等舱贵宾休息区 VIP First Class Airport Lounge

华南理工大学

指导教师：薛 颖 谢冠一

作 者：ALINA KIRILIUK, CHNG QIN EN

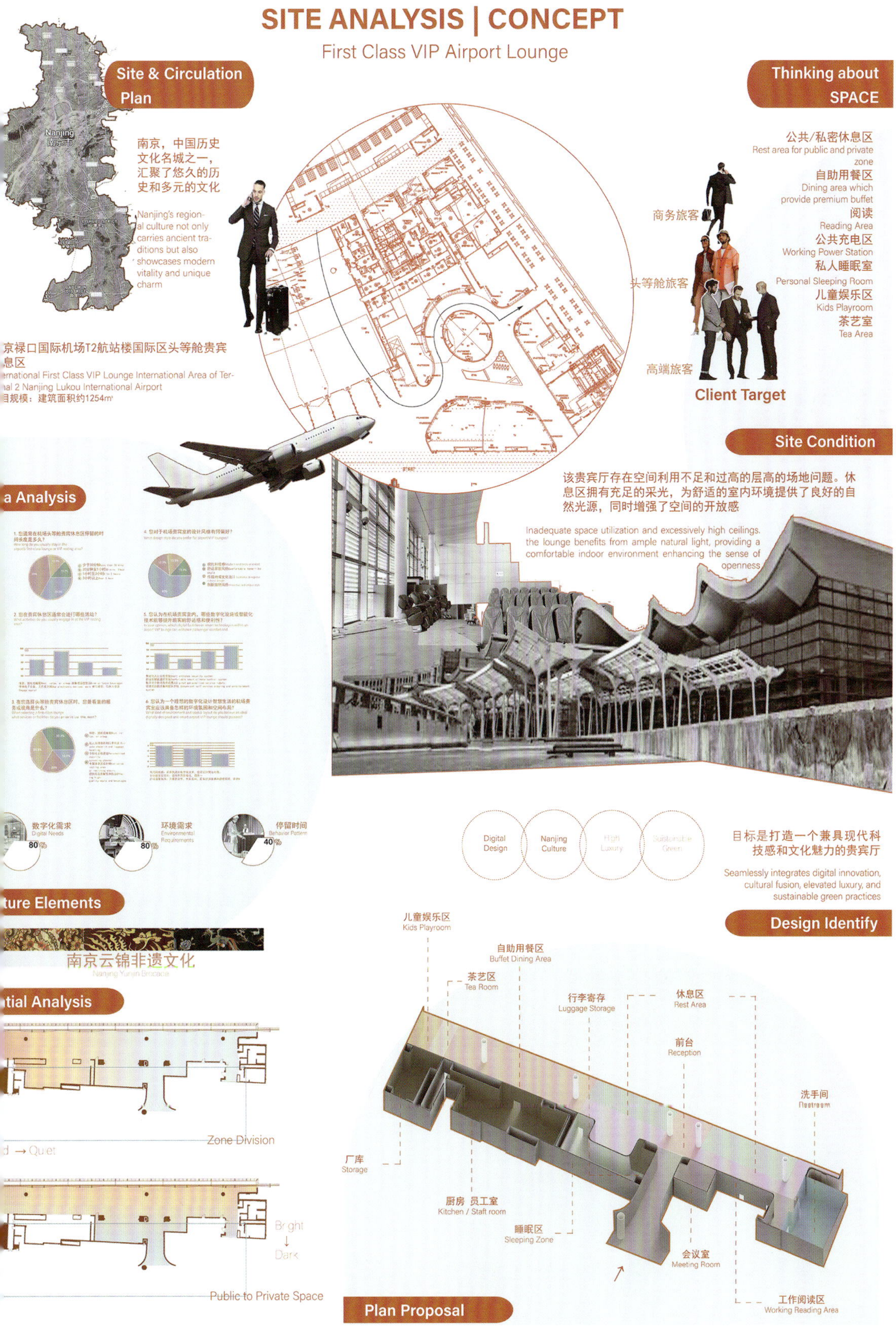
SITE ANALYSIS | CONCEPT
First Class VIP Airport Lounge
Site & Circulation Plan
南京，中国历史文化名城之一，汇聚了悠久的历史和多元的文化
Nanjing's regional culture not only carries ancient traditions but also showcases modern vitality and unique charm
京禄口国际机场T2航站楼国际区头等舱贵宾息区
ernational First Class VIP Lounge International Area of Terial 2 Nanjing Lukou International Airport
目规模：建筑面积约1254m²
Thinking about SPACE
公共/私密休息区
Rest area for public and private zone
自助用餐区
Dining area which provide premium buffet
阅读
Reading Area
公共充电区
Working Power Station
私人睡眠室
Personal Sleeping Room
儿童娱乐区
Kids Playroom
茶艺室
Tea Area
商务旅客
头等舱旅客
高端旅客
Client Target
Site Condition
该贵宾厅存在空间利用不足和过高的层高的场地问题。休息区拥有充足的采光，为舒适的室内环境提供了良好的自然光源，同时增强了空间的开放感
Inadequate space utilization and excessively high ceilings. the lounge benefits from ample natural light, providing a comfortable indoor environment enhancing the sense of openness
a Analysis
数字化需求
Digital Needs
80%
环境需求
Environmental Requirements
80%
停留时间
Behavior Pattern
40%
Digital Design
Nanjing Culture
High Luxury
Sustainable Green
目标是打造一个兼具现代科技感和文化魅力的贵宾厅
Seamlessly integrates digital innovation, cultural fusion, elevated luxury, and sustainable green practices
Design Identify
ture Elements
南京云锦非遗文化
Nanjing Yunjin Brocade
tial Analysis
Zone Division
d → Quiet
Bright
↓
Dark
Public to Private Space
儿童娱乐区
Kids Playroom
自助用餐区
Buffet Dining Area
茶艺区
Tea Room
行李寄存
Luggage Storage
休息区
Rest Area
前台
Reception
洗手间
Restroom
厂库
Storage
厨房 员工室
Kitchen / Staff room
睡眠区
Sleeping Zone
会议室
Meeting Room
工作阅读区
Working Reading Area
Plan Proposal

APPLICATIONS | DRAWINGS

First Class VIP Airport Lounge

Creative and DIGITAL

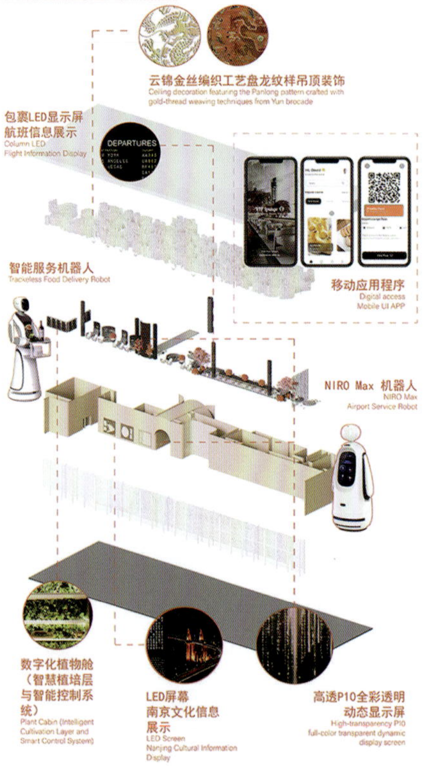

云锦金丝编织工艺盘龙纹样吊顶装饰
Ceiling decoration featuring the Panlong pattern crafted with gold-thread weaving techniques from Yun brocade
包裹LED显示屏航班信息展示
Column LED Flight Information Display
DEPARTURES
智能服务机器人
Traceless Food Delivery Robot
移动应用程序
Digital access Mobile UI APP
NIRO Max 机器人
NIRO Max Airport Service Robot
数字化植物舱（智慧植培层与智能控制系统）
Plant Cabin (Intelligent Cultivation Layer and Smart Control System)
LED屏幕 南京文化信息展示
LED Screen Nanjing Cultural Information Display
高透P10全彩透明动态显示屏
High-transparency P10 full-color transparent dynamic display screen

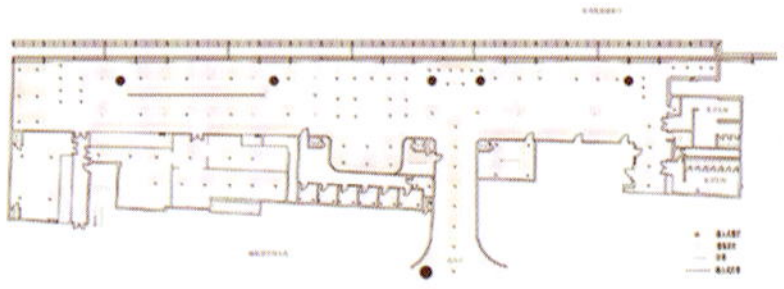

01 03 灯光图 SCALE 1:300 @ A3

DRAWING P

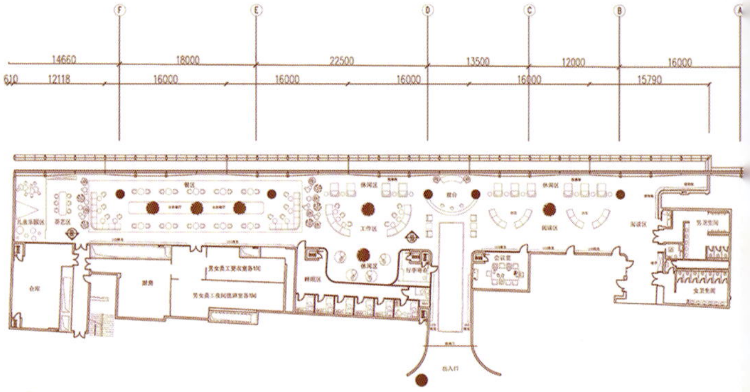

14660 18000 22500 13500 12000 16000
610 12118 16000 16000 16000 16000 15790
01 01 平面图 SCALE 1:300 @ A3

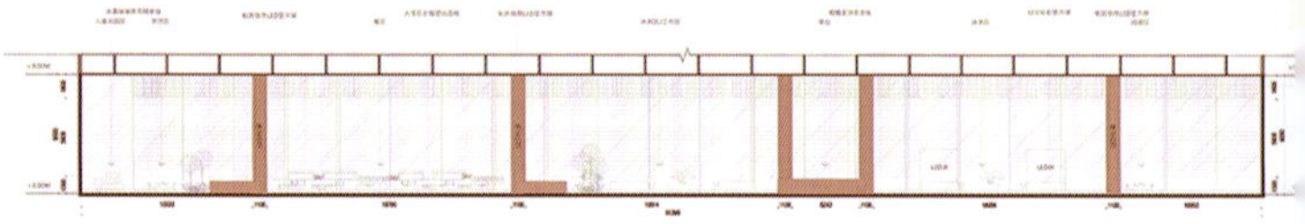

01 02 立面图 1 SCALE 1:300 @ A3

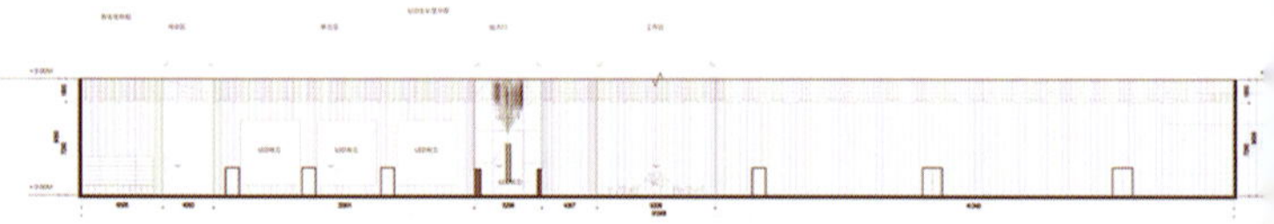

02 02 立面图 2 SCALE 1:300 @ A3

1 前台 Reception

2 过道 Hallway

3 会议室 Meeting Room

4 智能按摩区 Digital Massage Zone

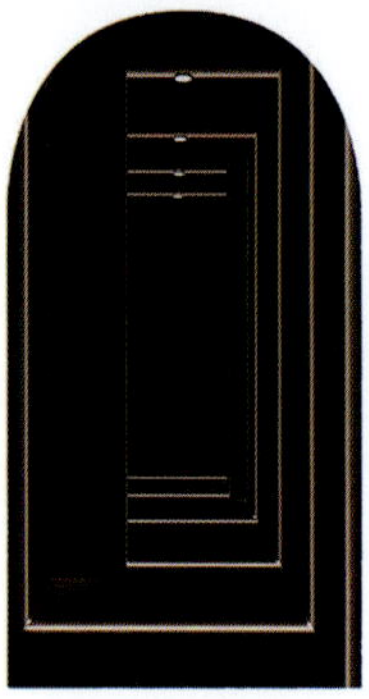
5 睡眠区走道 Sleeping Zone Hallway

6 智能控制睡 Smart Sleepin

8

9

pective views

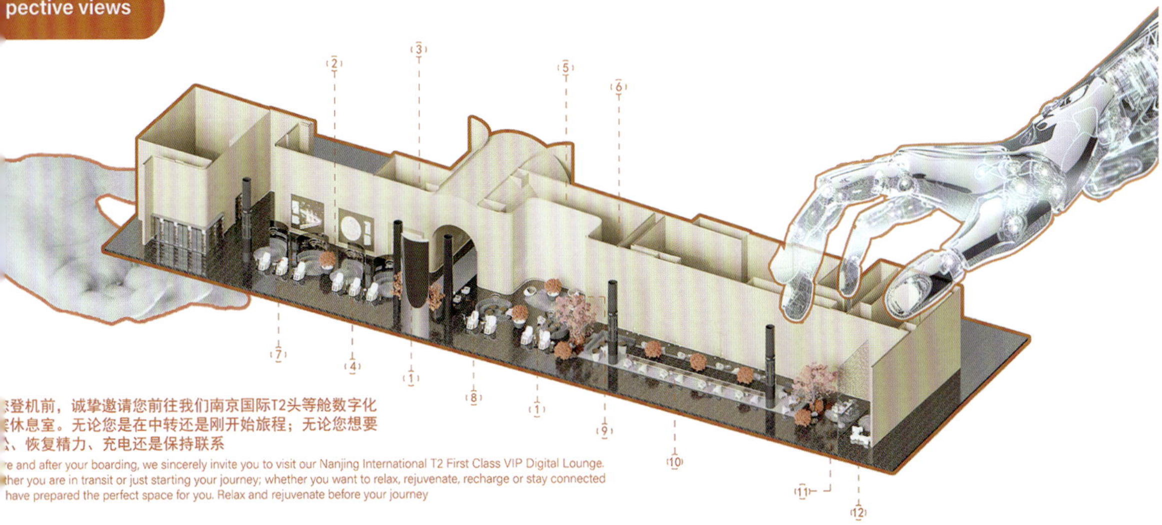
2
3
5
6
7
4
1
8
1
9
10
11
12

登机前，诚挚邀请您前往我们南京国际T2头等舱数字化
休息室。无论您是在中转还是刚开始旅程；无论您想要
、恢复精力、充电还是保持联系

e and after your boarding, we sincerely invite you to visit our Nanjing International T2 First Class VIP Digital Lounge.
ther you are in transit or just starting your journey; whether you want to relax, rejuvenate, recharge or stay connected
have prepared the perfect space for you. Relax and rejuvenate before your journey

11

12

建筑结构改造分析

结构加固

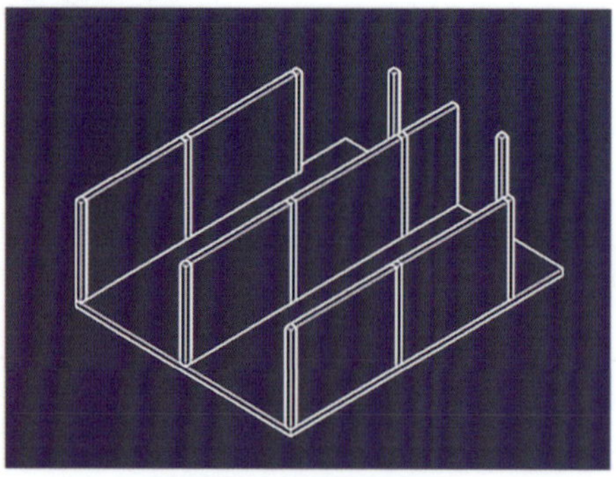

原建筑砌体墙结构

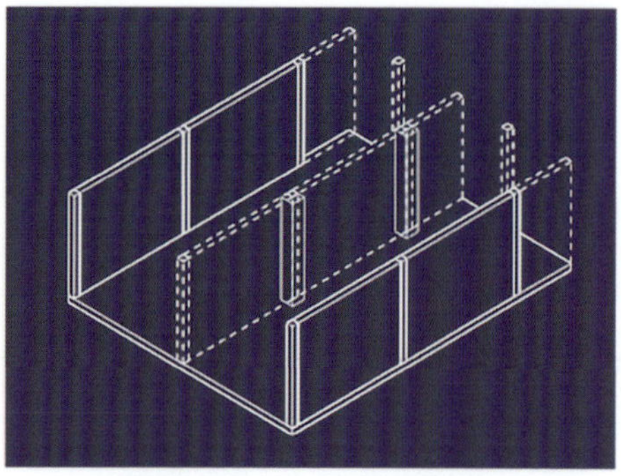

整体打通，拆除部分墙体

结构改造

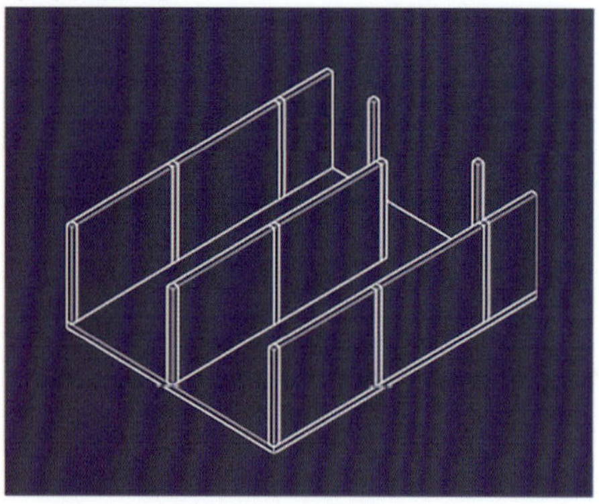

原建筑砌体墙结构

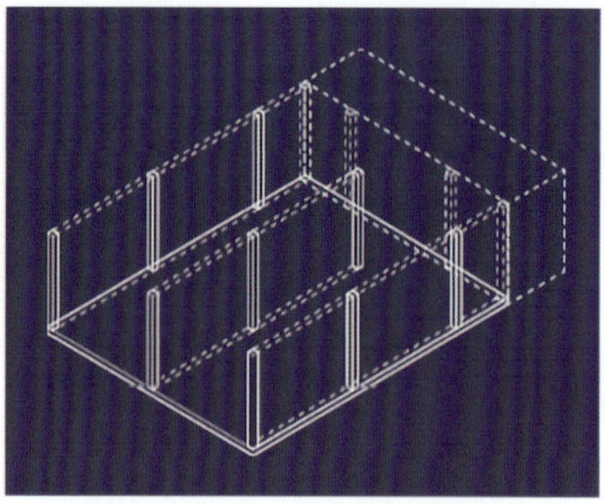

拆除砌体墙，改造为框架结构

重排柱网

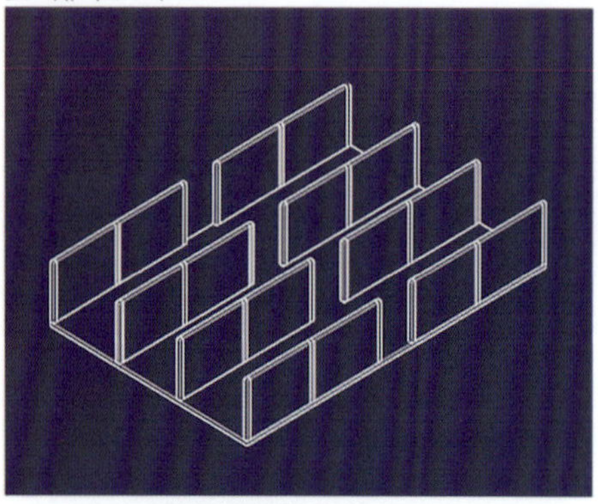

原建筑砌体墙结构

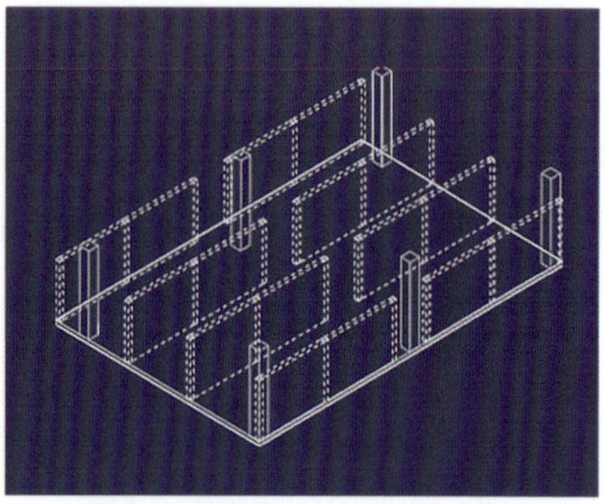

拆除原有结构，改为框架结构

楼梯重布

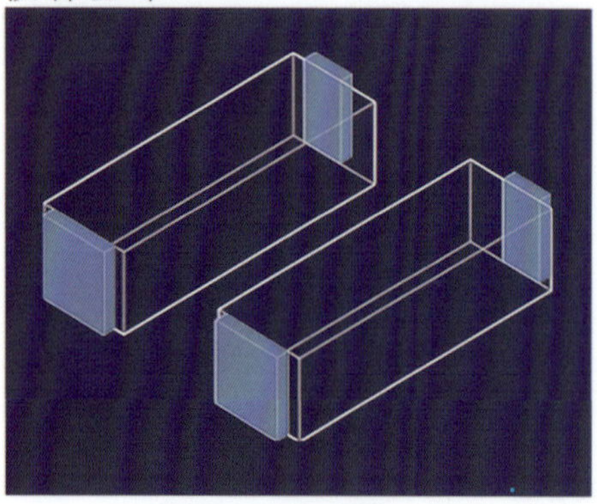

原建筑楼梯位置

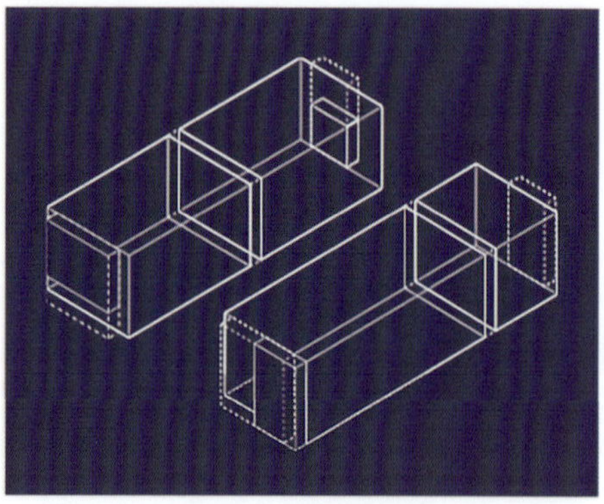

分割建筑，重排流线

指导教师：滕学荣 朱宁克 杨琳
作者：苗钰雯 丁思如

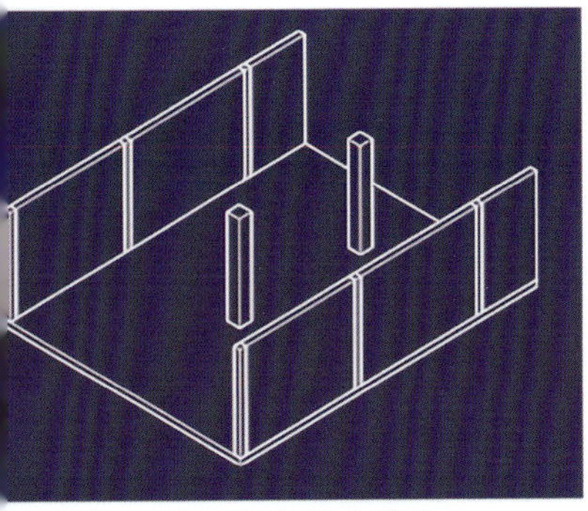

加固柱承重，保留部分墙体

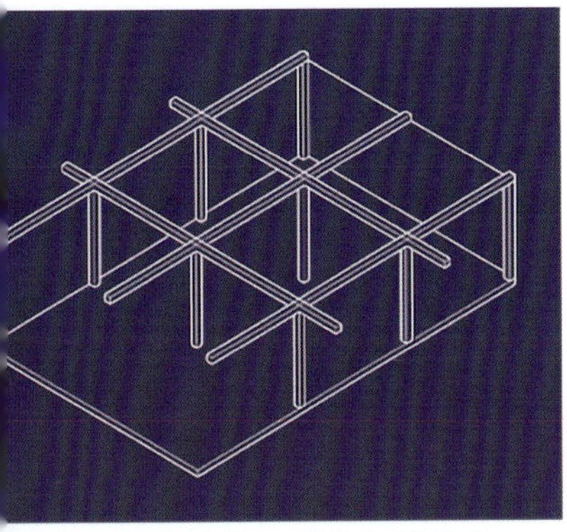

保留加固构造柱，顶部架梁承重

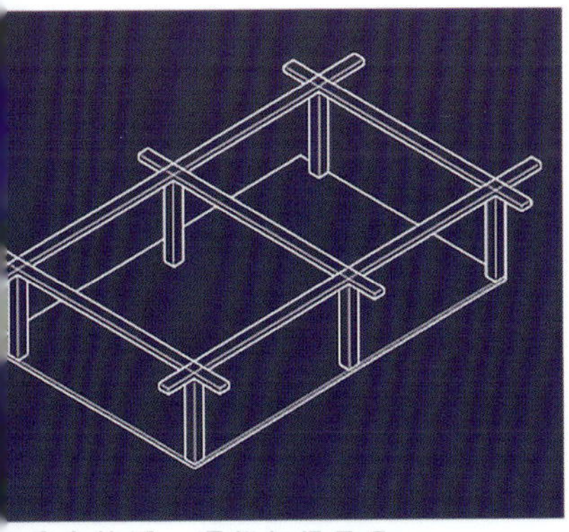

重布柱网，顶部架梁承重

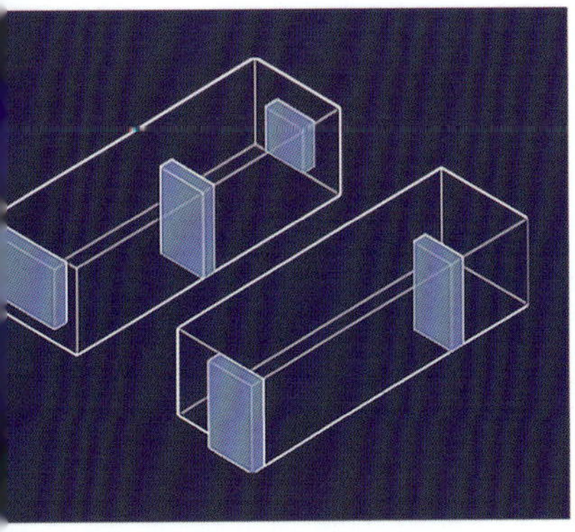

改变楼梯位置，保证疏散安全

空间行为需求分析

学生空间需求

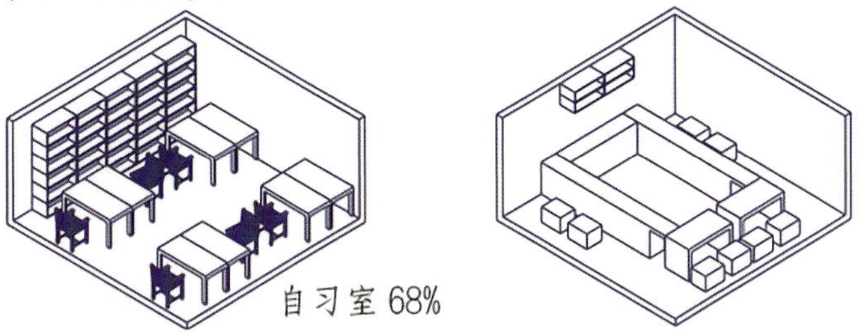

自习室 68%

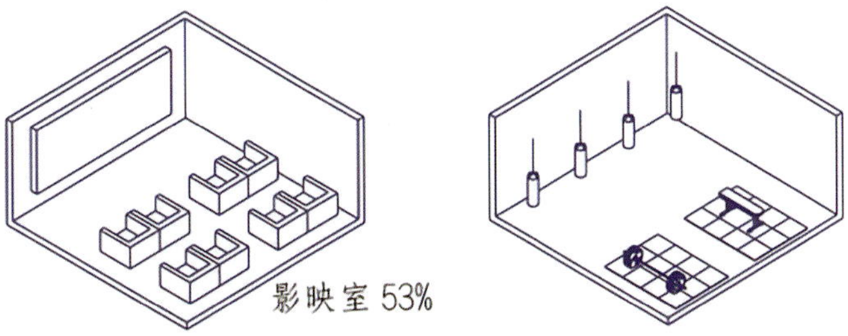

影映室 53%

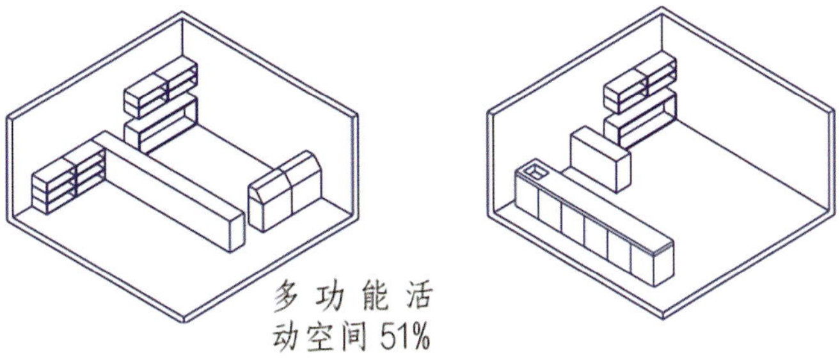

多功能活动空间 51%

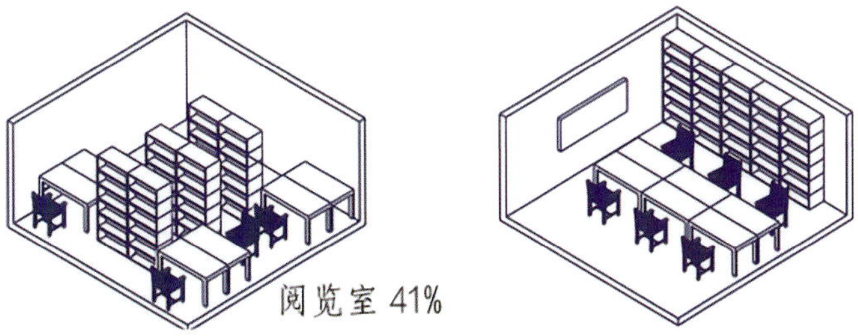

阅览室 41%

技术指标

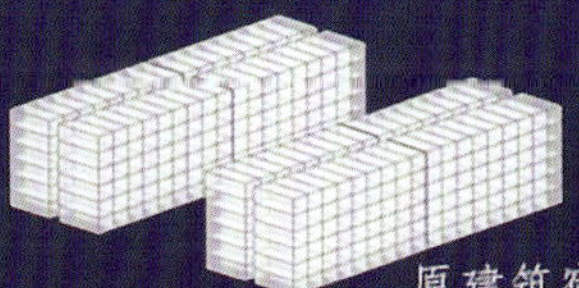

原建筑宿舍

原建筑每层36间宿舍，共计432间宿舍。保留至少80%的宿舍间数，可拆宿舍86间。

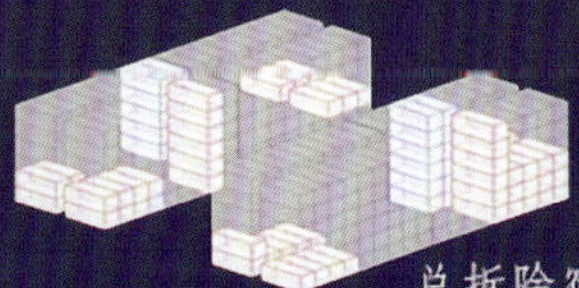

总拆除宿舍

蓝色部分的22间宿舍，被用作每层楼的配套服务空间（卫生间、淋浴、洗衣间等）红色部分的63间宿舍，用作公共空间及交通空间（大厅、健身房、阅览室及疗愈空间等）

改造后宿舍

现保留347间宿舍，占原有宿舍指标的80.3%，符合任务书要求。

新旧系统对比

对于宿舍楼现有管理系统进行走访调查和问题分析汇总，从学生、管理人员、工作人员多角度出发，结合物联网和大数据等形式，探讨更优的管理体系，打造舒适宿舍生活。

“每次报修，我们都需找宿管阿姨或者辅导员要填写烦琐的报修单，然后等很久才会有人来，或者根本就没有回应，真的很不方便！”

姓名：小丁
年龄：20
身份：学生

“作为管理员，我需要一直待在值班室，每天都需要查房，确保学生人数和学生安全，宵禁后我还要值夜班，每周还需要排查宿舍危险品和检查宿舍卫生，真的很忙而且内容烦琐细碎！
一忙起来，有时候学生向我反映的问题，我就很容易忘记，无法及时处理与反馈。”

姓名：苗桑
年龄：39
身份：管理员

“我是检修员，宿舍楼大大小小的问题都由我来检修，我并不会每天在宿舍楼排查，我是通过学生们提交的报修单进行维修和管理的，所以我无法第一时间知道问题和状况，更加无法马上处理这些报修内容，这让我的工作变得困难。”

姓名：杨工
年龄：52
身份：工作人员

工作人员检修维修
工作人员的日常维护

疗愈装置概念分析

如今的社会，我们通过网络链接，人与人的距离既近又远。因此，我们希望能创造一个“疗愈空间”来重新点燃当代大学生的青春热情，建立起人与人之间社交互动。

通过交互装置让学生沉浸于空间中，减轻学生的精神疲惫，帮助学生舒缓压力和慢性疲劳，提升青春活力。

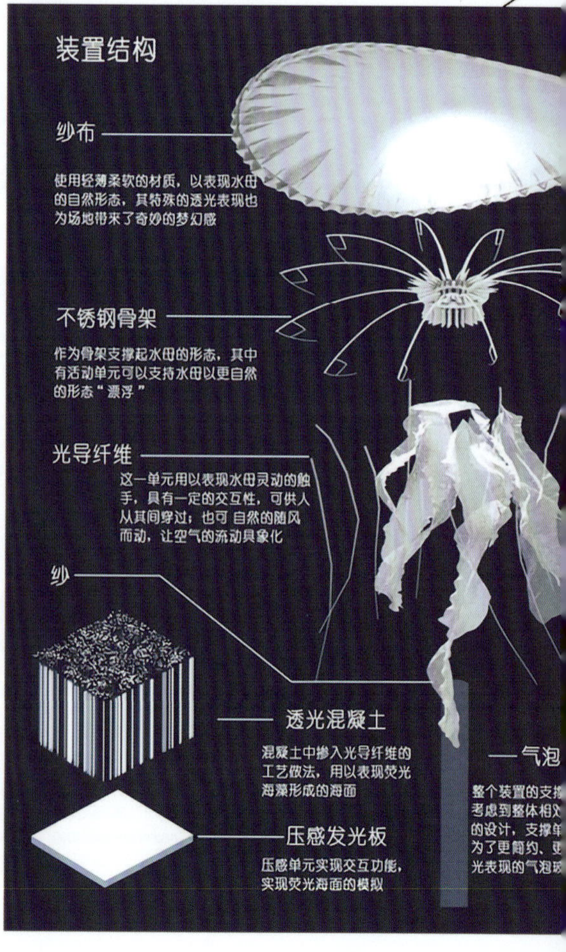
装置结构
纱布
使用轻薄柔软的材质，以表现水母的自然形态，其特殊的透光表现也为场地带来了奇妙的梦幻感
不锈钢骨架
作为骨架支撑起水母的形态，其中有活动单元可以支持水母以更自然的形态“漂浮”
光导纤维
这一单元用以表现水母灵动的触手，具有一定的交互性，可供人从其间穿过；也可 自然的随风而动，让空气的流动具象化
纱
透光混凝土
混凝土中掺入光导纤维的工艺做法，用以表现荧光海藻形成的海面
压感发光板
压感单元实现交互功能，实现荧光海面的模拟
气泡

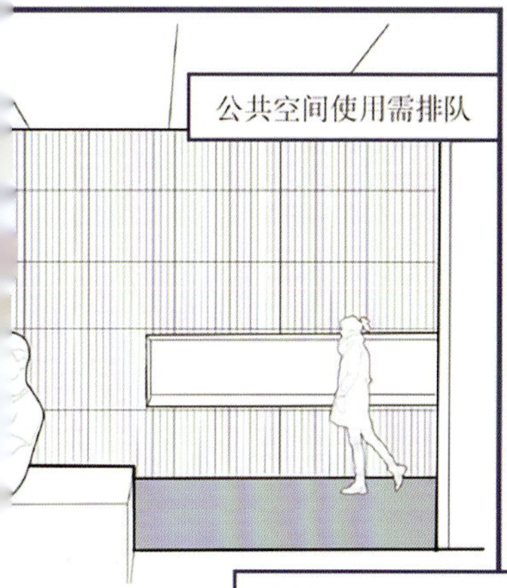
公共空间使用需排队

宿管阿姨的日常登记

旧系统存在：1.学生反馈无法及时处理；2.公共空间需排队使用、信息混乱，预约方式烦琐等问题；3.宿舍管理员每日需要巡楼和排查，工作量大且烦琐；4.工作人员开展工作程序烦琐，无法及时处理问题等一系列的问题，需有针对性地进行优化改善。

功能空间预约制
健康数据监测&个性化定制

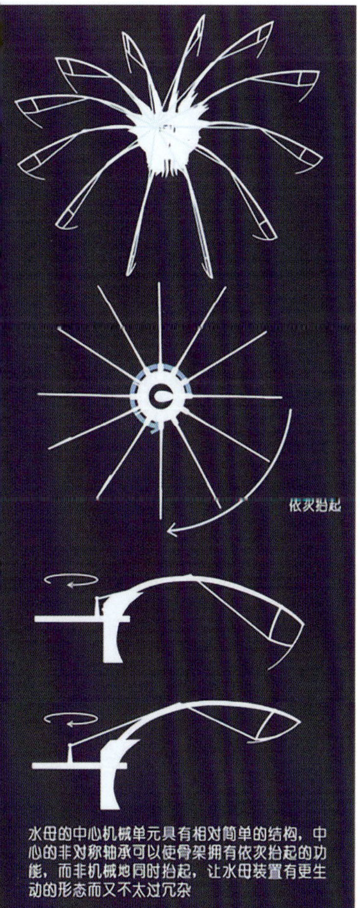
依次抬起

水母的中心机械单元具有相对简单的结构，中心的非对称轴承可以使骨架拥有依次抬起的功能，而非机械地同时抬起，让水母装置有更生动的形态而又不太过冗杂

装置交互

地面亮度
位置

南京禄口国际机场室内设计

6+ 室内·联合毕业设计

扫码进入虚拟空间
nanjing.cn
南京头条
首页>南京>机场攻略
南京禄口机场T2航站楼贵宾厅正式启用
2024年6月1日消息：南京禄口国际机场T2航站楼贵宾厅方案征集工作正在进行。该贵宾厅室内设计以“数字化设计，智慧生活”为主题，旨在推动新时代高品质交通设施与城市的有机融合，通过数字化、智能化、人性化的室内设计塑造安全、舒适、便捷、高效的贵宾使用体验。
设计单位：北京工业大学
设计人员：张雪怡 梁颖 周子琪 王徐航 耿悦竹 张一淼 李伟卓 王心仪 林雨涵

场地概况

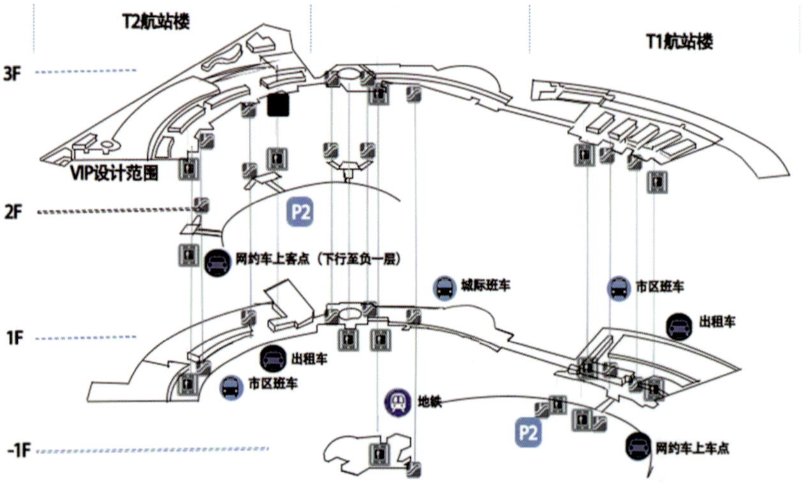

T2航站楼
T1航站楼
3F
VIP设计范围
2F
P2
网约车上客点（下行至负一层）
城际班车
市区班车
出租车
1F
出租车
市区班车
地铁
P2
-1F
网约车上车点

交通路线

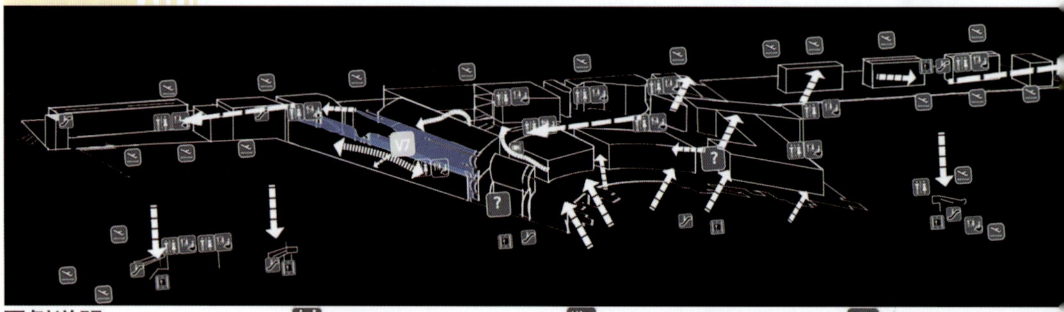

图例说明：

- 洗手间
- 直达电梯
- 自动扶梯
- 行李寄存
- 无障碍洗手间
- 超规行李寄存
- 警务室
- 国际头等舱休息室
- 问讯
- 医疗急救
- 通往其他楼层

光照条件

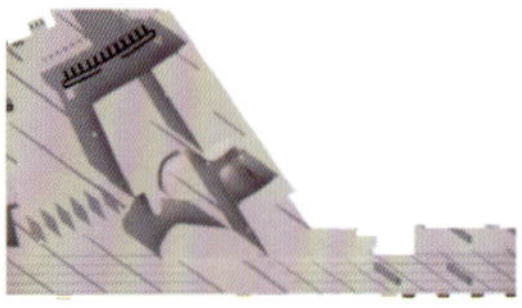

早8：00

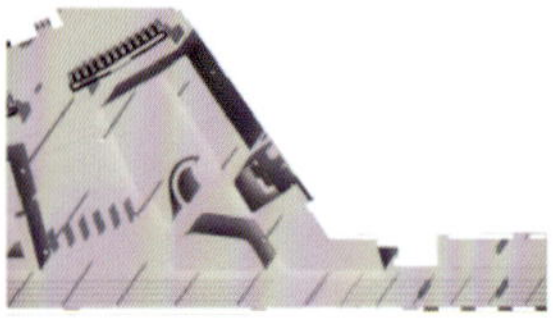

下午16：00

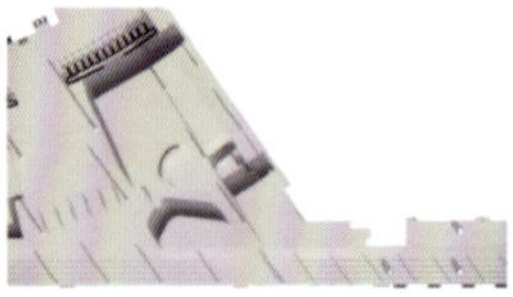

中午12：00

下午18：00

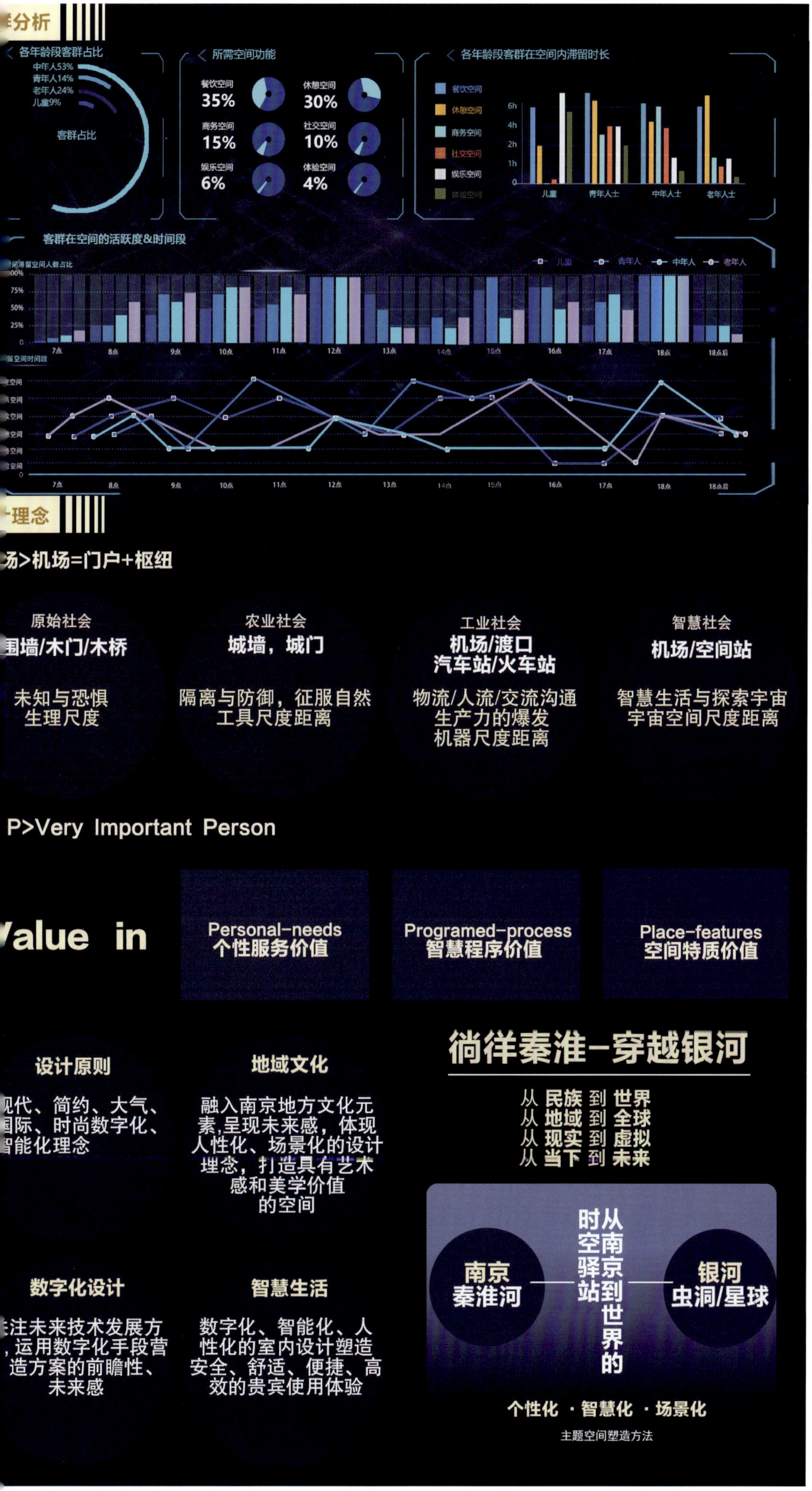

分析
各年龄段客群占比
中年人53%
青年人14%
老年人24%
儿童9%
客群占比
所需空间功能
餐饮空间 35%
休憩空间 30%
商务空间 15%
社交空间 10%
娱乐空间 6%
体验空间 4%
各年龄段客群在空间内滞留时长
餐饮空间
休憩空间
商务空间
社交空间
娱乐空间
体验空间
儿童
青年人士
中年人士
老年人士
客群在空间的活跃度&时间段
儿童
青年人
中年人
老年人
7点 8点 9点 10点 11点 12点 13点 14点 15点 16点 17点 18点 18点后
理念
场>机场=门户+枢纽
原始社会
围墙/木门/木桥
未知与恐惧
生理尺度
农业社会
城墙，城门
隔离与防御，征服自然
工具尺度距离
工业社会
机场/渡口
汽车站/火车站
物流/人流/交流沟通
生产力的爆发
机器尺度距离
智慧社会
机场/空间站
智慧生活与探索宇宙
宇宙空间尺度距离
P>Very Important Person
Value in
Personal-needs
个性服务价值
Programed-process
智慧程序价值
Place-features
空间特质价值
设计原则
现代、简约、大气、
国际、时尚数字化、
智能化理念
地域文化
融入南京地方文化元
素,呈现未来感，体现
人性化、场景化的设计
理念，打造具有艺术
感和美学价值
的空间
徜徉秦淮-穿越银河
从 民族 到 世界
从 地域 到 全球
从 现实 到 虚拟
从 当下 到 未来
数字化设计
注未来技术发展方
,运用数字化手段营
造方案的前瞻性、
未来感
智慧生活
数字化、智能化、人
性化的室内设计塑造
安全、舒适、便捷、高
效的贵宾使用体验
南京
秦淮河
从南京到世界的
时空驿站
银河
虫洞/星球
个性化 · 智慧化 · 场景化
主题空间塑造方法

北京工业大学

指导教师：孙 贝 王今琪 于立晗 石大伟

作 者：张雪怡 梁 颖 周子琪 王徐航 耿悦竹 张一淼 李伟卓 王心仪 林雨涵

个性化·智慧化·场景化

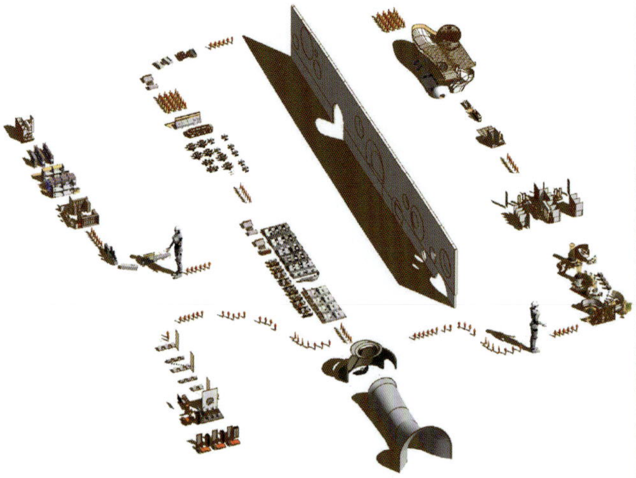

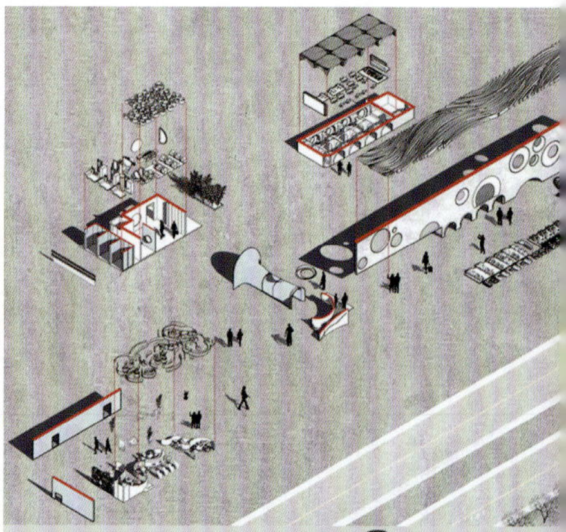

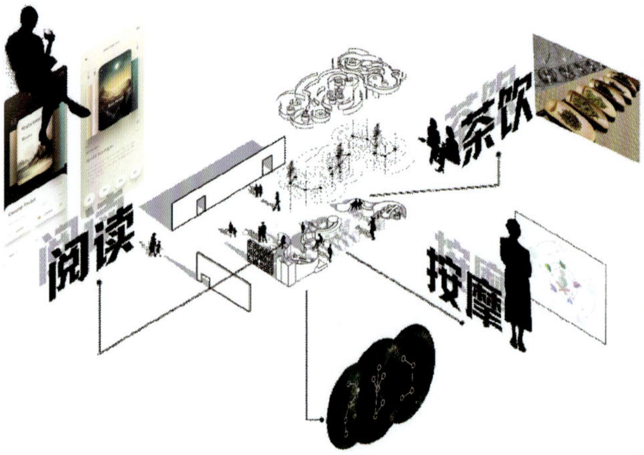
阅读
茶饮
按摩

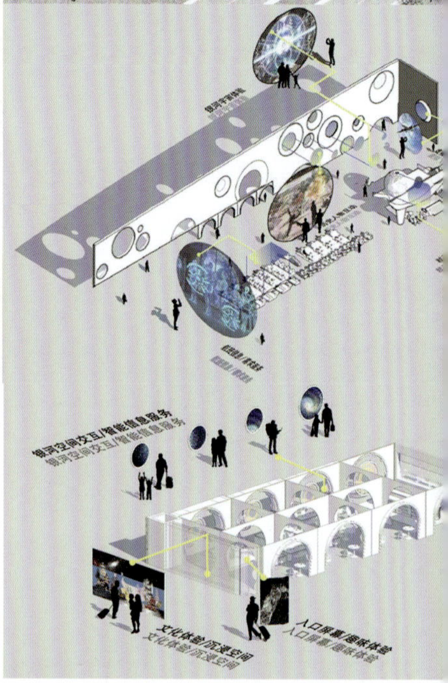
银河空间交互/智能信息服务
文化体验/沉浸空间
入口屏幕/趣味体验

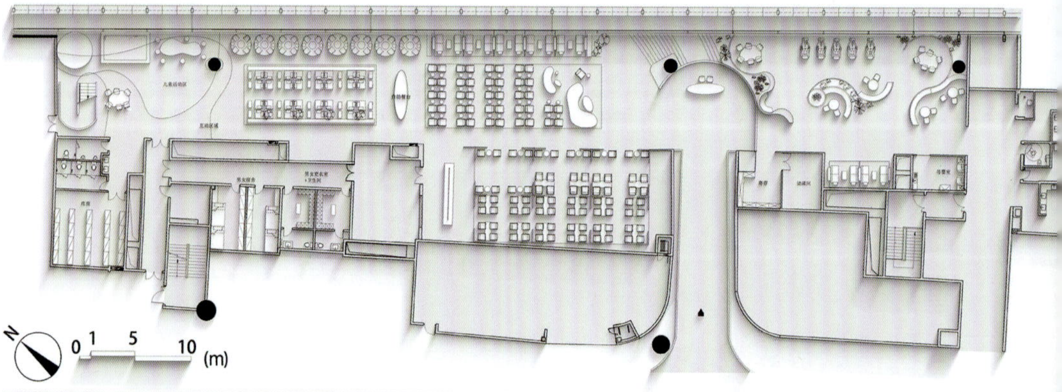
0 1 5 10 (m)

一层平

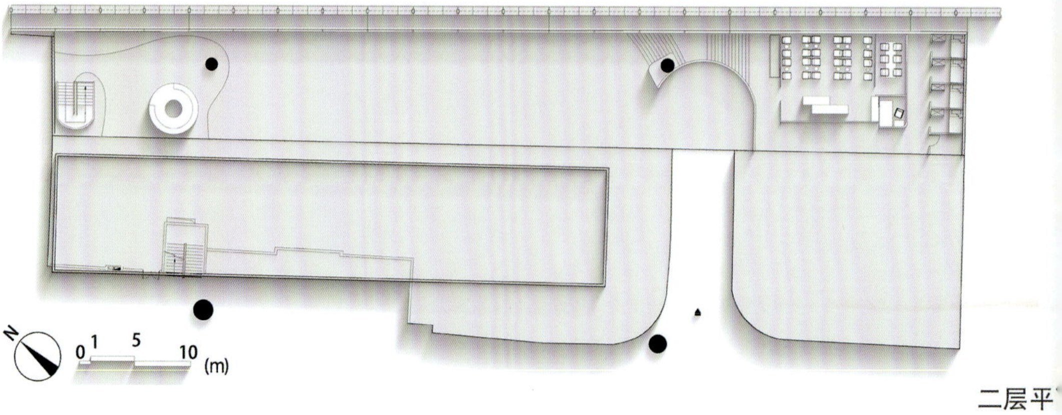
0 1 5 10 (m)

二层平

GOOD FOOD

3

东北区

参加院校：东北师范大学、东北大学、吉林建筑大学、大连工业大学、沈阳建筑大学、内蒙古工业大学、辽宁工业大学

命题单位：中国建筑标准设计研究院有限公司、北京建院装饰工程设计有限公司

联合主办单位：吉林艺术学院、内蒙古工业大学、中国建筑标准设计研究院有限公司

东北区作品

东北师范大学

几生 · 寻和——黄河流域智慧 + 旅游理念下服务中心及酒店设计

“石域化境”——黄河流域文化聚落的数字化叙事空间表达

东北大学

围天画地 · 山塬嵌瑰——乾坤湾景区酒店设计

吉林建筑大学

“筑地回响”——立足非物质文化遗产现代重铸的文旅酒店设计

大连工业大学

山河锦绣 · 记忆重塑——前世今生视角下综合服务中心及配套酒店设计

沈阳建筑大学

九曲 · 云谣——游客服务及休闲度假酒店设计

吉林建筑大学

映晋曲幽 · 山水安澜——交互沉浸体验式晋剧文化酒店叙事空间

内蒙古工业大学

河韵生境 · Buildings growing in the Yellow River——黄河畔“生长建筑”文化创意性酒店设计

辽宁工业大学

舜洄　寻九篇——黄河流域 5A 级景区主题酒店建筑及室内设计

几生·寻和——黄河流域智慧+旅游理念下服务中心及酒店设计

1F-平面图

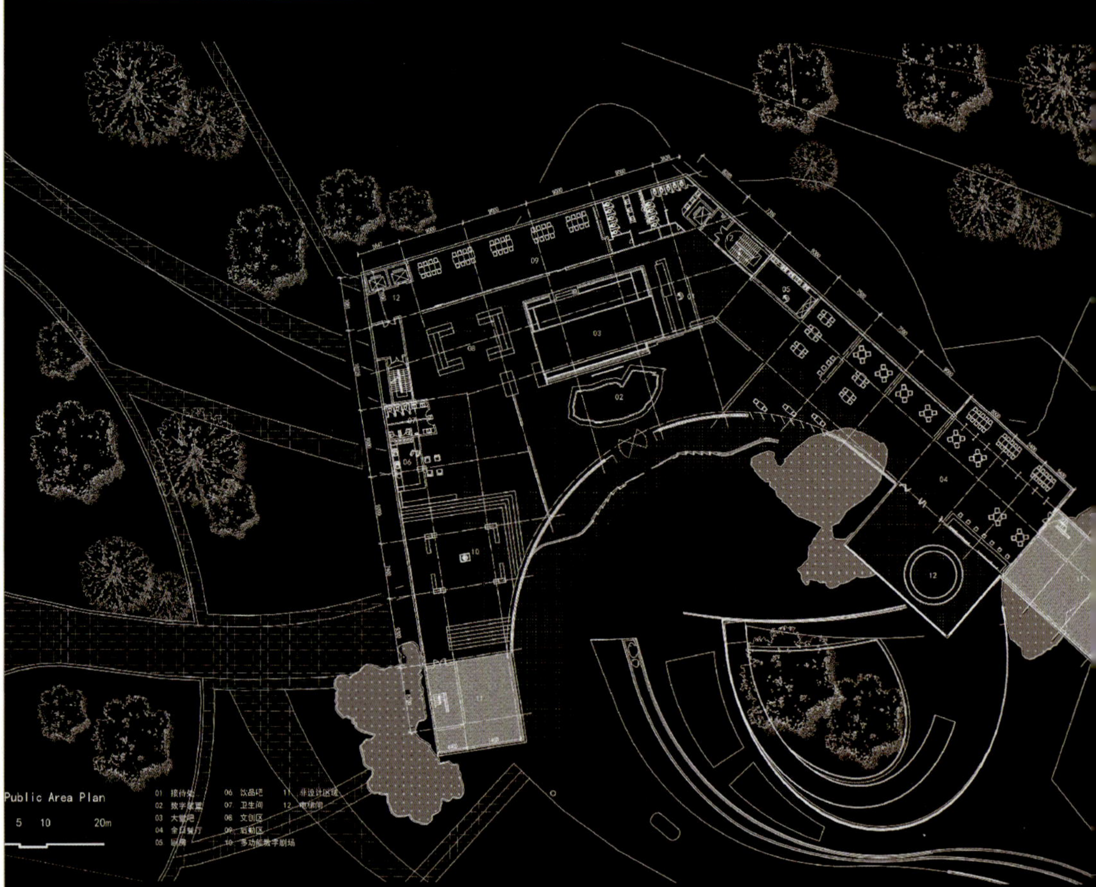
Public Area Plan
5 10 20m
01 接待处
02 数字展区
03 大堂吧
04 全日餐厅
05 厨房
06 饮品吧
07 卫生间
08 文创区
09 后勤区
10 多功能数字剧场
11 非设计区域
12 电梯间

2F-平面图

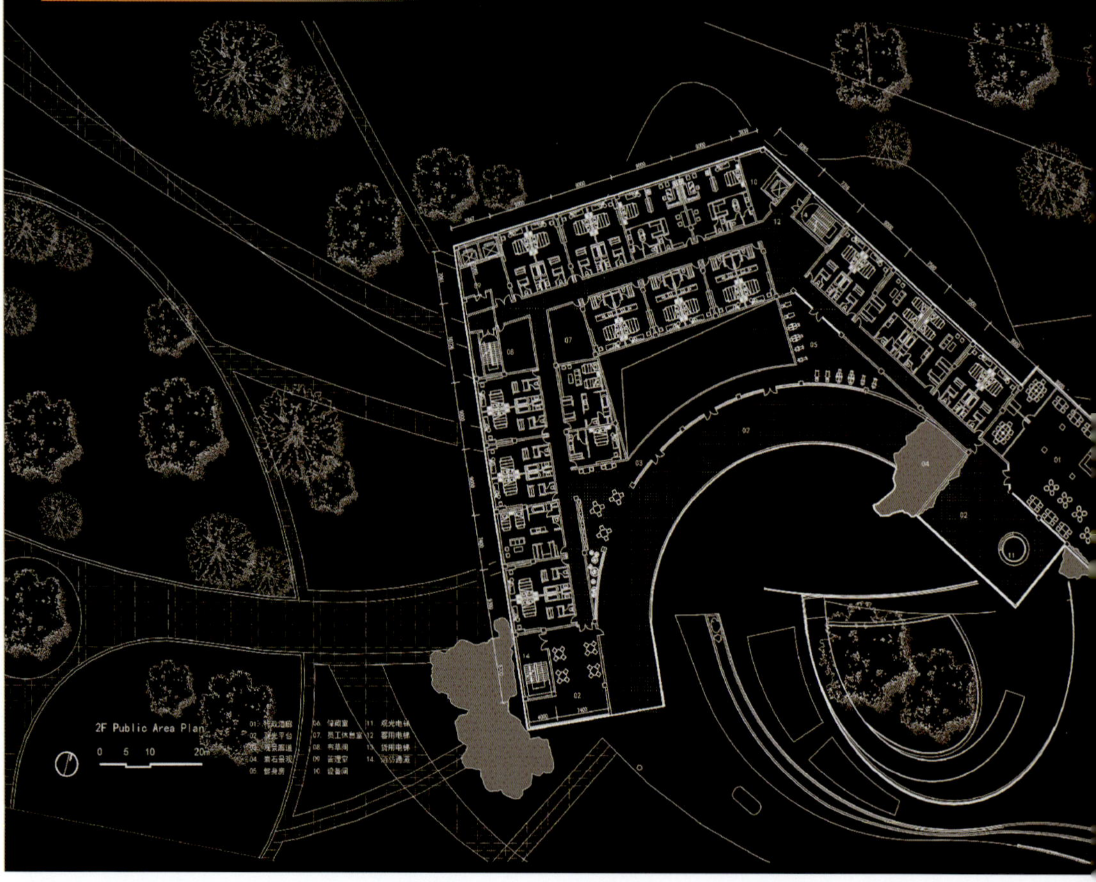
2F Public Area Plan
0 5 10 20m
01 行政酒廊
02 观光平台
03 观景廊道
04 岩石景观
05 健身房
06 储藏室
07 员工休息室
08 布草间
09 管理室
10 设备间
11 观光电梯
12 客用电梯
13 货用电梯
14 消防通道

东北师范大学

指导教师：刘学文　刘治龙　阚盛达

作　者：张　金　李雨霏　吴易泽　赫巍然

路线分析图

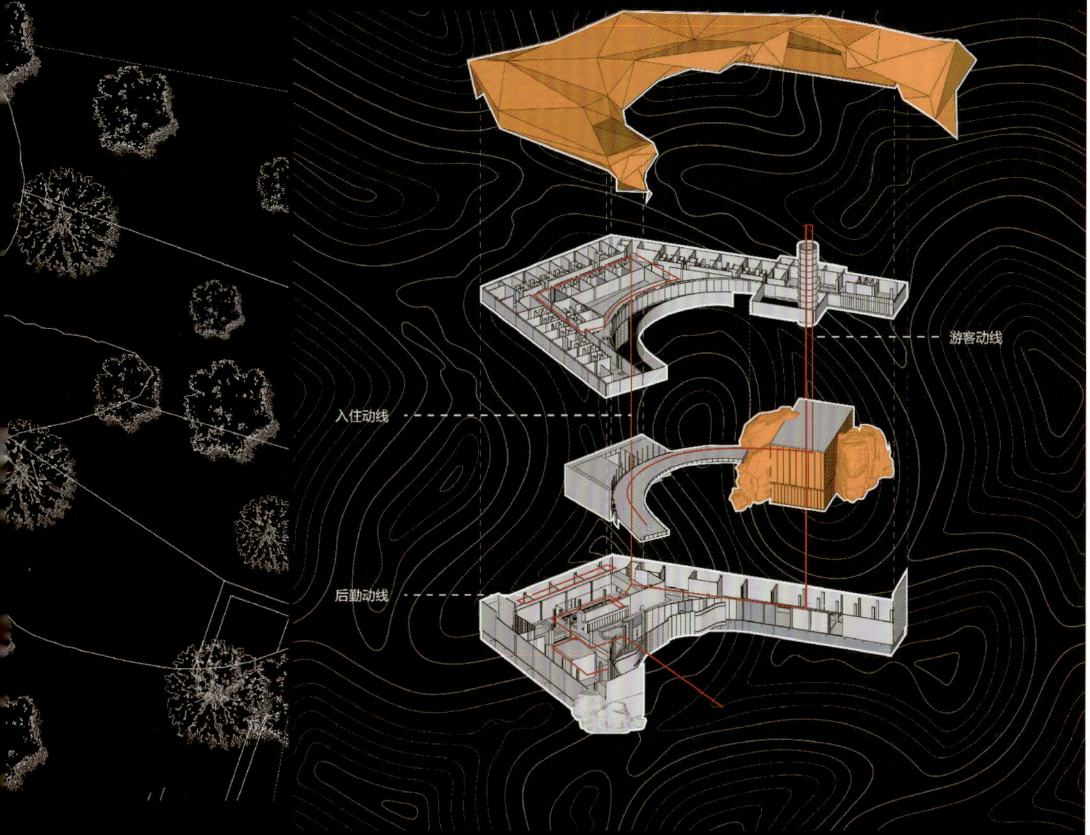

游客动线
入住动线
后勤动线

功能分区图

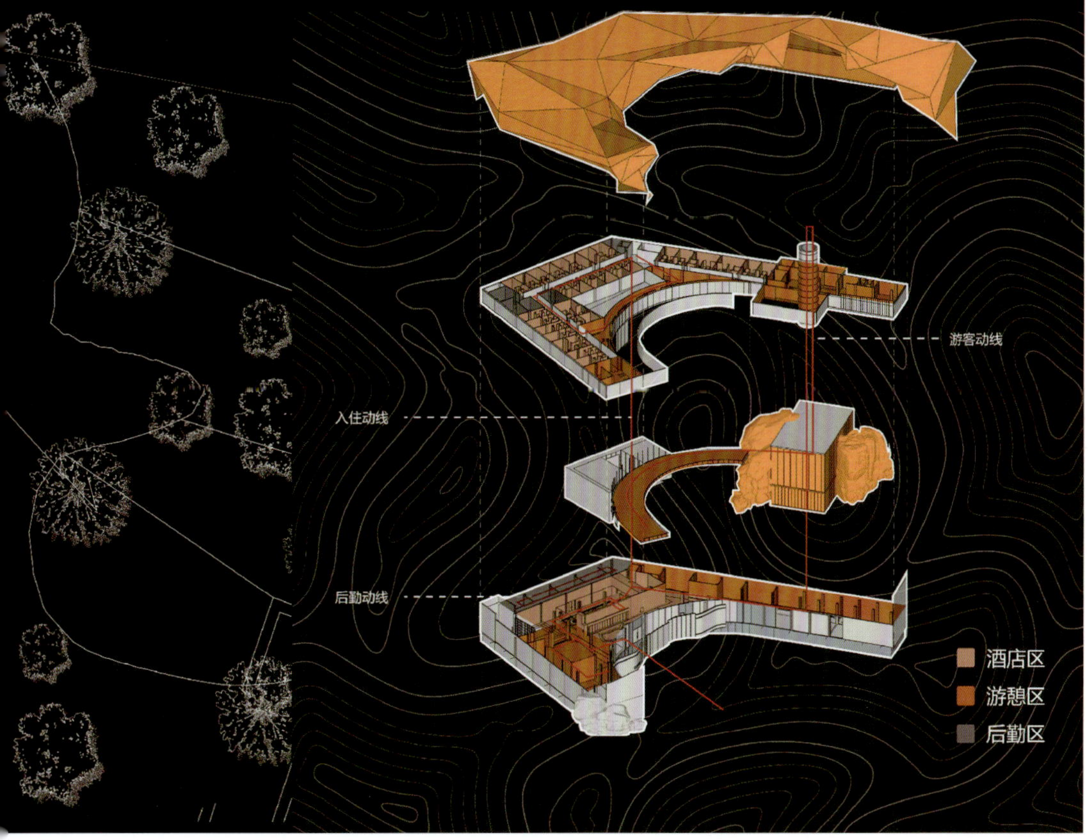

游客动线
入住动线
后勤动线
酒店区
游憩区
后勤区

人文分析

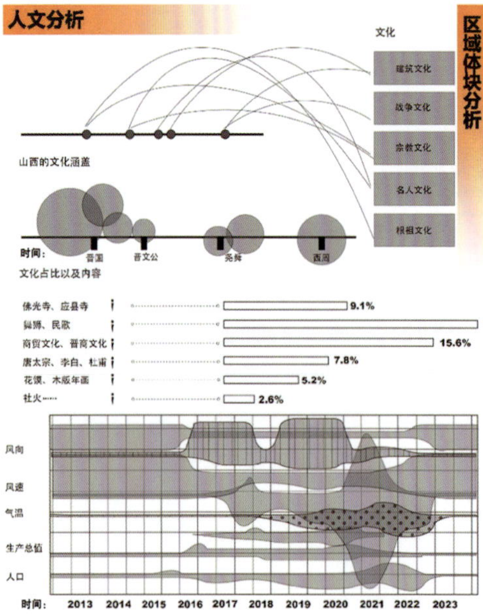
文化
建筑文化
战争文化
宗教文化
名人文化
根祖文化
山西的文化涵盖
时间:
晋国
晋文公
尧舜
西周
文化占比以及内容
佛光寺、应县寺 9.1%
晋博、民歌 18.2%
商贸文化、晋商文化 15.6%
唐太宗、李白、杜甫 7.8%
花馍、木版年画 5.2%
社火…… 2.6%
风向
风速
气温
生产总值
人口
时间: 2013 2014 2015 2016 2017 2018 2019 2020 2021 2022 2023

区域体块分析

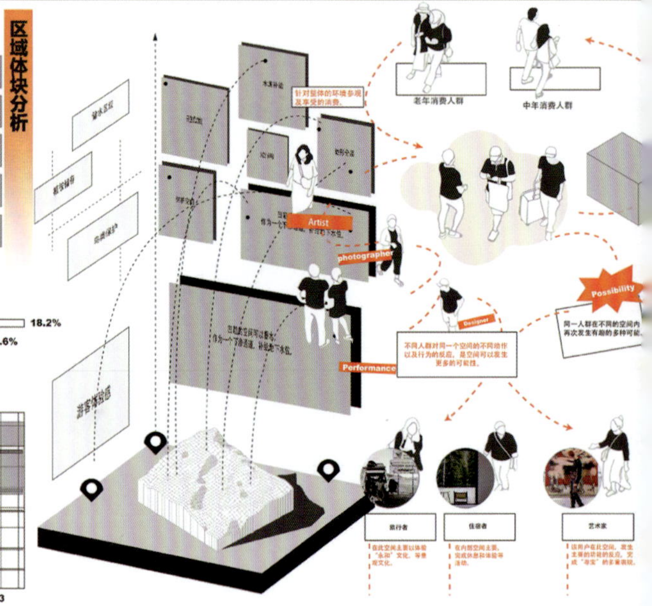
针对整体的环境参观及享受的消费。
老年消费人群
中年消费人群
Artist
photographer
Designer
Performance
Possibility
游客体验感
不同人群对同一个空间的不同动作以及行为的反应，是空间可以发生更多的可能性。
同一人群在不同的空间内再次发生有趣的多种可能。
旅行者
住宿者
艺术家

立面图

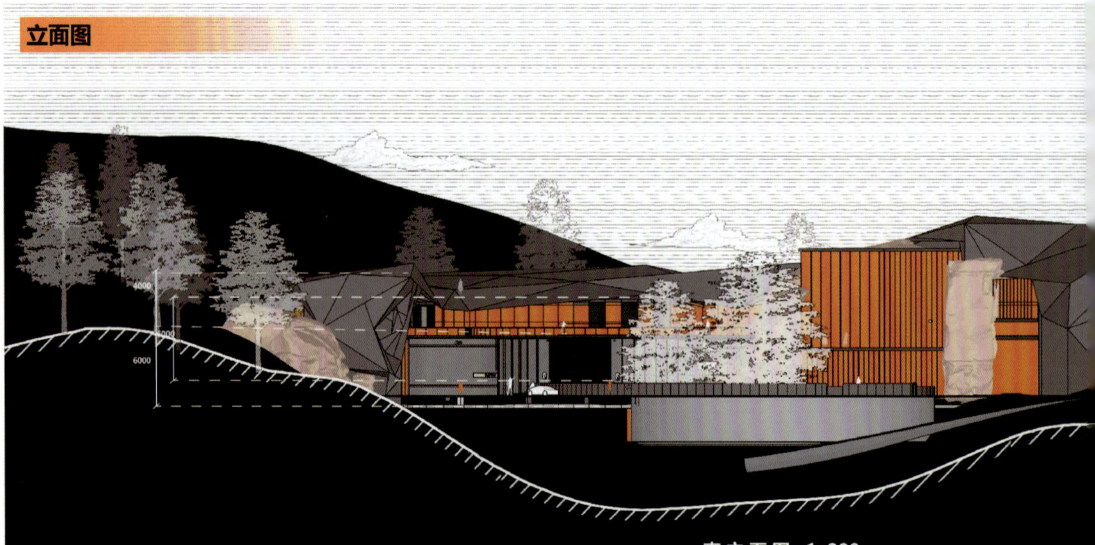
6000
6000
6000

南立面图 1:200

剖面图

4000
6000
6000

东剖面图 1:200

建转译

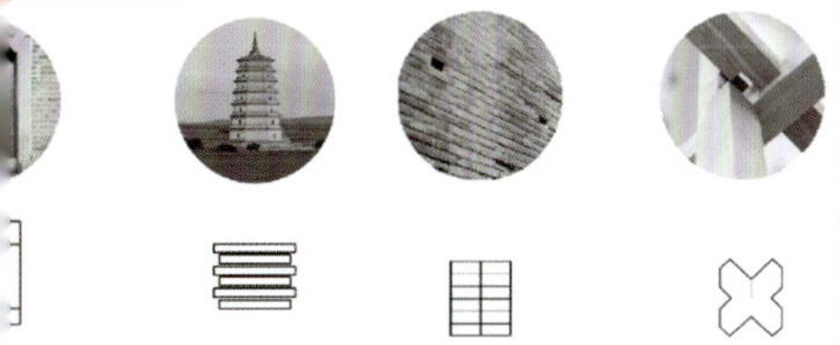

我们对山西古建结构中的门楣、应县木塔中的层
言、墙砖、斗拱、屋檐，分别进行了几何化提取，
提取的元素运用在室内与室外的设计中。

形分析

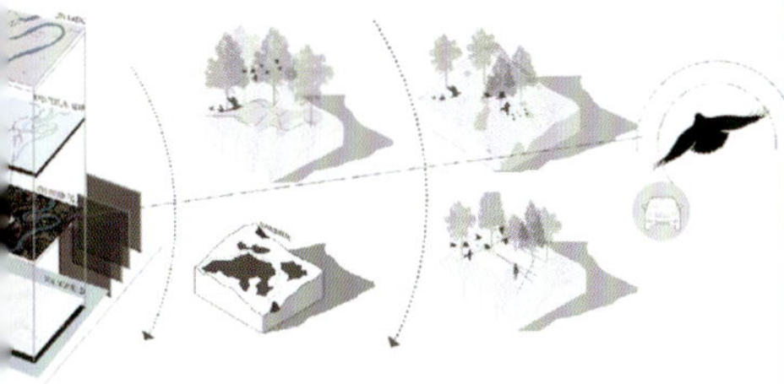

渲染图

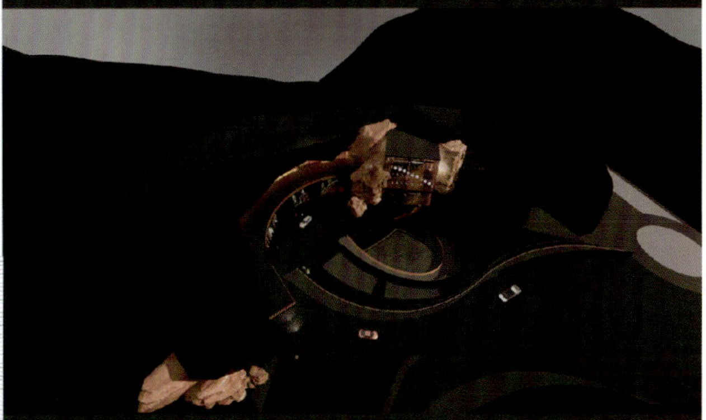

『石域化境』——黄河流域文化聚落的数字化叙事空间表达

“石域化境”——黄河流域文化聚落的

对标酒店分析

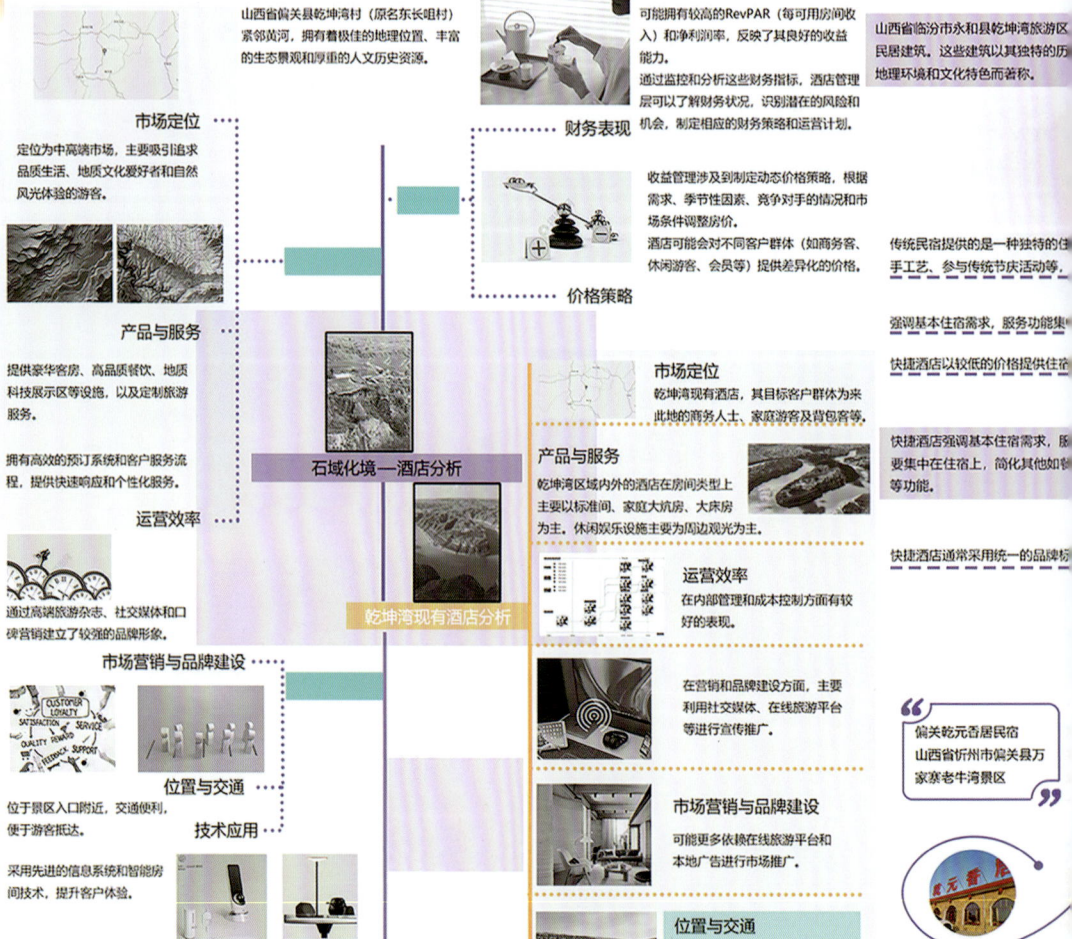

山西省偏关县乾坤湾村（原名东长咀村）紧邻黄河，拥有着极佳的地理位置、丰富的生态景观和厚重的人文历史资源。

市场定位

定位为中高端市场，主要吸引追求品质生活、地质文化爱好者和自然风光体验的游客。

产品与服务

提供豪华客房、高品质餐饮、地质科技展示区等设施，以及定制旅游服务。

拥有高效的预订系统和客户服务流程，提供快速响应和个性化服务。

运营效率

通过高端旅游杂志、社交媒体和口碑营销建立了较强的品牌形象。

市场营销与品牌建设

位置与交通

位于景区入口附近，交通便利，便于游客抵达。

技术应用

采用先进的信息系统和智能房间技术，提升客户体验。

财务表现

可能拥有较高的RevPAR（每可用房间收入）和净利润率，反映了其良好的收益能力。

通过监控和分析这些财务指标，酒店管理层可以了解财务状况，识别潜在的风险和机会，制定相应的财务策略和运营计划。

价格策略

收益管理涉及到制定动态价格策略，根据需求、季节性因素、竞争对手的情况和市场条件调整房价。

酒店可能会对不同客户群体（如商务客、休闲游客、会员等）提供差异化的价格。

石域化境—酒店分析

乾坤湾现有酒店分析

市场定位

乾坤湾现有酒店，其目标客户群体为来此地的商务人士、家庭游客及背包客等。

产品与服务

乾坤湾区域内外的酒店在房间类型上主要以标准间、家庭大炕房、大床房为主。休闲娱乐设施主要为周边观光为主。

运营效率

在内部管理和成本控制方面有较好的表现。

在营销和品牌建设方面，主要利用社交媒体、在线旅游平台等进行宣传推广。

市场营销与品牌建设

可能更多依赖在线旅游平台和本地广告进行市场推广。

位置与交通

山西省临汾市永和县乾坤湾旅游区民居建筑。这些建筑以其独特的历地理环境和文化特色而著称。

传统民宿提供的是一种独特的住手工艺、参与传统节庆活动等。

强调基本住宿需求，服务功能集

快捷酒店以较低的价格提供住宿

快捷酒店强调基本住宿需求，服要集中在住宿上，简化其他如餐等功能。

快捷酒店通常采用统一的品牌标

“偏关乾元香居民宿
山西省忻州市偏关县万家寨老牛湾景区”

叙事空间表达

东北师范大学

指导教师：刘学文 刘治龙 阚盛达

作者：赵梓安 咸靓羽 刘腾 高琦

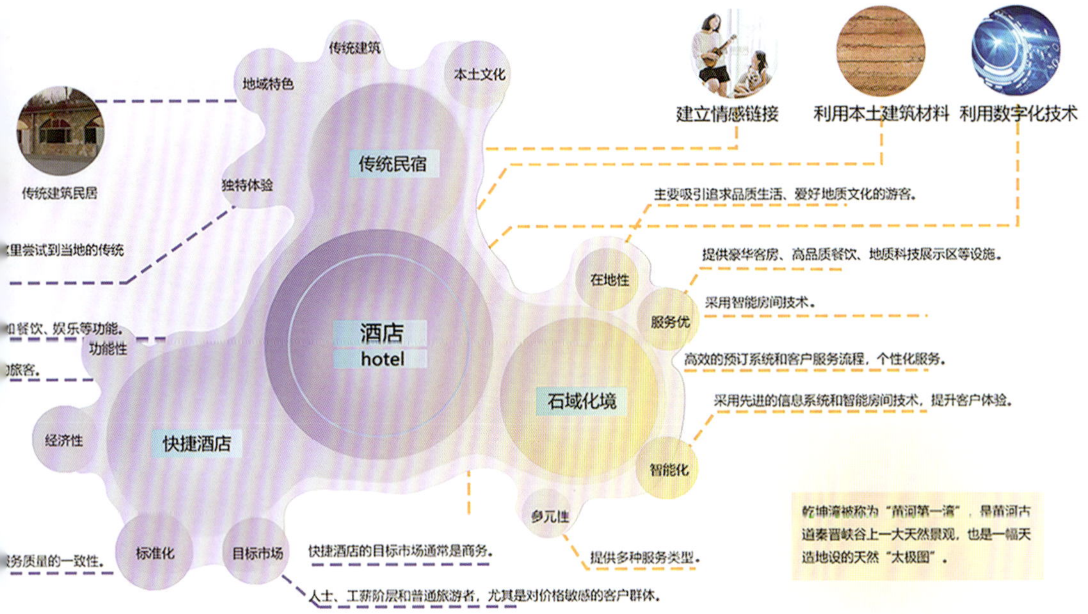
建立情感链接
利用本土建筑材料
利用数字化技术
传统建筑
地域特色
本土文化
传统建筑民居
传统民宿
独特体验
主要吸引追求品质生活、爱好地质文化的游客。
在地性
提供豪华客房、高品质餐饮、地质科技展示区等设施。
采用智能房间技术。
服务优
功能性
酒店
hotel
高效的预订系统和客户服务流程，个性化服务。
石域化境
采用先进的信息系统和智能房间技术，提升客户体验。
经济性
快捷酒店
智能化
乾坤湾被称为“黄河第一湾”，是黄河古道秦晋峡谷上一大天然景观，也是一幅天造地设的天然“太极图”。
多元性
标准化
目标市场
快捷酒店的目标市场通常是商务、
提供多种服务类型。
人士、工薪阶层和普通旅游者，尤其是对价格敏感的客户群体。

延安宝塔山游客中心／清华大学建筑设计研究院有限公司
西咸新区崇文泾河生态餐厅及酒店，西安／Plasma Studio + PMA设计事务所
中卫大漠星河营地接待中心，宁夏／三文建筑
南京园博园悦榕庄酒店室内设计／CCD香港郑中设计事务所
徐州园博园宕口酒店，江苏／筑境设计

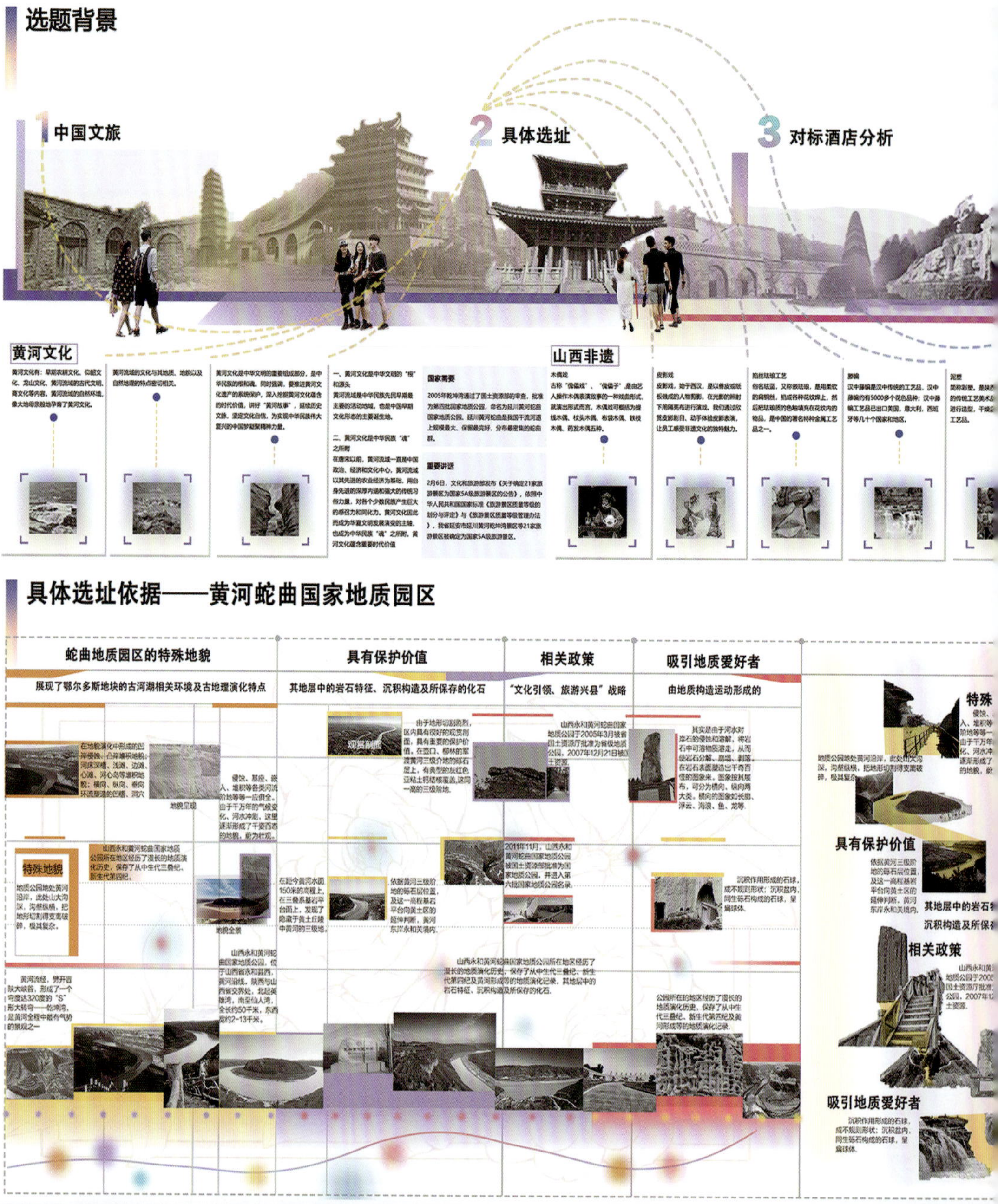
选题背景
1 中国文旅
2 具体选址
3 对标酒店分析
黄河文化
山西非遗
具体选址依据——黄河蛇曲国家地质园区
蛇曲地质园区的特殊地貌
展现了鄂尔多斯地块的古河湖相关环境及古地理演化特点
具有保护价值
其地层中的岩石特征、沉积构造及所保存的化石
相关政策
"文化引领、旅游兴县"战略
吸引地质爱好者
由地质构造运动形成的
特殊地貌
具有保护价值
相关政策
吸引地质爱好者

国文旅的发展与变革

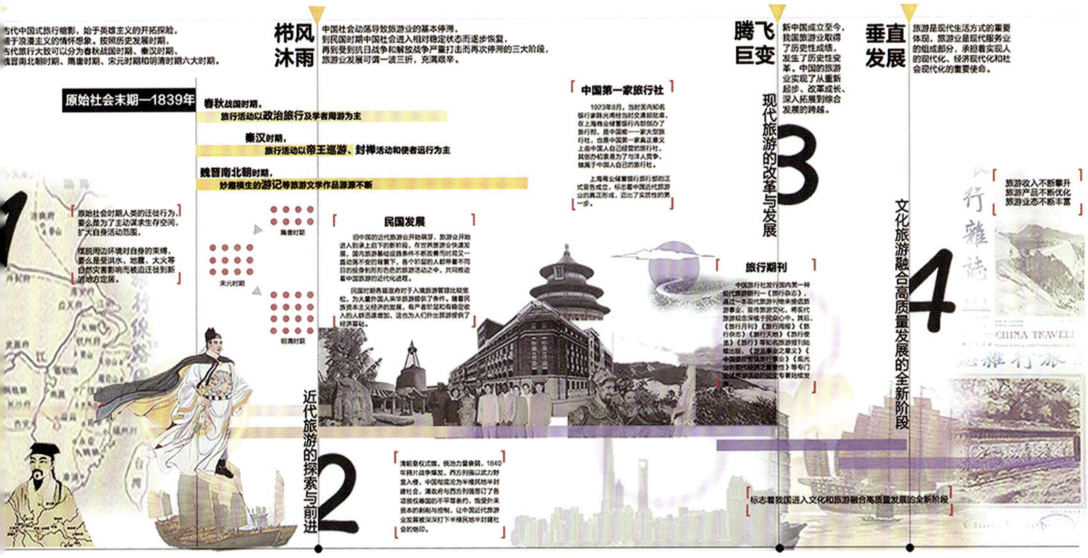

栉风沐雨
腾飞巨变
垂直发展
原始社会末期—1839年
春秋战国时期，旅行活动以政治旅行及学者周游为主
秦汉时期，旅行活动以帝王巡游、封禅活动和使者远行为主
魏晋南北朝时期，妙趣横生的游记等旅游文学作品源源不断
中国第一家旅行社
民国发展
旅行期刊
近代旅游的探索与前进
现代旅游的改革与发展
文化旅游融合高质量发展的全新阶段
1
2
3
4

究文旅数字分析

GDP及第三产业情况

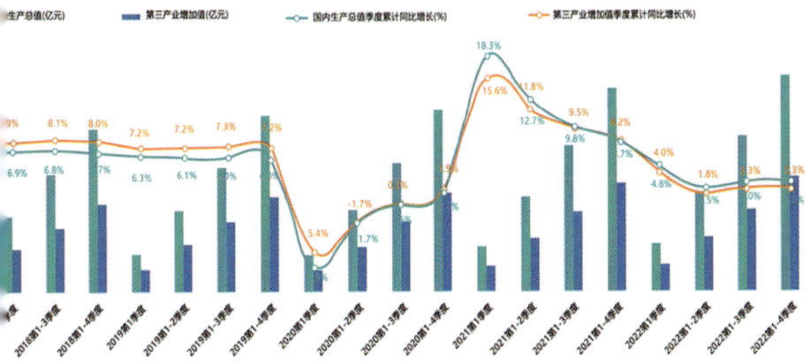

第三产业增加值(亿元)
国内生产总值季度累计同比增长(%)
第三产业增加值季度累计同比增长(%)

2021—2023年中国主要假期文旅市场情况

2021-23年中国主要假期出游人次情况
旅游出游人次(亿)
同比(%)
2021-23年中国主要假期出游收入情况
旅游收入(亿元)
同比(%)
2021春节
2021五一
2021十一
2022春节
2022五一
2022十一
2023春节

2021—2023年中国主要假期文旅市场情况

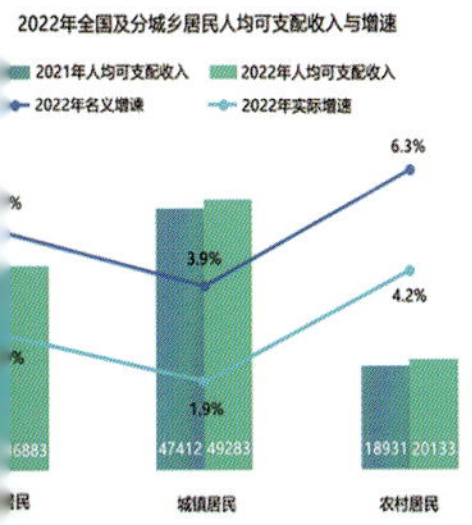

2022年全国及分城乡居民人均可支配收入与增速
2021年人均可支配收入
2022年人均可支配收入
2022年名义增速
2022年实际增速
6.3%
3.9%
4.2%
1.9%
47412 49283
18931 20133
城镇居民
农村居民

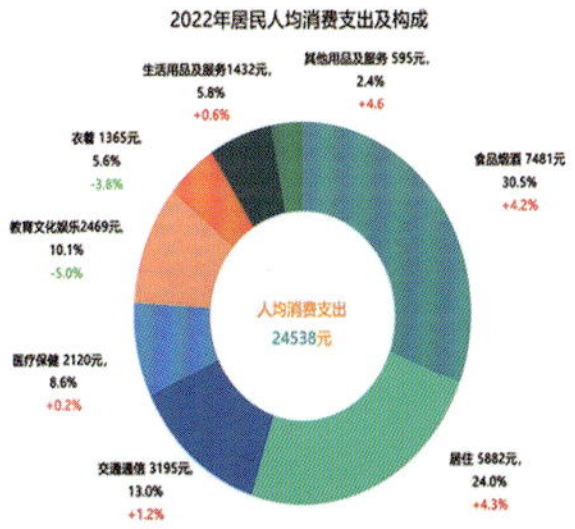

2022年居民人均消费支出及构成
人均消费支出
24538元

2015—2022年中国数字文旅市场规模统计及预测

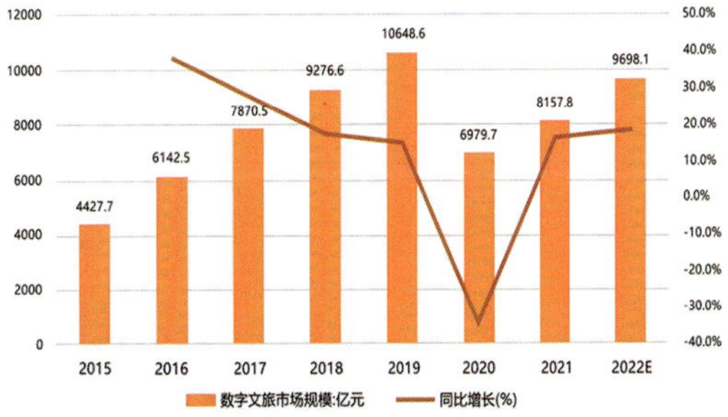

4427.7
6142.5
7870.5
9276.6
10648.6
6979.7
8157.8
9698.1
2015
2016
2017
2018
2019
2020
2021
2022E
数字文旅市场规模:亿元
同比增长(%)

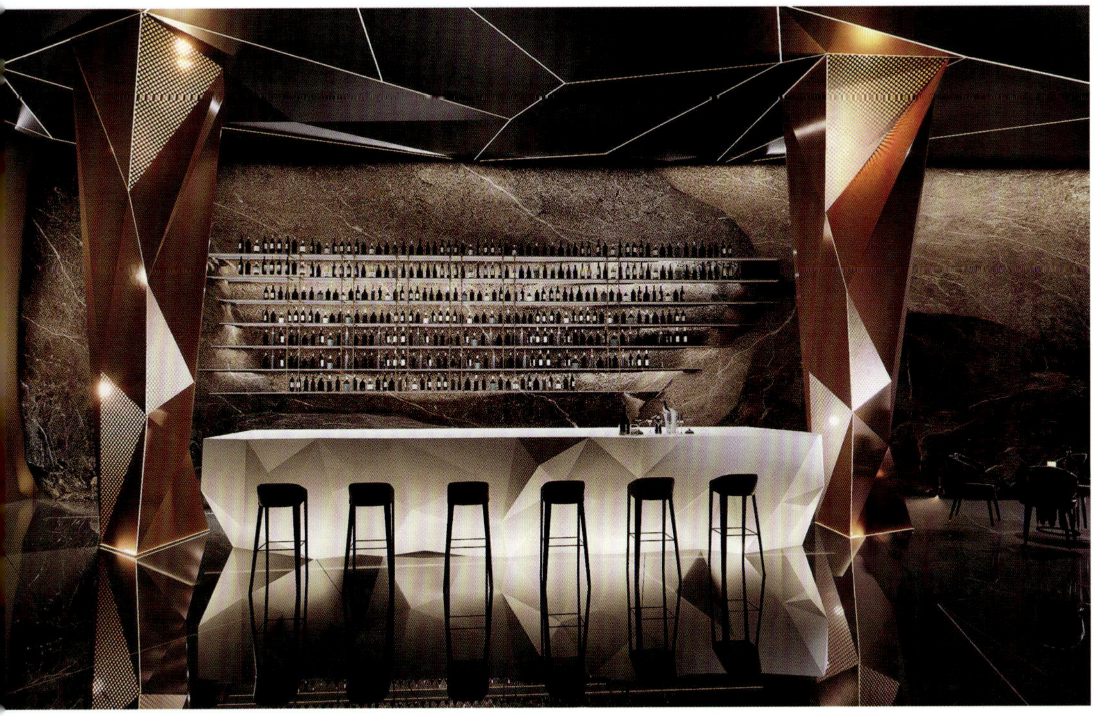

围天画地·山塬嵌瑰
——乾坤湾景区酒店设计

围·山
乾坤湾景区酒店设计
02:植物分布
乔木
灌木
植被
榆树
朴树
桦树
石楠
黄杨
棕榈
海桐
蒲苇
华叶芒
细叶芒
银穗芒
03:植被分布
04: 日照高度
一月
二月
三月
五月
六月
七月
九月
十月
十一月
一年之中太阳高度角斜射地面程度在夏季最大，总体太阳高度角较大，全年太
06:风频玫瑰图
春
夏
秋
从风向风频来看，春季盛行东风，夏季主导东南风，秋冬季以西北风为主。
13:周边环境
14: 道路情况
15:人群心里活动
16:价值追求
17:酒店需求

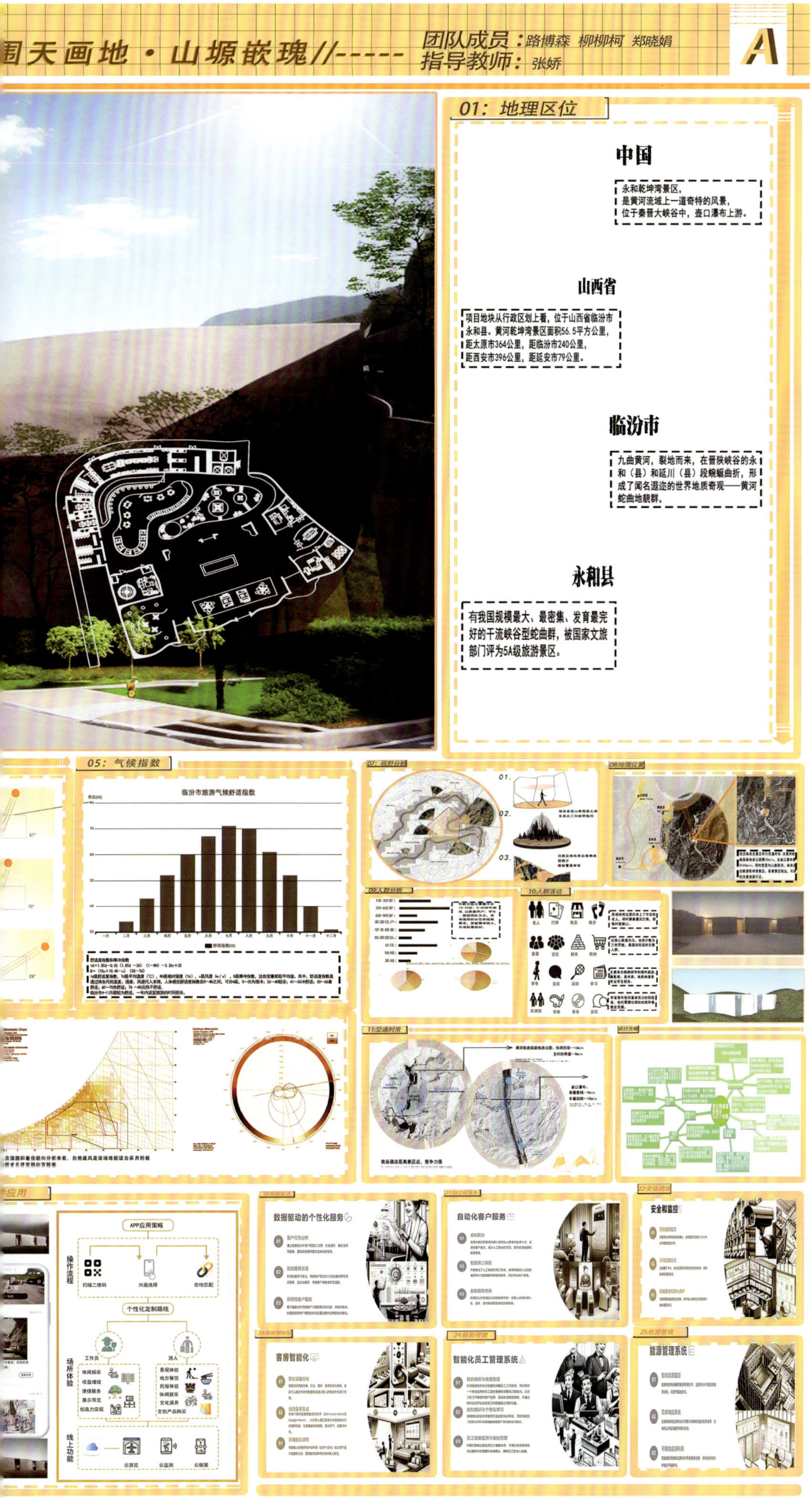

天画地·山塬嵌瑰//-----
团队成员：路博森 柳柳柯 郑晓娟
指导教师：张娇
A
01：地理区位
中国
永和乾坤湾景区，
是黄河流域上一道奇特的风景，
位于秦晋大峡谷中，壶口瀑布上游。
山西省
项目地块从行政区划上看，位于山西省临汾市永和县。黄河乾坤湾景区面积56.5平方公里，
距太原市364公里，距临汾市240公里，
距西安市396公里，距延安市79公里。
临汾市
九曲黄河，裂地而来，在晋陕峡谷的永和（县）和延川（县）段蜿蜒曲折，形成了闻名遐迩的世界地质奇观——黄河蛇曲地貌群。
永和县
有我国规模最大、最密集、发育最完好的干流峡谷型蛇曲群，被国家文旅部门评为5A级旅游景区。
05：气候指数
临汾市旅游气候舒适指数
APP应用策略
操作流程
扫描二维码
兴趣选择
在线匹配
个性化定制路线
场所体验
线上功能
数据驱动的个性化服务
自动化客户服务
安全和监控
客房智能化
智能化员工管理系统
能源管理系统

东北大学

指导教师：张　娇

作　　者：路博森　杨柳柯　郑晓娟

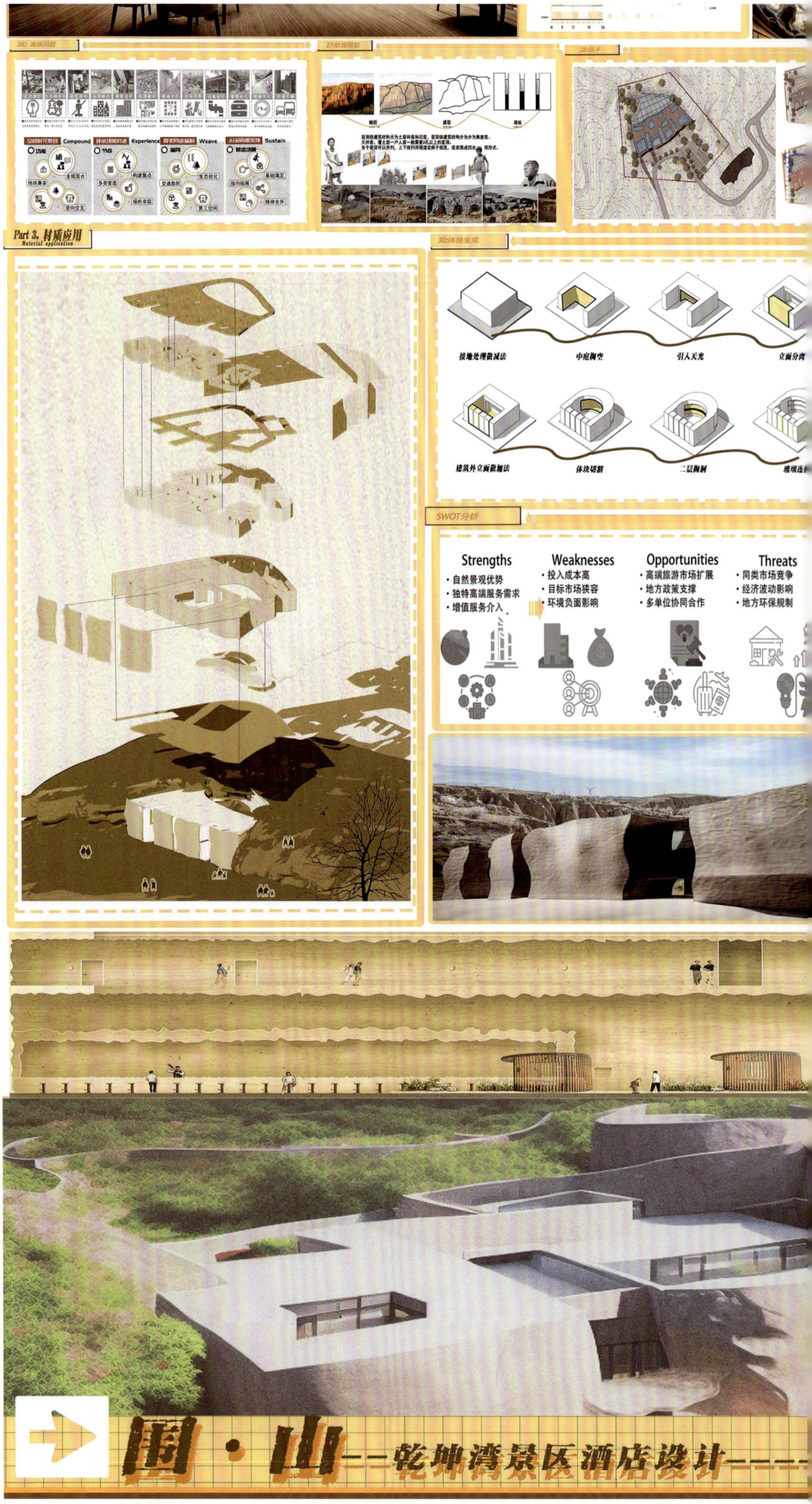
27:肌理提取
Part 3. 材质应用
Material application
30:体块生成
接地处理做减法
中庭掏空
引入天光
建筑外立面做加法
体块切割
二层掏洞
SWOT分析
Strengths
·自然景观优势
·独特高端服务需求
·增值服务介入
Weaknesses
·投入成本高
·目标市场狭窄
·环境负面影响
Opportunities
·高端旅游市场扩展
·地方政策支撑
·多单位协同合作
Threats
·同类市场竞争
·经济波动影响
·地方环保规制
围·山
--乾坤湾景区酒店设计----

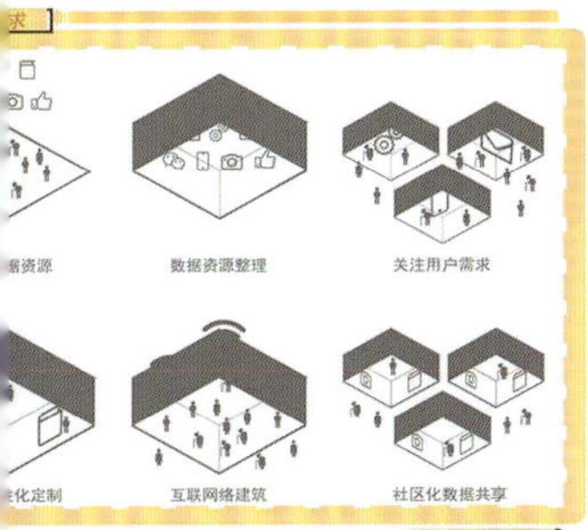

数据资源整理
关注用户需求
互联网络建筑
社区化数据共享

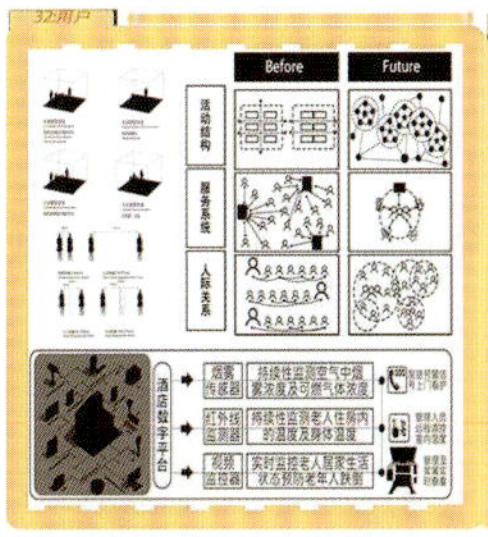

32用户
Before
Future

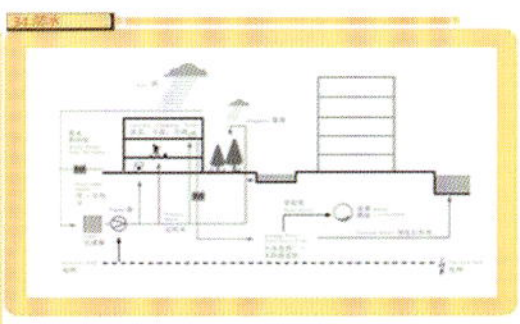

	价格（元/晚）	包含服务
	1888	一室一卫，可选双床或大床，免费 Wi-Fi，包含早餐，健身房使用，智能服务系统，儿童餐椅
	2888	两室两厅两卫，免费 Wi-Fi，包含早餐，健身房使用，迎宾饮料，智能服务系统，儿童餐椅
	5888	两室两厅两卫，免费 Wi-Fi，包含早餐，健身房使用，迎宾饮料，私人管家服务，智能服务系统，免费接送服务，儿童餐椅

37附加服务

服务名称	价格（元/次）	服务描述
Spa 与健康中心	800	提供全面的身体和心灵恢复体验
私人导览服务	1500	专属导游带领探索当地文化和景点
特色餐饮体验	1200	五星级厨师团队准备的地道美食
私人接送服务	500	豪华车辆接送服务，包括机场和周边景区
汽车保养服务	1000	为客人的汽车提供全面的保养服务，包括清洗、检查和必要的维护修理
儿童餐饮服务	200	提供专门为儿童设计的健康美味餐点
老年护理服务	1500	提供专业的老年护理，包括陪伴、日常护理和特定健康管理
私人厨房体验	2200	客人可与酒店主厨一对一学习烹饪，包括食材和最后的餐桌服务
宴会和事件策划服务	根据具体需求定制	提供全面的宴会和事件策划服务，包括场地布置、装饰和餐饮等
洗衣房服务	根据衣物类型和处理方式定制	为客人提供专业洗衣服务，包括普通洗涤和高档衣物如皮草的专业护理

我们所能提供的附加服务与体验

38剖面1

1F大堂剖面图：
大堂层高8m，净高5m，内设接待前台和沙发休憩区，墙面拟生态黄土等肌理，表面有凹凸起伏，接待台材质为天然砒砂岩，保留自然不经雕饰的阔气感和生命厚重感。

酒店后期的运营与维护建议

- A 设备维护：定期检查和维护设备和专业检修
- B 清洁和卫生：定期日常清洁和深度清洁
- C 服务更新：根据客户反馈进行员工培训
- D 设施更新：更新陈旧设施与技术升级
- E 安全保障：定期进行安全检查制定应急预案
- F 供应链管理：可靠的供应商建立合作关系
- G 节能措施：安装节能设备与水资源管理
- H 市场营销：定期促销活动并社交媒体运营
- I 财务管理：制定年度预算定期进行成本核算
- J 法规遵从：定期检查酒店运营是否符合当地法规要求
- K 高端设施维护：定期检查和维护SPA设施、泳池和健身器材和客房内设施
- L 美食餐饮：定期更新餐厅菜单招聘和培训顶级厨师

天画地 · 山瑕嵌瑰

『筑地回响』——立足非物质文化遗产现代重铸的文旅酒店设计

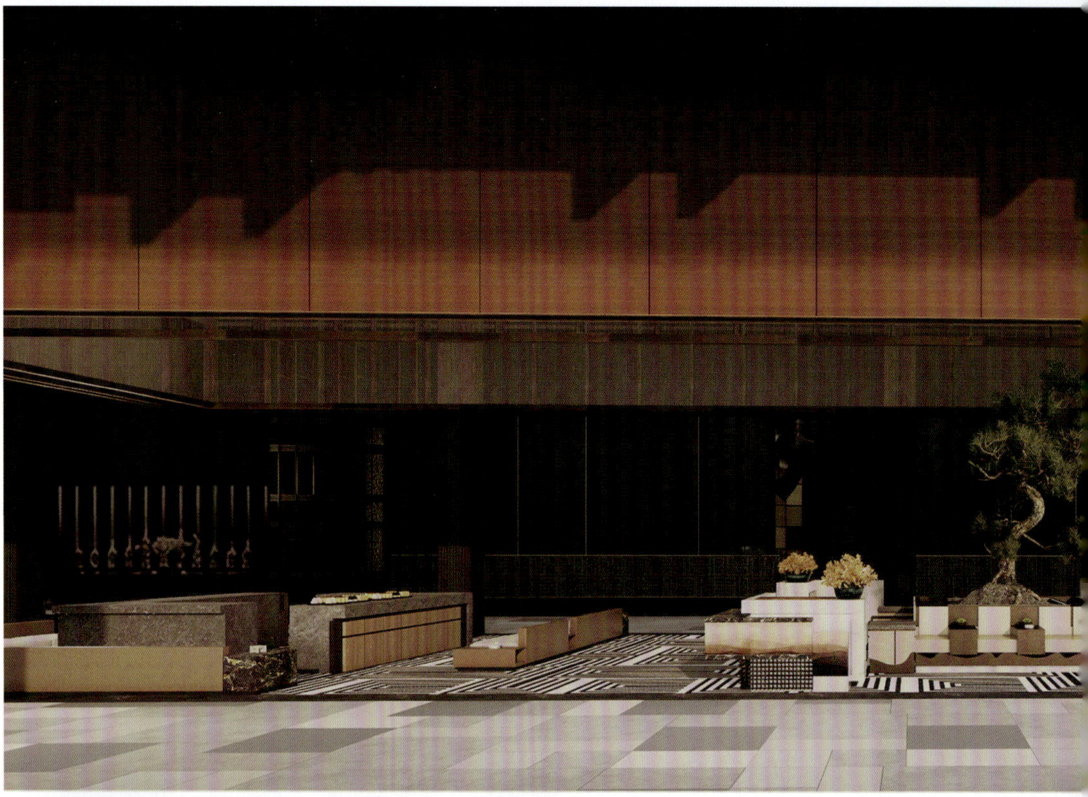

▲ 非遗手作——平阳木版画体验

▲ 非遗手作——中阳剪纸体验

▼ 非遗手作——浮山木偶戏体验

非遗手作区空间解析

应县木塔-榫卯结构

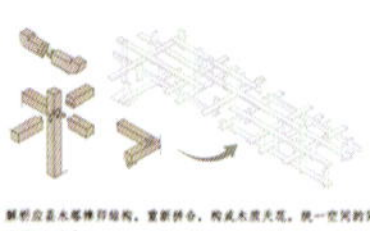

解析应县木塔榫卯结构，重新拼合，构成木质天花，统一空间的同时，传承传统文化。

绛州皮影戏-影映

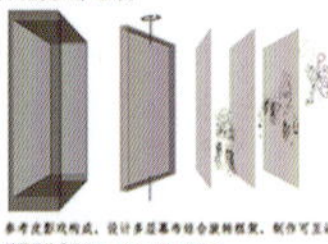

参考皮影戏构成，设计多层幕布结合旋转框架，制作可互动屏风，增强互动感的同时，带来丰富光影效果。

九曲黄河阵-模块化木

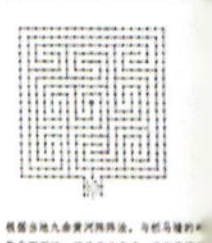

非遗手作区选择了山西非物质文化名录中的剪纸、版画与木偶戏，并运用三院心的体系，巧妙地将这些元素融入空间设计中，打造出一个既统一又充满变化的体验盒子，每个功能区块都巧妙地融入各自的非遗元素，既保持了整体的和谐统一，又凸显了各自的特色。通过视线联通的设计，功能区之间相互呼应，同时大弧形窗景的保留，使得空间开阔明亮，游客在亲手体验非遗手作的同时，还能欣赏到美丽的窗景，获得全方位的感官享受。

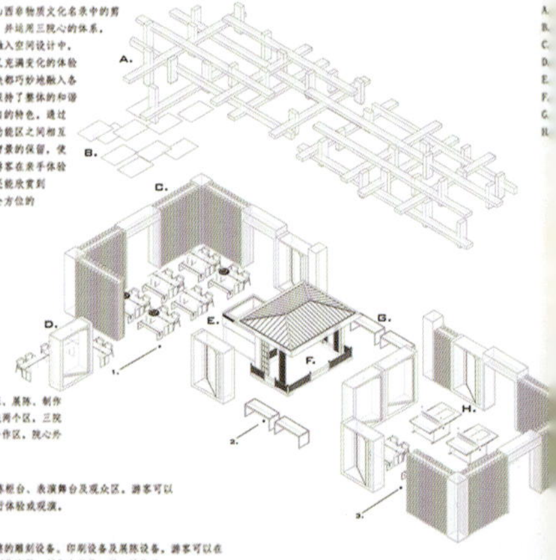

A.
B.
C.
D.
E.
F.
G.
H.
1.
2.
3.

1. 剪纸手作区

体验区内综合授课、展陈、制作等多项功能，分成两个区，三院心体系内为集体手作区，院心外为授课区。

2. 木偶戏体验区

体验区内拥有展陈柜台、表演舞台及观众区，游客可以自行选择角色进行体验或观演。

3. 平阳木版画区

体验区内拥有完整的雕刻设备、印刷设备及展陈设备，游客可以在此完整体验版画制作流程，创作自己独一无二的作品。

筑地回响
立足物质文化遗产现代重铸的文旅酒店设计

吉林建筑大学

指导教师：李继来　李　莹

作　者：刘东旭　汤欣雨　杨淇棋　韩衍乐

本页主要摘要 本页聚焦于酒店的核心区域及其特色，首先详细介绍大堂的典雅风格与文化底蕴，随后阐述文化区的丰富内涵与独特魅力。紧接着，非遗手作区展示了传统工艺的精湛技艺，酒吧与餐厅提供了别具一格的休闲与美食体验。客房区域，着重体现了舒适与现代的完美结合。此外，酒店还巧妙融入了智能系统，为宾客带来便捷与智能的入住体验。最后，我们还精心设计了多样化的酒店活动及文创产品，旨在为宾客打造一次难忘的入住旅程。

大堂空间解析

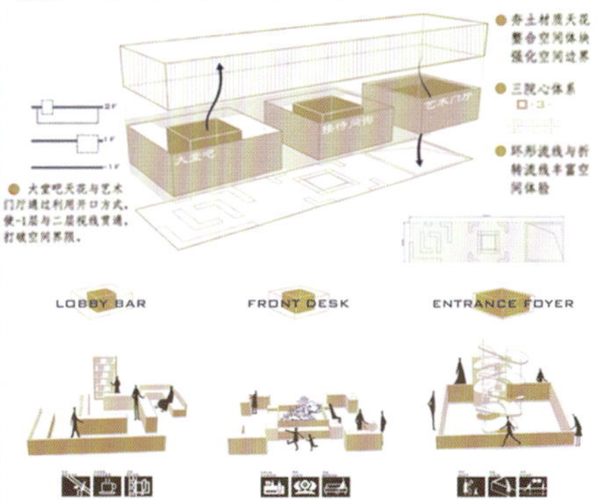

乡土材质天花整合空间体块强化空间边界
三院心体系
环形流线与折转流线丰富空间体验
大堂吧天花与艺术门厅通过利用开口方式，使-1层与二层视线贯通，打破空间界限。
LOBBY BAR
FRONT DESK
ENTRANCE FOYER

非遗文化区解析

时间顺序
纵向联通
贯穿-1及1层空间
DOUGH SCULPTURE
WORSHIP GUAN GONG
LANTERN FESTIVAL
WINE EXPERIENCE

平面图

负一层平面图

1. 序厅
2. 观光电梯
3. 非遗-拜关公
4. 非遗-跤社神
5. 非遗-黄河灯会
6. 非遗-汾酒
7. 电梯间
8. 仓库
9. 疏散通道
10. 办公

一层平面图

1. 艺术序厅
2. 分散式问询台
3. 大堂吧
4. 休息区
5. 休闲体验区
6. 特色餐厅
7. 电梯厅
8. 观光电梯
9. 疏散通道
10. 仓库
11. 设备间
12. 消防
13. 行政
14. 行李房
15. 厨房
16. 卫生间
17. 景观综合服务中心

二层平面图

1. 非遗手作体验区
2. 茶室
3. 全日制餐厅
4. 酒吧
5. 露台
6. 中庭
7. 漫步长廊
8. 纪念品商店
9. 疏散通道
10. 休息区
11. 电梯间
12. 观景电梯

三层平面图

1. 露台休闲区
2. 观光电梯
3. 客房-标间
4. 客房-大床房
5. 客房-双床房
6. 客房-套房
7. 电梯间
8. 健身房
9. 疏散通道
10. 布草间
11. 卫生间
12. 仓库
13. 设备间
14. 洗衣间

四层平面图

1. 露台休闲区
2. 观光电梯
3. 客房-标间
4. 客房-大床房
5. 客房-双床房
6. 客房-套房
7. 电梯间
8. 游泳池
9. 疏散通道
10. 布草间
11. 卫生间
12. 仓库
13. 设备间
14. 洗衣间
15. 水吧区
16. 更衣室

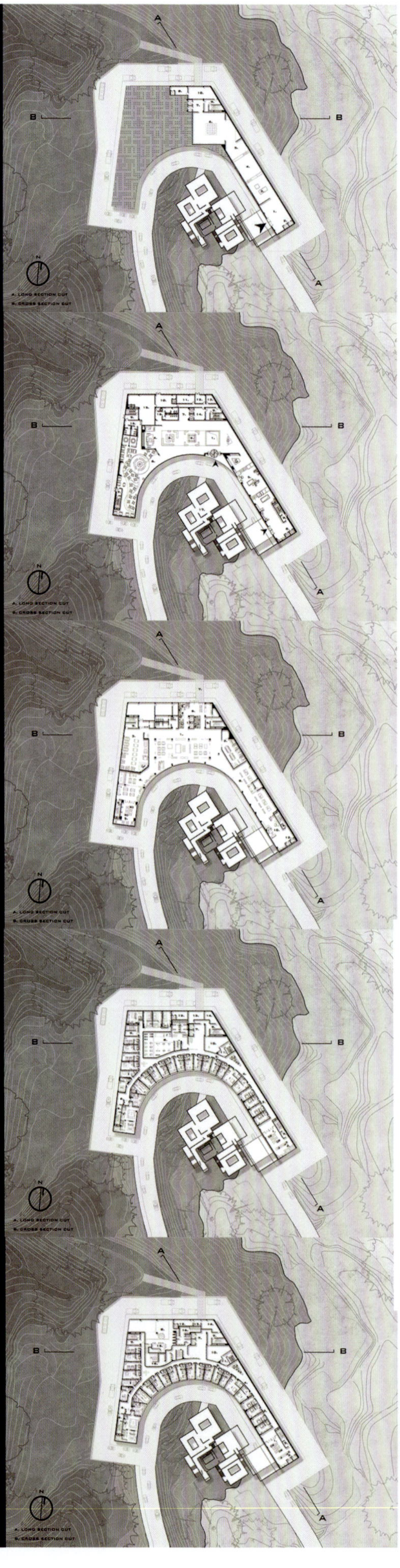
A
B
A. LONG SECTION CUT
B. CROSS SECTION CUT

次入口生成

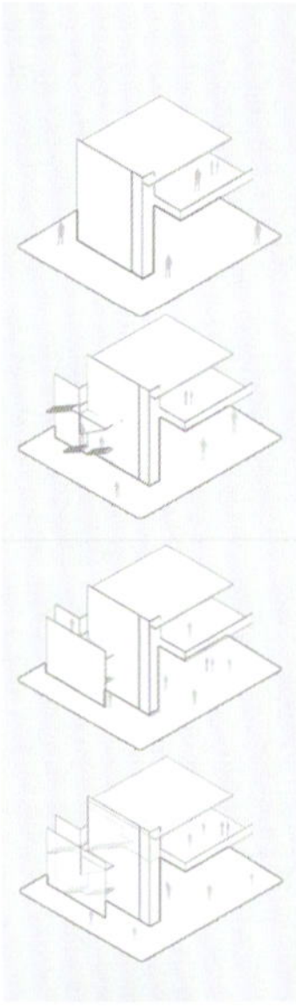

由于右侧山地较高考虑依据山势设计-1及1层双入口，自然形成-层户外平台

并将次平台通过垂直交通连接，可通过室外综合服务中心步入-1层或直通1层户外平台

根据设计将空间依据山势和黄河瀑布的跌宕起伏形成整个单体建筑的次序感层次感

设计考虑交通通道的穿行，1层平台下形成车道和-1层入口，户外平台可作瞭望台观看山河景致

空间内部生成

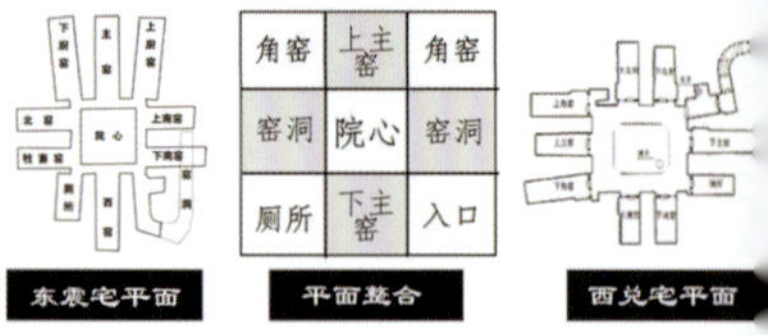
角窑
上主窑
角窑
窑洞
院心
窑洞
厕所
下主窑
入口
东震宅平面
平面整合
西兑宅平面

将一个院心体系视作一个单独的独立盒子。沿着空间进行线性排列，根据空间需要在平面与立面上产生交错，产生具有变化但富有节奏的空间。

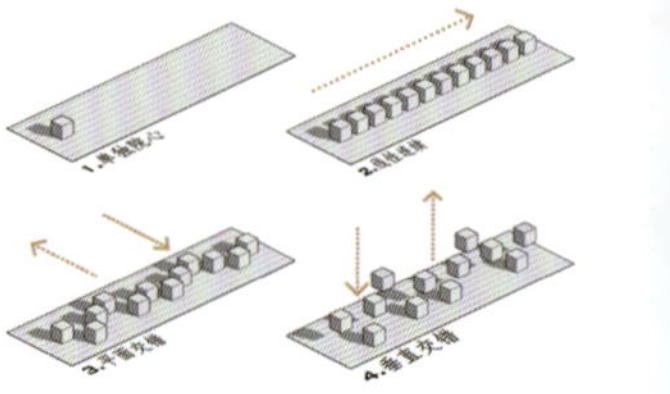

剖面图

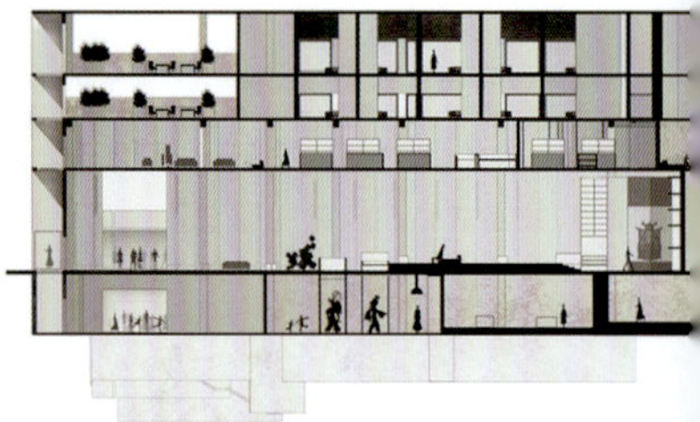

酒店品牌运营

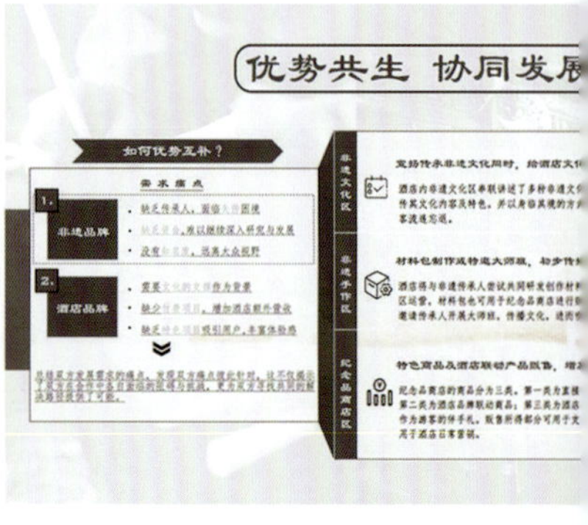
优势共生 协同发展
如何优势互补？
需求痛点
1.
非遗品牌
2.
酒店品牌
非遗文化区
非遗手作区
纪念品商店区

建筑外观生成

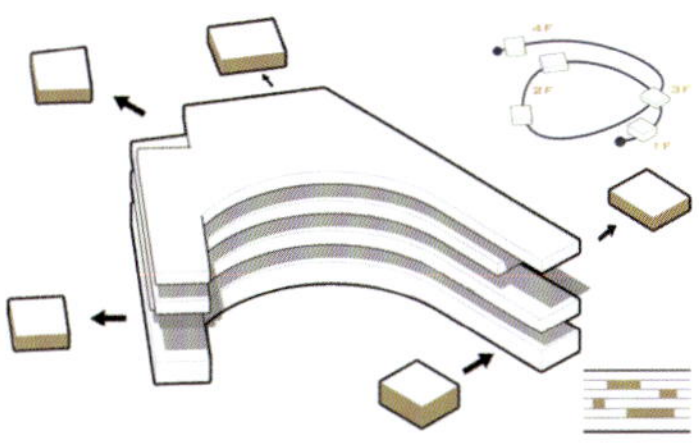

天井结构

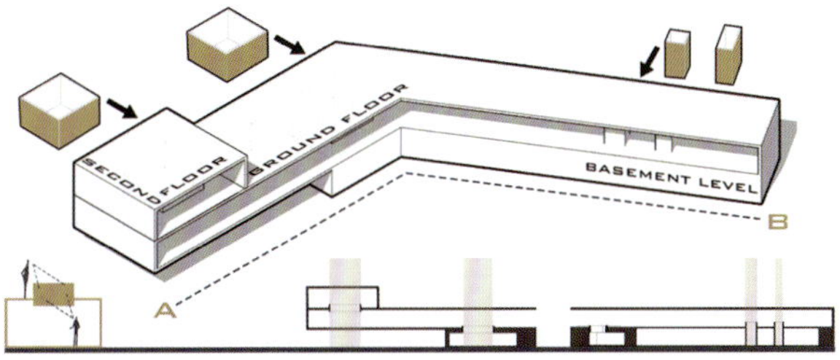
SECOND FLOOR
GROUND FLOOR
BASEMENT LEVEL
A
B

爆炸图

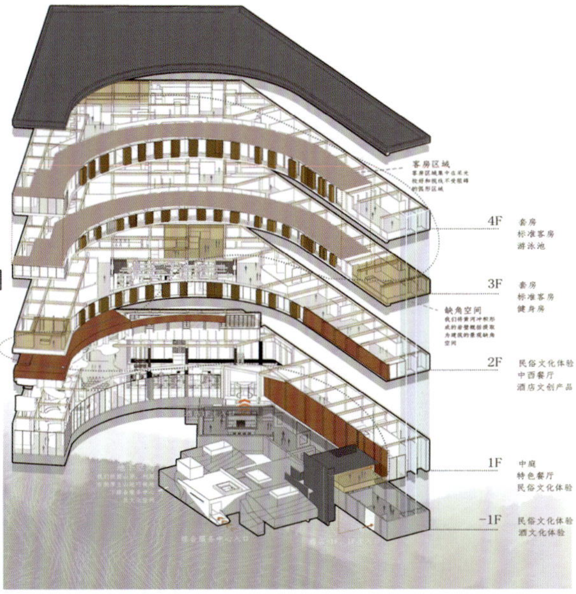
客房区域
客房区域集中在采光较好和视线不受阻碍的弧形区域
4F
套房
标准客房
游泳池
3F
套房
标准客房
健身房
缺角空间
我们将黄河冲积形成的岩壁概括提取为建筑的景观缺角空间
2F
民俗文化体验
中西餐厅
酒店文创产品
1F
中庭
特色餐厅
民俗文化体验
-1F
民俗文化体验
酒文化体验

洞	厕所
心	下主窑
洞	入口

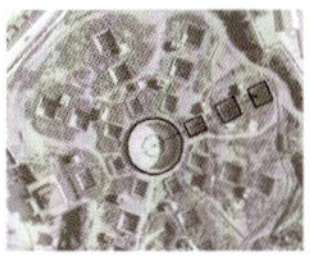

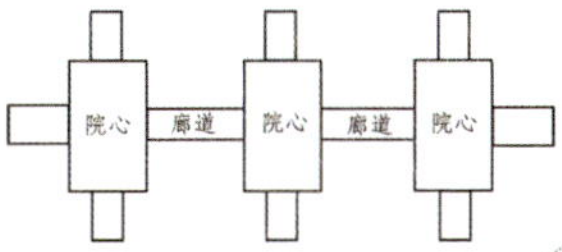
院心
廊道
院心
廊道
院心

以家族为体系构建的地坑院存在相互联通式的结构，将原本独立的地坑院串联成一个整体，打破空间界限的同时产生节奏与秩序。

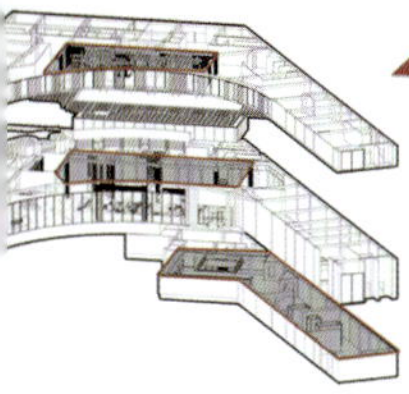

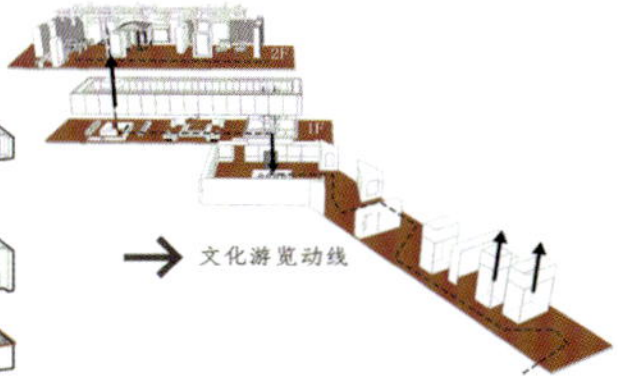
文化游览动线

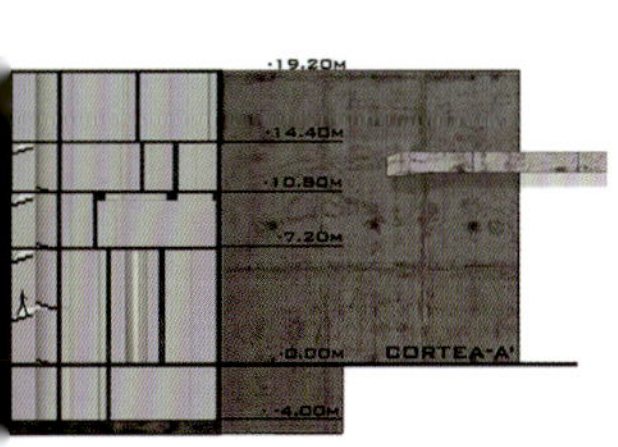
19.20M
14.40M
10.80M
7.20M
0.00M
CORTEA-'A'
-4.00M

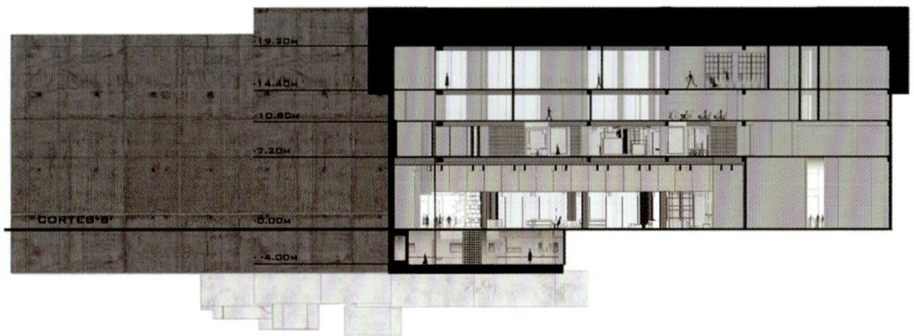
19.20M
14.40M
10.80M
7.20M
CORTES-'B'
0.00M
-4.00M

喜马拉雅盐
中国火山岩
中国白水晶
巴西黄水晶

山河锦绣·记忆重塑——前世今生视角下综合服务中心及配套酒店设计

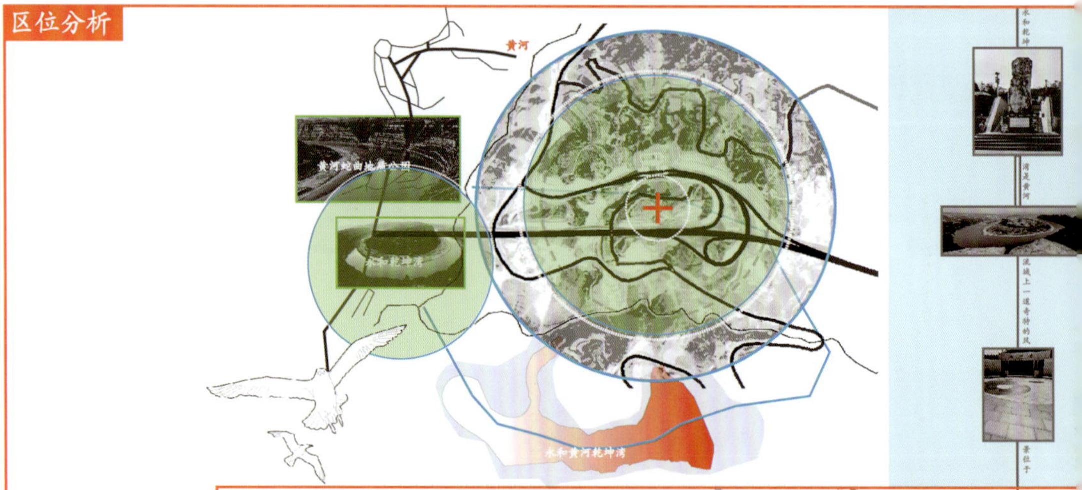
区位分析
黄河
黄河蛇曲地质公园
永和乾坤湾
永和黄河乾坤湾

场地现状

大连工业大学

指导教师：刘利剑 高 巍 张瑞峰

作 者：高 畅 李佳桐 陈 远

设计说明：

题目山河锦绣·记忆重塑中的锦绣代表这一地区景色绚丽多彩，美不胜收，记忆重塑意味着对历史的回顾和对未来可能的想象。项目选址位于山西省黄河流域永和乾坤湾内部，我们以诗人刘禹锡的“九曲黄河万里沙，浪涛风簸自天涯”为设计灵感，通过数字化的设计手段，重现黄河的壮阔与历史的厚重。结合夯土山洞元素，打造独特的酒店空间。

活动分析

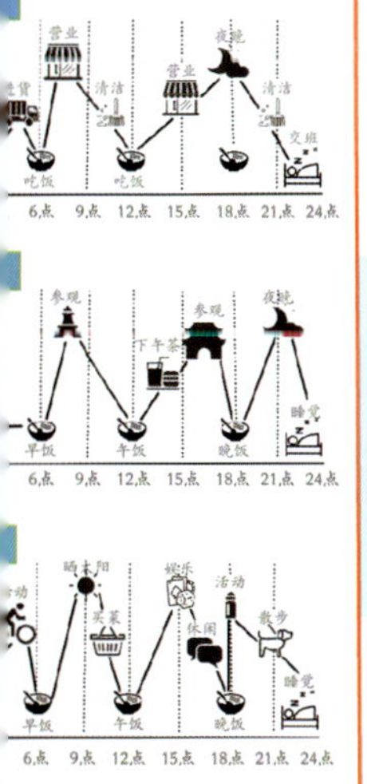

营业
进货
清洁
夜晚
交班
吃饭
6点 9点 12点 15点 18点 21点 24点
参观
下午茶
睡觉
早饭
午饭
晚饭
晒太阳
买菜
娱乐
休闲
活动
散步

流失严重，人口老龄化严重。希望，可以在对游客开放的同时，也能居民提供一个活动平台，提高当地品质，增强人们对家乡的认同感和同时通过相关产业链的方式，提高收入。

当地居民分析

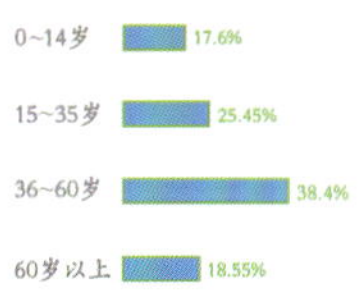

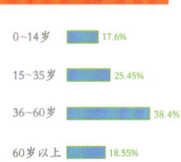

0~14岁 17.6%
15~35岁 25.45%
36~60岁 38.4%
60岁以上 18.55%

2021年第七次全国人口普查显示永和县常住人口为49946人，与2010年第六次全国人口普查的63649人相比，十年间减少了13703人，减少21.53%，年平均增长率-2.40%。人口流失严重，人口老龄化较重。

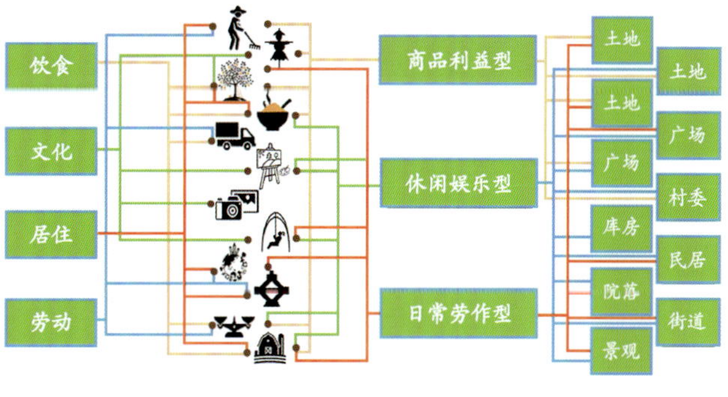

饮食
文化
居住
劳动
商品利益型
休闲娱乐型
日常劳作型
土地
土地
土地
广场
广场
村委
库房
民居
院落
街道
景观

老年人的活动时段几乎为全天，积极活动时间为8点、17点、20点
儿童和年轻人活动时间为晚上16~20点。

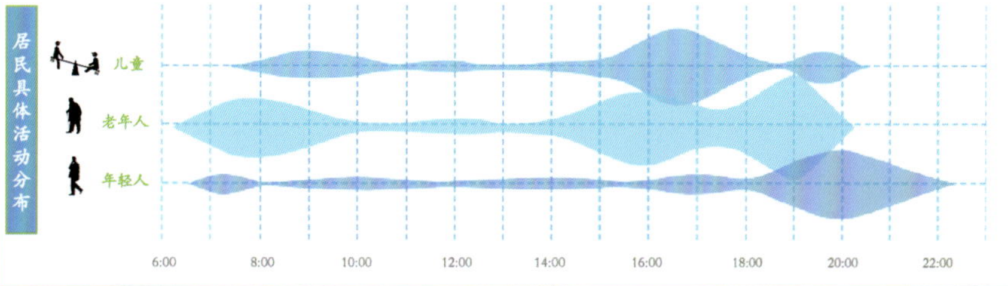

居民具体活动分布
儿童
老年人
年轻人
6:00
8:00
10:00
12:00
14:00
16:00
18:00
20:00
22:00

历史建筑

围屋建筑
古代建筑
木构建筑
石城建筑
黑瓦白墙

山西的传统民居多为围屋建筑即四合院式建筑，四周围合的建筑群组成一个院落，形成独特的空间布局和风格特点。

山西地处中国古代文明的发祥地之一，建筑多体现古代建筑风格，如古城墙、古庙宇等，展现了中国传统建筑的特色和韵味。

山西的建筑多采用木结构，尤其是古代建筑和民居，展现了中国传统建筑工艺的精湛之处。

山西拥有众多保存完好的古城，如平遥古城、大同古城等，展现了古代城市建筑的风貌和特色。

山西的建筑多采用黑瓦白墙，这种色彩搭配简洁典雅，建筑的独特韵味。

客房分析图

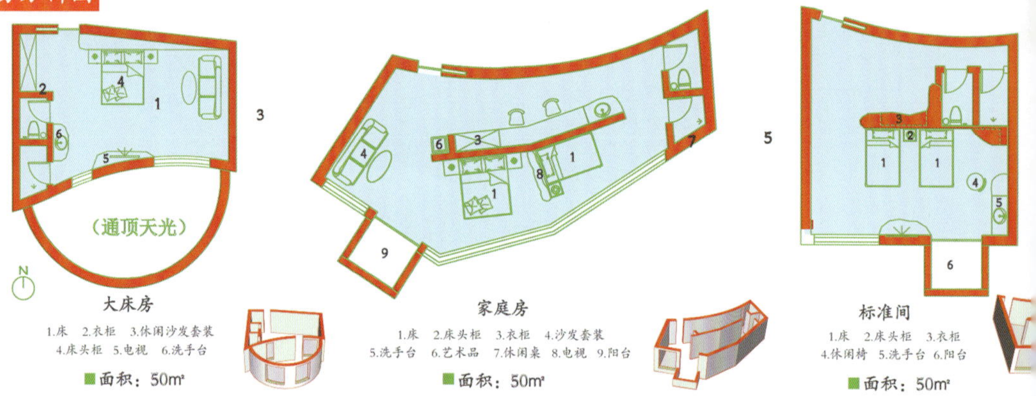
（通顶天光）
N
大床房
1.床 2.衣柜 3.休闲沙发套装
4.床头柜 5.电视 6.洗手台
面积：50m²
家庭房
1.床 2.床头柜 3.衣柜 4.沙发套装
5.洗手台 6.艺术品 7.休闲桌 8.电视 9.阳台
面积：50m²
标准间
1.床 2.床头柜 3.衣柜
4.休闲椅 5.洗手台 6.阳台
面积：50m²

房间分区/3

房间大致面积/50m²

房间类型/标准房/大床房/家庭房

房间数量/20

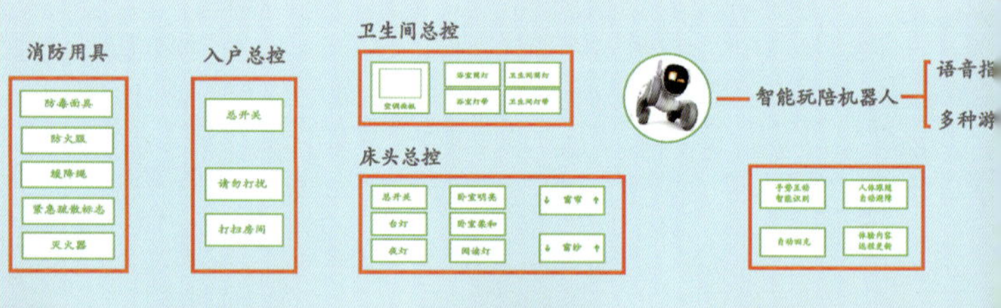
消防用具
防毒面具
防火毯
缓降绳
紧急疏散标志
灭火器
入户总控
总开关
请勿打扰
打扫房间
卫生间总控
浴室明灯
卫生间明灯
浴室灯带
卫生间灯带
床头总控
总开关
卧室明亮
台灯
卧室柔和
夜灯
阅读灯
窗帘
窗纱
智能玩陪机器人
语音指
多种游
自动回充

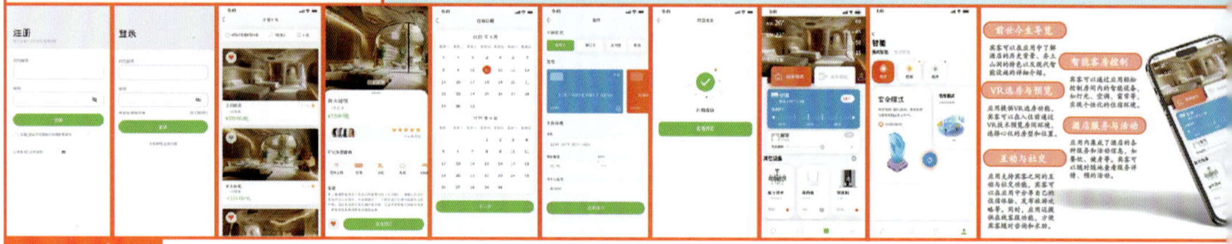
前世今生导览
智能客房控制
VR选房与预览
酒店服务与活动
互动与社交

轴测分析图

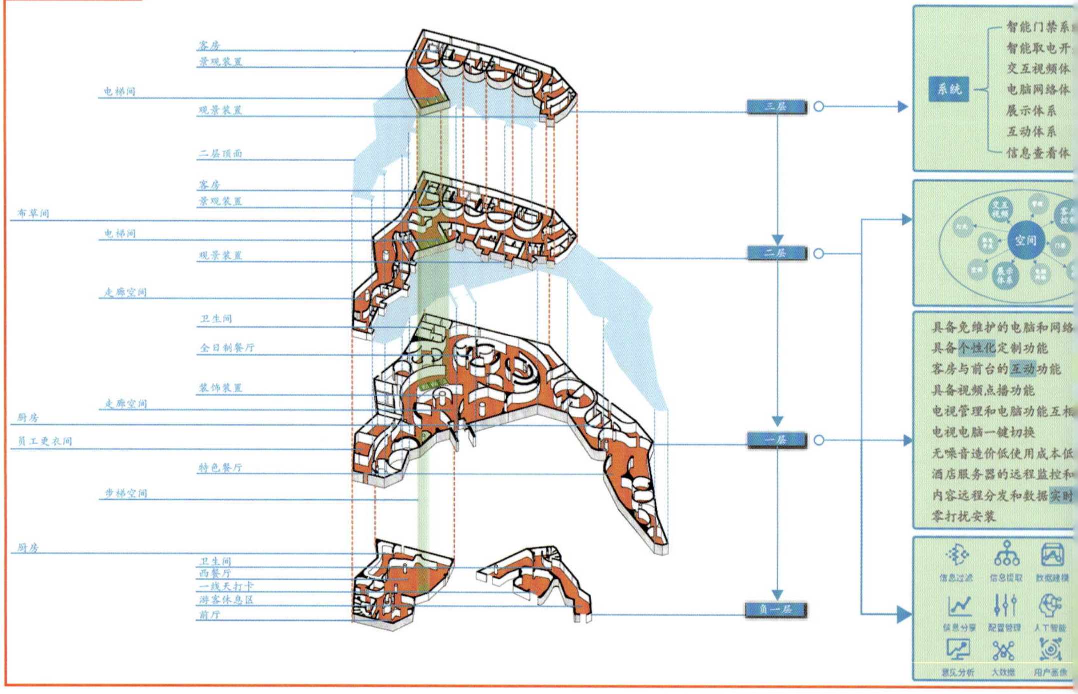
客房
景观装置
电梯间
观景装置
二层顶面
客房
景观装置
布草间
电梯间
观景装置
走廊空间
卫生间
全日制餐厅
装饰装置
走廊空间
厨房
员工更衣间
特色餐厅
步梯空间
厨房
卫生间
西餐厅
一线天打卡
游客休息区
前厅
三层
二层
一层
负一层
系统
智能门禁系
智能取电开
交互视频体
电脑网络体
展示体系
互动体系
信息查看体
空间
展示体系
具备免维护的电脑和网络
具备个性化定制功能
客房与前台的互动功能
具备视频点播功能
电视管理和电脑功能互相
电视电脑一键切换
无噪音造价低使用成本低
酒店服务器的远程监控和
内容远程分发和数据实时
零打扰安装
信息过滤
信息提取
数据建模
信息分享
配置管理
人工智能
用户画像
大数据

数字化设计与智慧生活

是中国古代文化的重要代表之一，拥有丰富的历史遗迹和文化遗产。这些历史元素可
酒店和服务中心设计的灵感来源，如采用传统建筑元素、展示历史文物等。

永和乾坤湾独特的地理环境和自然景观是地域文化的重要组成部分。酒店和服务中心应充分考虑自然环境的保护和利用，实现人与自然的和谐共生。

在山西的流域见证了多个历史朝代的兴衰，留下了丰富的历史故事和传说。酒店和服
心可以通过讲述这些故事，增强游客的文化体验。

黄河作为母亲河的象征意义在当地文化中占据重要地位。酒店和服务中心可以通过景观设计、艺术品展示等方式，凸显黄河文化的独特魅力。

九曲黄河万里沙
浪淘风簸自天涯
刘禹锡
黄河怒浪连天来
大响宏宏如殷雷
温庭筠
大漠孤烟直
长河落日圆
王维
黄河远上白云间
一片孤城万仞山
王之涣
万里月明同此夜
黄河东面海西头
白居易
黄河之水天上来
奔流到海不复回
李白

自然分析

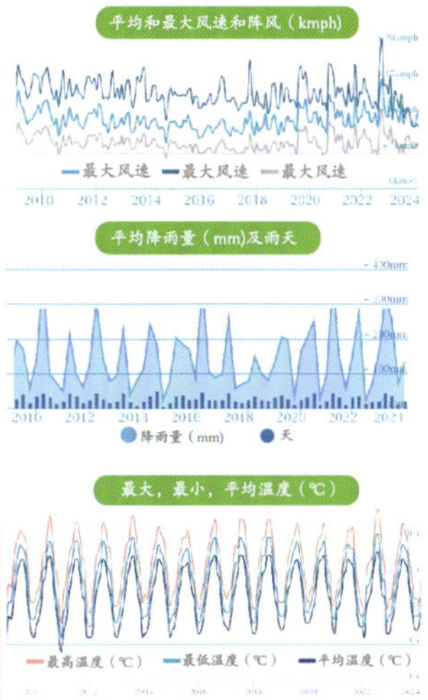

平均和最大风速和阵风（kmph）
平均降雨量（mm)及雨天
最大、最小、平均温度（℃）

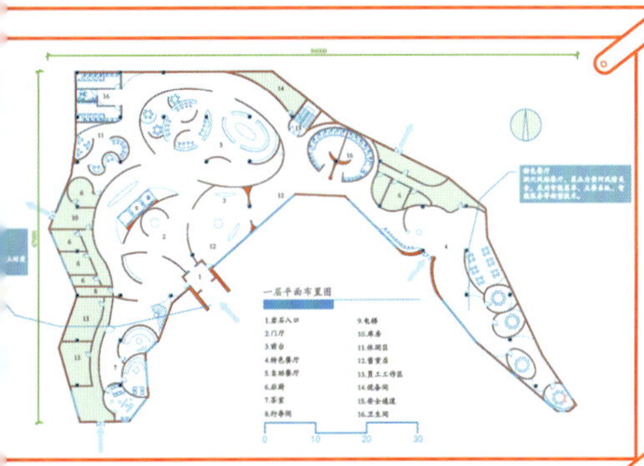

三层平面

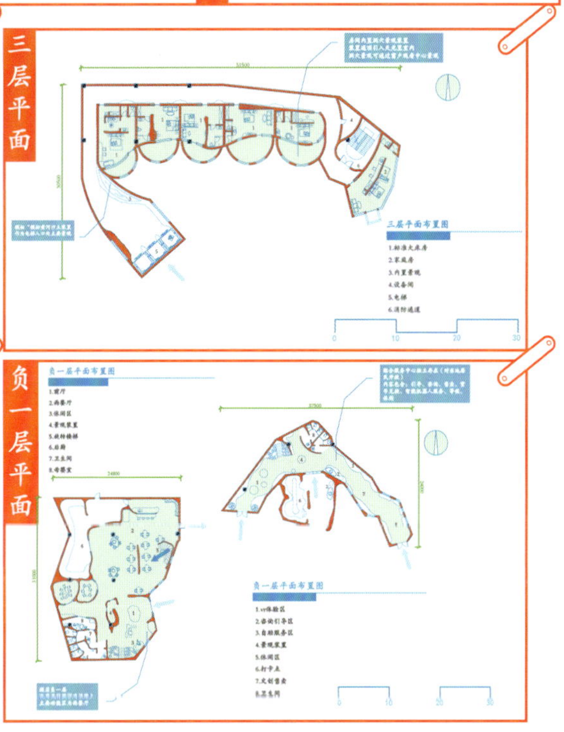

负一层平面

九曲·云谣——游客服务及休闲度假酒店设计

建筑分析

一层彩平及爆炸图

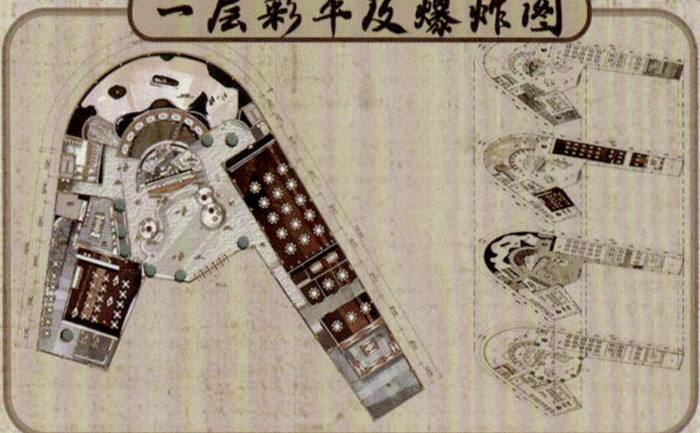

二层彩平及爆炸图

一层平面设计上由大堂、服务台、咖啡厅、大厅、前厅、息区、展厅、宴会厅组成，主要以便民服务为主

二层平面设计上由SPA中心、健身房、游泳区组成，主要于满足游客的休闲运动需要

九曲·云谣

——游客服务及休闲度假酒店设计

指导教师：迟家琦　吕丹娜　杜心舒
作　者：牛震东　金笑羽　罗一鸣　孙　鑫　王立铭

一层大堂效果图

三层彩平及爆炸图

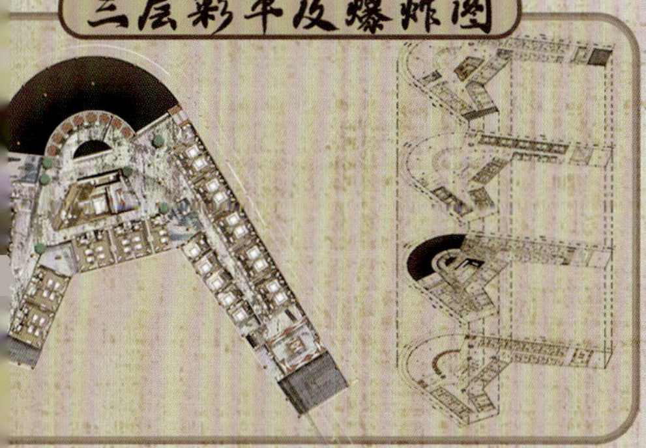

四层彩平及爆炸图

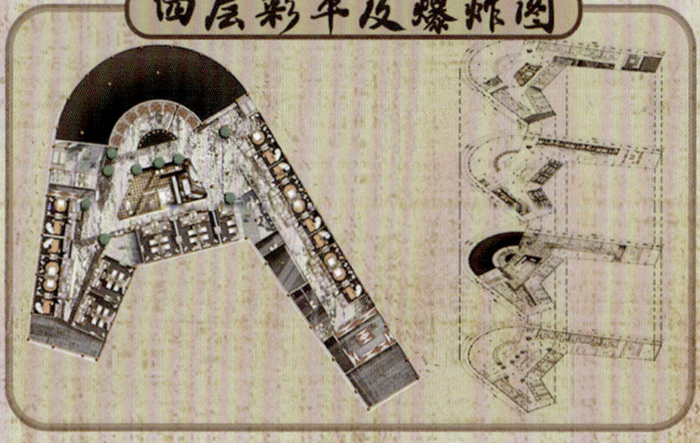

三层、四层主要为游客的休息区域，三层为大床房以及双床
，四层设置有豪华套房，在整体的客房设计上采用相同的设计
法，在还原周围土质岩壁的基础上，配合虚拟投影技术投射出
地的风土人情，运用虚实结合的造景手法突出地方特色

一层、二层效果图分析

一层宴会厅

一层餐厅

一层展厅

二层泳池服务台

二层游泳池

二层健身房

三层、四层效果图分析

三层大床房

三层大床房

四层套房—客区

四层套房—休息区

映晋曲幽·山水安澜——交互沉浸体验式晋剧文化酒店叙事空间

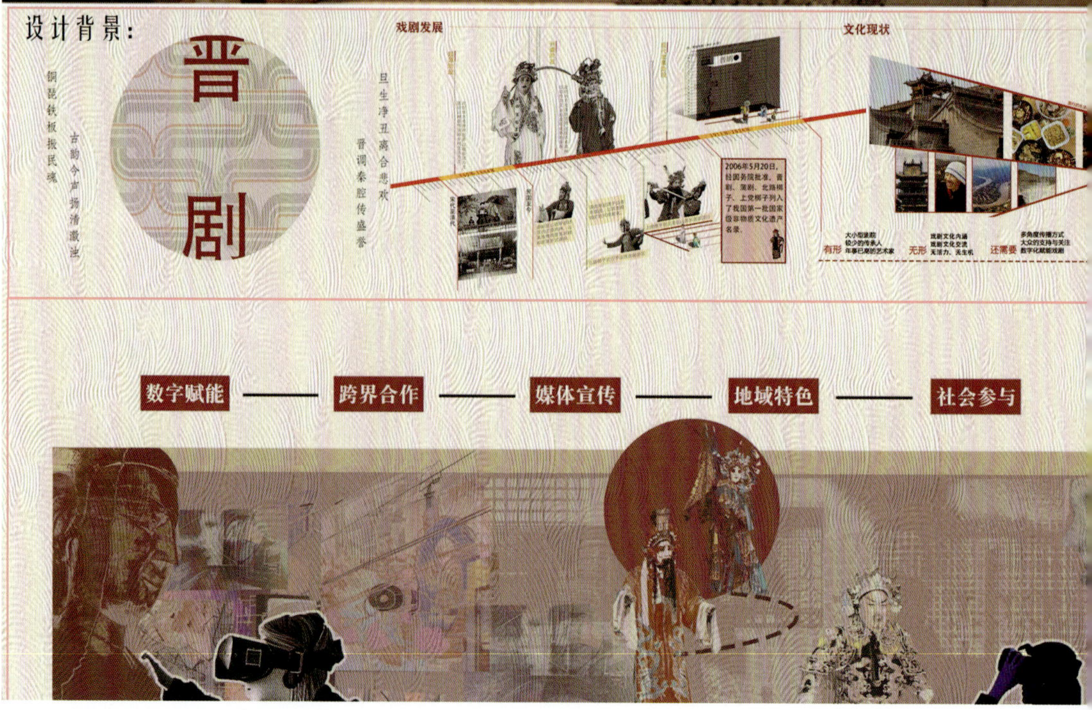
设计背景：
晋
剧
戏剧发展
文化现状
数字赋能
跨界合作
媒体宣传
地域特色
社会参与

映晋曲幽 山水安澜

交互沉浸体验式晋剧文化酒店叙事空间

吉林建筑大学

指导教师：李莹 李继来

作者：崔凯博 康嘉桐 张轩赫 陈禹

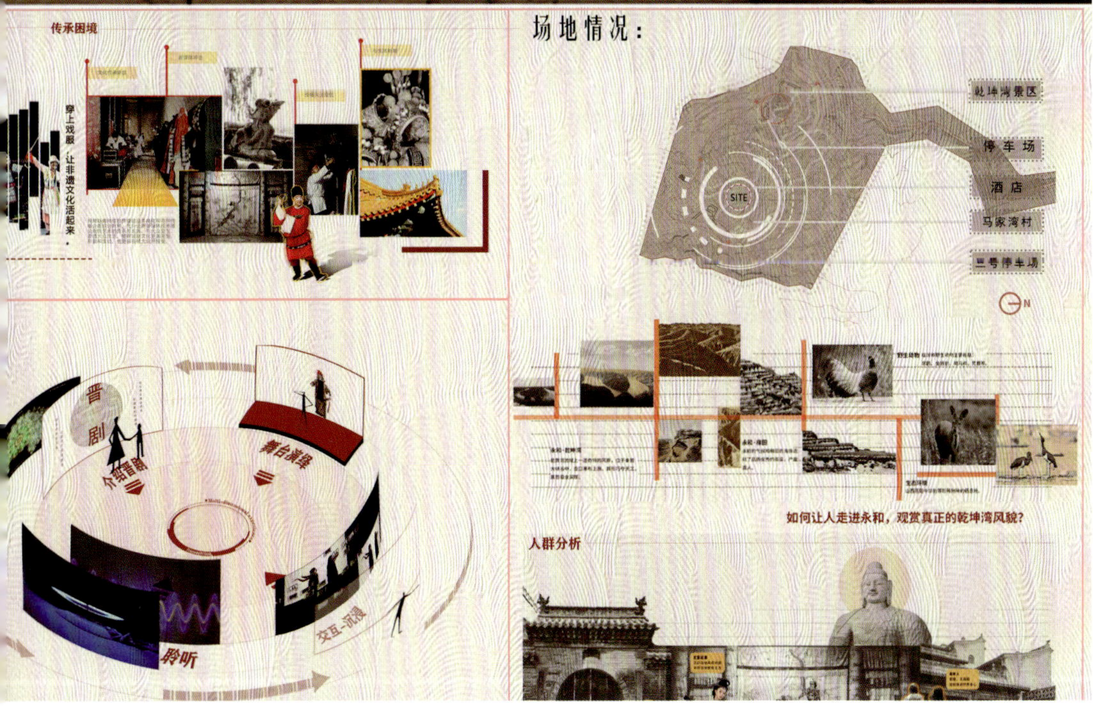
传承困境
穿上戏服，让非遗文化活起来。
场地情况：
乾坤湾景区
停车场
酒店
马家湾村
三号停车场
SITE
如何让人走进永和，观赏真正的乾坤湾风貌？
人群分析
晋剧
介绍晋剧
舞台演绎
交互-沉浸
聆听

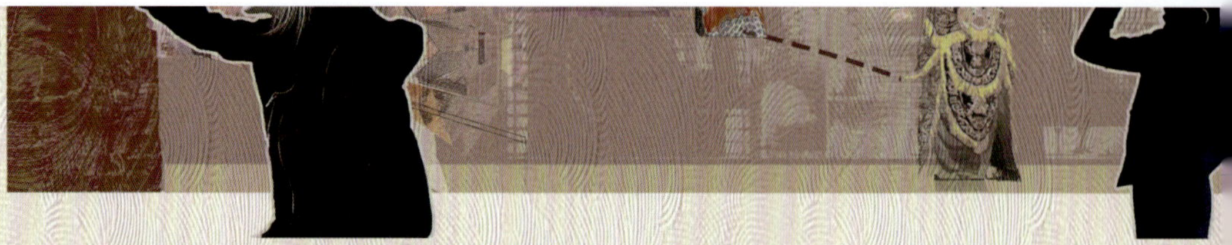

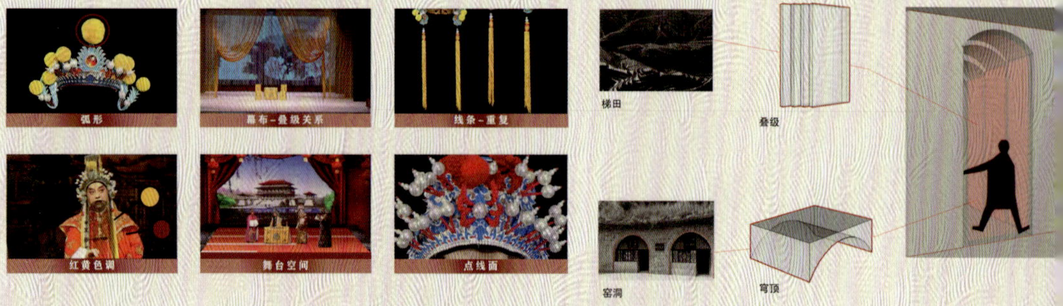
弧形
幕布-叠级关系
线条-重复
梯田
叠级
红黄色调
舞台空间
点线面
窑洞
穹顶

设计说明:

本设计以晋剧非遗为题目，聚焦景区酒店空间展开设计，针对如何讲好黄河故事这一主旨来进行酒店空间设计。让黄河故事走进每一位旅客的记忆中。我们借助“晋剧”与“交互共生”的概念，转化到空间设计中，通过数字技术使晋剧文化更好地传播和推广，使用虚拟现实技术打造更具沉浸感的演出体验。

我们通过对空间元素的分解和重新组合，打破传统的空间观念和结构，呈现出独特的艺术表达。它以碎片化的形式展示空间的多样性和复杂性，挑战观众的感知和理解。

设计分析:

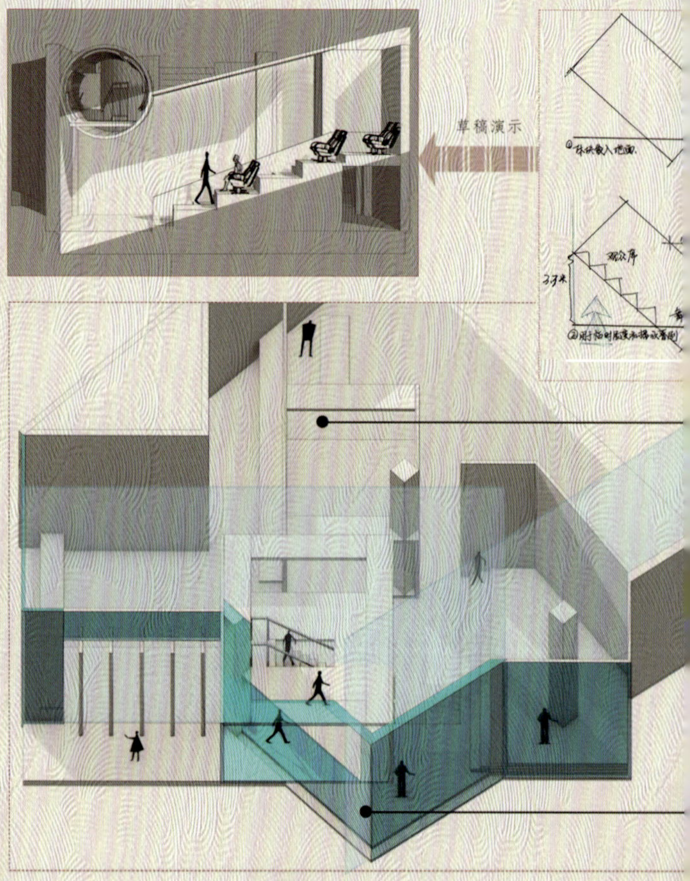
草稿演示

场景分析:

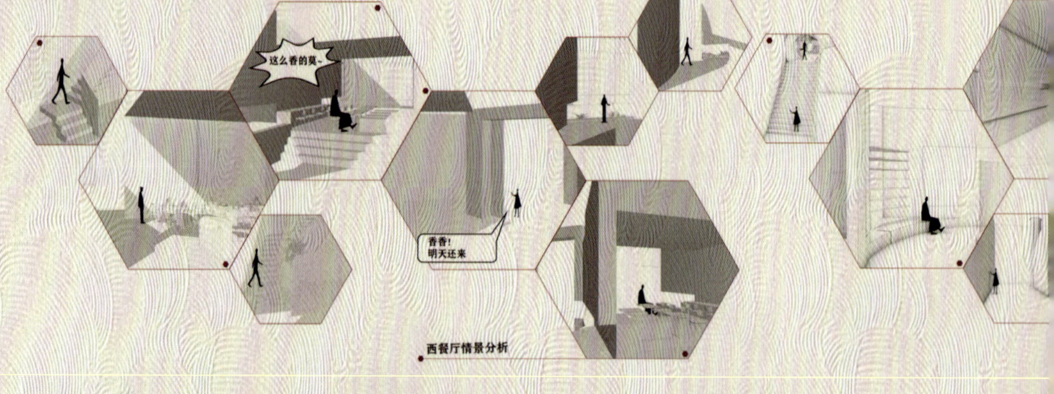
香香!
明天还来
西餐厅情景分析

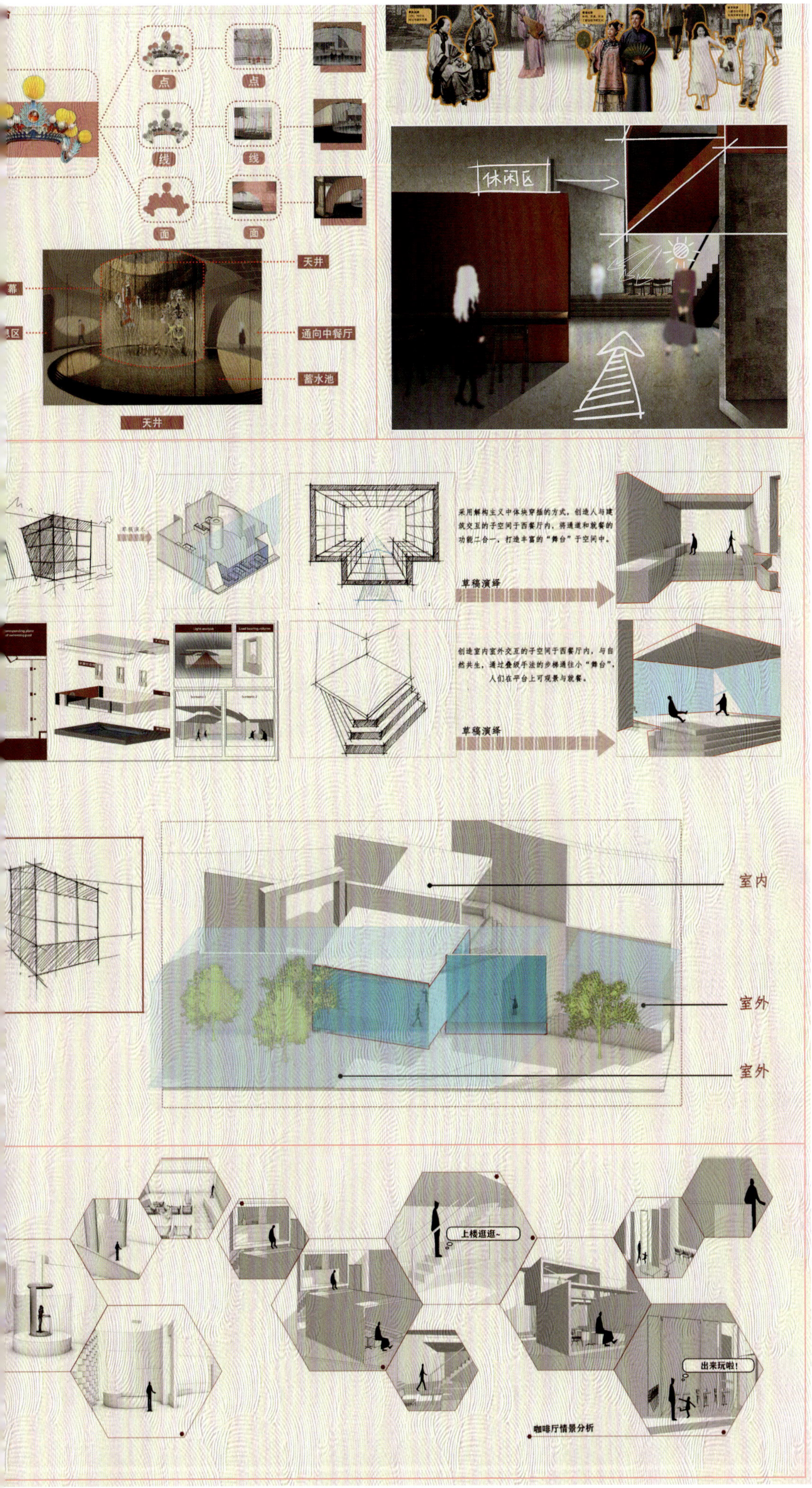

点
点
线
线
面
面
天井
幕
区
通向中餐厅
蓄水池
天井
休闲区
采用解构主义中体块穿插的方式，创造人与建筑交互的子空间于西餐厅内，将通道和就餐的功能二合一，打造丰富的“舞台”于空间中。
草稿演绎
创造室内室外交互的子空间于西餐厅内，与自然共生，通过叠级手法的步梯通往小“舞台”，人们在平台上可观景与就餐。
草稿演绎
室内
室外
室外
上楼逛逛~
出来玩啦！
咖啡厅情景分析

河韵生境·Buildings growing in the Yellow River

——黄河畔『生长建筑』文化创意性酒店设计

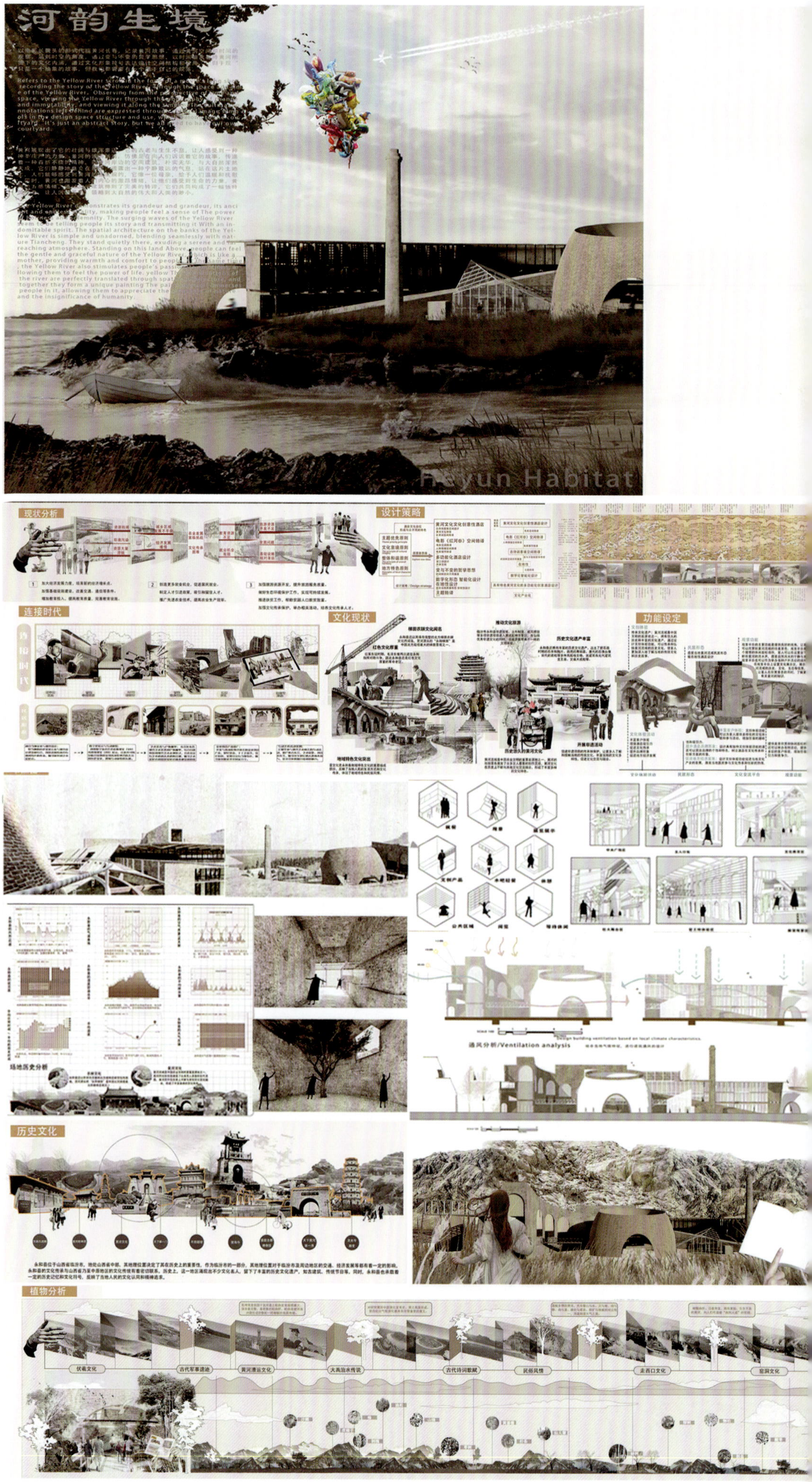
河韵生境
Heyun Habitat
现状分析
设计策略
连接时代
文化现状
功能设定
历史文化
通风分析/Ventilation analysis
植物分析

廊架观光平台
社火文化舞台空间
室内空间
内部长廊
室外廊架
社火舞台
观光平台
剖面图
建筑后剖面图1:100
一层平面图
建筑前剖面图1:100
立面图
二层平面图
建筑前立面图1:100

内蒙古工业大学

指导教师：田 华

作　者：肖秀宇 薛 斌 于晓慧

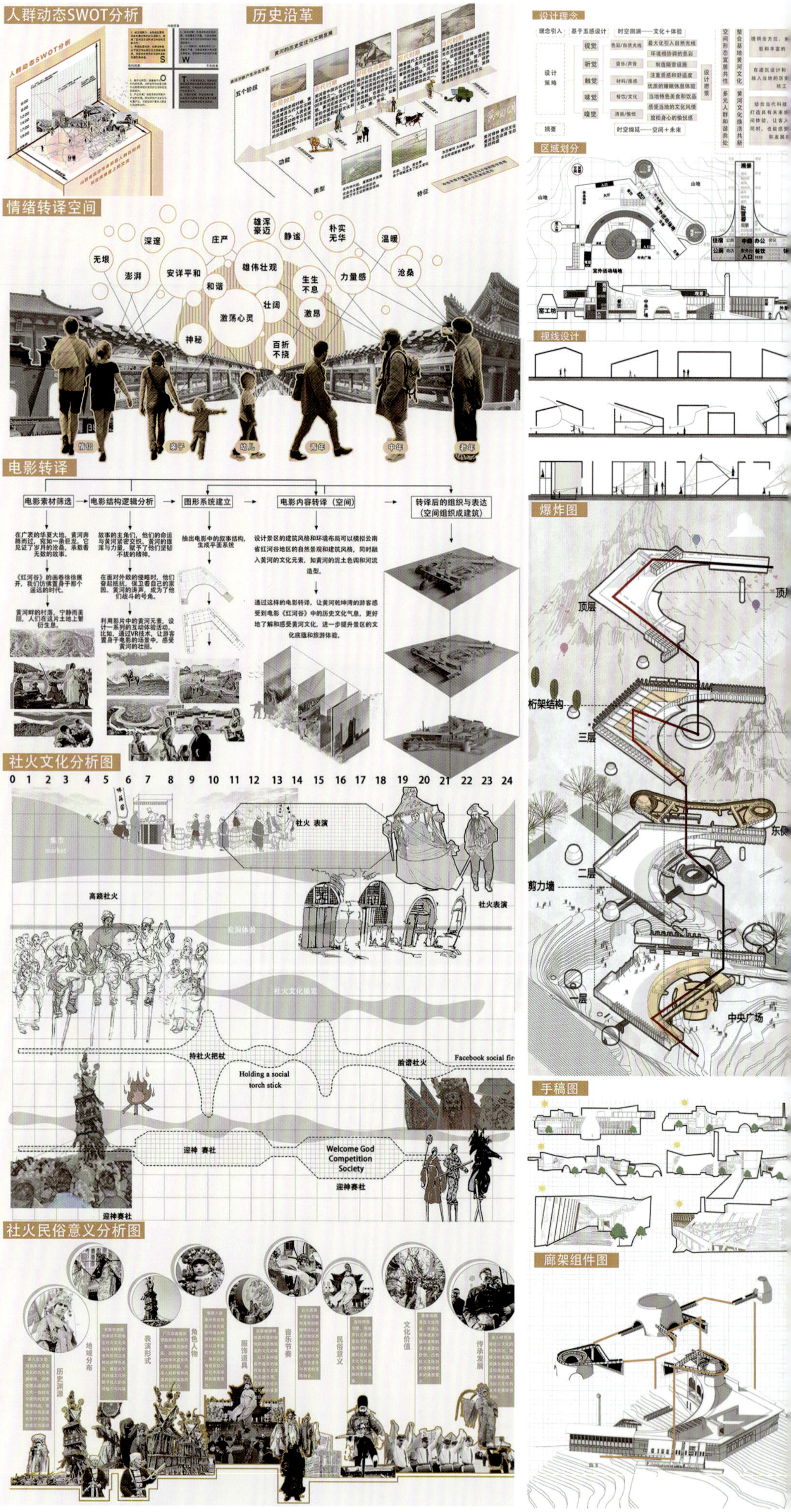
人群动态SWOT分析
历史沿革
情绪转译空间
无垠
深邃
庄严
雄浑豪迈
静谧
朴实无华
温暖
澎湃
安详平和
和谐
雄伟壮观
生生不息
力量感
沧桑
激荡心灵
壮阔
激昂
神秘
百折不挠
电影转译
电影素材筛选
电影结构逻辑分析
图形系统建立
电影内容转译（空间）
转译后的组织与表达（空间组织成建筑）
社火文化分析图
0 1 2 3 4 5 6 7 8 9 10 11 12 13 14 15 16 17 18 19 20 21 22 23 24
社火 表演
高跷社火
社火表演
持社火把杖
Holding a social torch stick
脸谱社火
迎神 赛社
Welcome God Competition Society
迎神赛社
社火民俗意义分析图
地域分布
历史渊源
表演形式
角色人物
服饰道具
音乐节奏
民俗意义
文化价值
传承发展
设计理念
区域划分
视线设计
爆炸图
顶层
桁架结构
三层
二层
剪力墙
一层
中央广场
手稿图
廊架组件图

主成

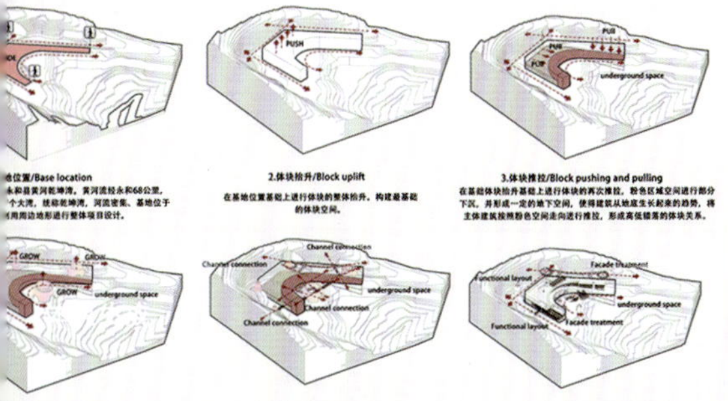

PUSH
PULL
underground space
GROW
Channel connection
Functional layout
Facade treatment

地位置/Base location
永和县黄河乾坤湾，黄河流经永和68公里，
个大湾，统称乾坤湾，河流密集、基地位于
周围边地形进行整体项目设计。

2.体块抬升/Block uplift
在基地位置基础上进行体块的整体抬升，构建最基础的体块空间。

3.体块推拉/Block pushing and pulling
在基础体块抬升基础上进行体块的再次推拉，粉色区域空间进行部分下沉，并形成一定的地下空间，使得建筑从地底生长起来的趋势，将主体建筑按照粉色空间走向进行推拉，形成高低错落的体块关系。

“理念装置/Device growth
中，我们采取”生长“概念，将周边用于
、窑工坊等功能的装置进行生长，进而丰
空间的层次关系以及功能分区。

5.廊架相连/Corridor connected
在装置与整个主体建筑之间使用廊架进行串联，形成整个院落围合关系廊架起到串联作用的同时，提高通行效率，以及观光等功能。

6.最终效果/Final effect
丰富整体立面及各部分细节，增加社火舞台表演空间，顶部增加功能空间，增加观光游览空间，赋予地下空间，使用建筑生长设计手法。

功能分区

功能分区

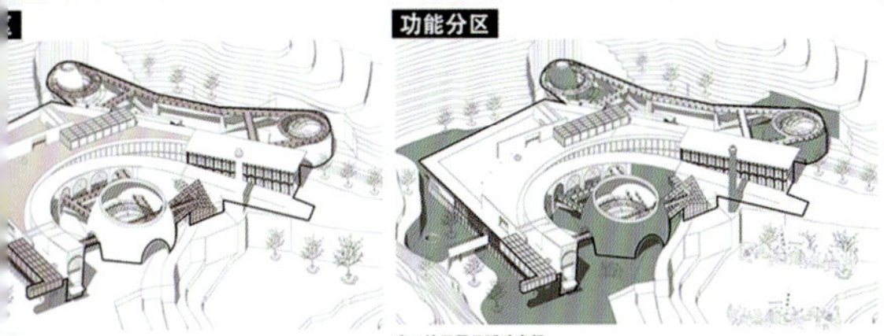

窑工坊及展示活动空间

功能分区

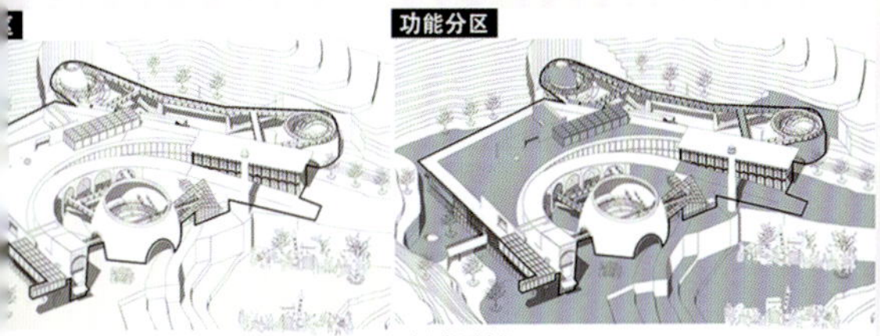

酒店公共活动空间

功能分区

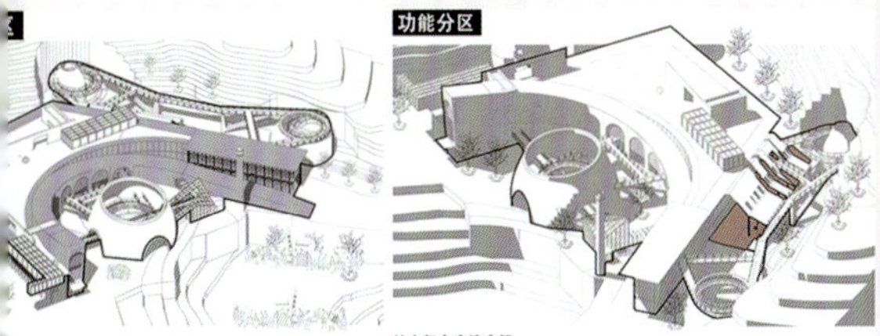

社火舞台表演空间

节点效果图

图

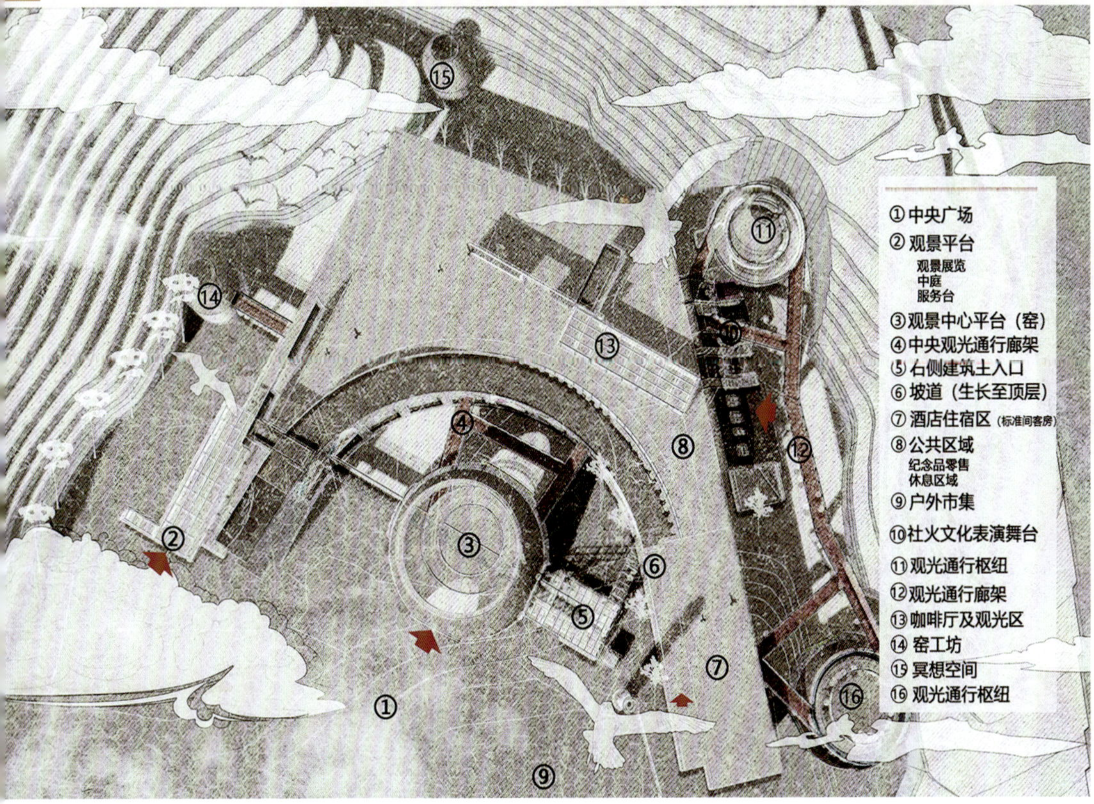

①中央广场
②观景平台
观景展览
中庭
服务台
③观景中心平台（窑）
④中央观光通行廊架
⑤右侧建筑主入口
⑥坡道（生长至顶层）
⑦酒店住宿区（标准间客房）
⑧公共区域
纪念品零售
休息区域
⑨户外市集
⑩社火文化表演舞台
⑪观光通行枢纽
⑫观光通行廊架
⑬咖啡厅及观光区
⑭窑工坊
⑮冥想空间
⑯观光通行枢纽

基于黄河流域生态保护

区位分析

周边业态/ 黄河

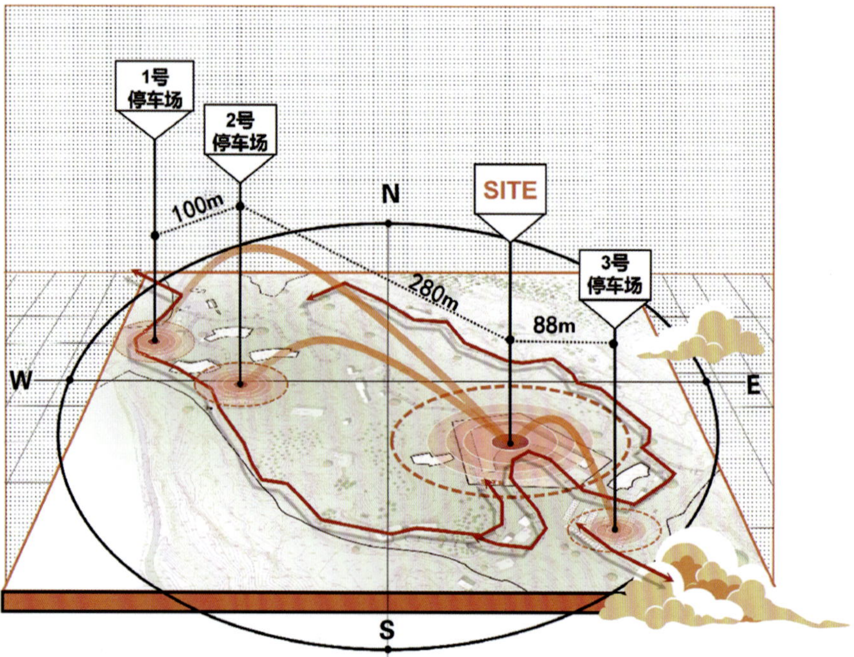
1号
停车场
2号
停车场
N
SITE
100m
280m
3号
停车场
88m
W
E
S

指导教师：何 兰
作 者：崔凯博 董函芸 金雪晶

质量发展下“低碳”酒店建筑及室内空间设计

寻访一条河流 触摸一部历史

主要交通

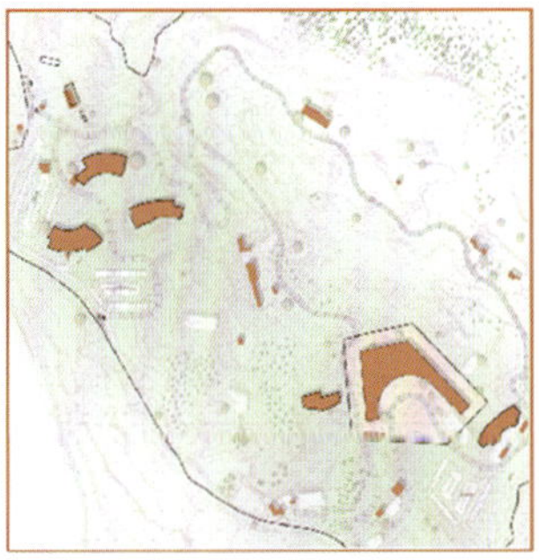

建筑体块

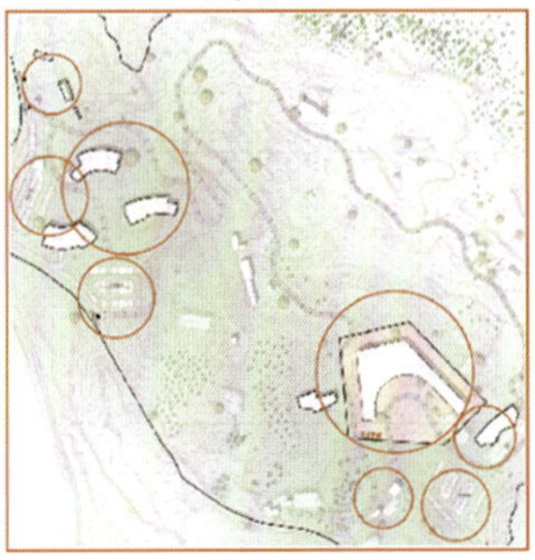

活动范围

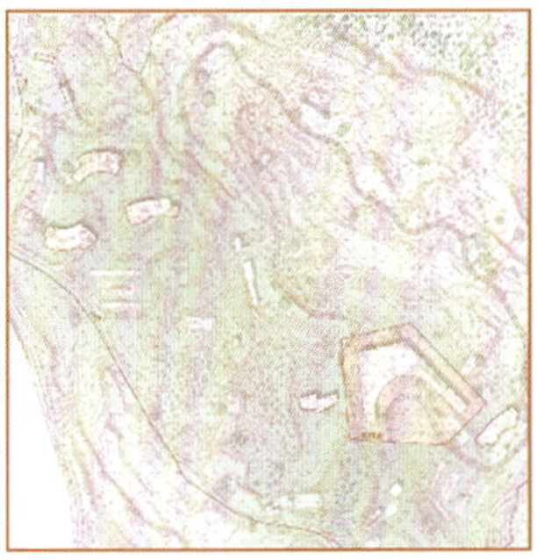

地形地势

室内·联合
毕业设计
6+

2 历史文化溯源

华夏文明的桂冠非我黄河莫属
鼎你！
红陶人面像
琉璃鸱吻
白陶鬶形盉
陶埙
鼎
三星堆
唐三彩
黄河两日游
说走咱就走
红绿釉陶鸮壶
骨笛
来，让我们吹爆黄河！
什么都别说只想吻你，我的母亲河

3 气候特征

半干旱区
温带大陆性气候

降水较少：
年降水量较少，通常不足以维持大规模的森林生长。
气温波动：
夏季炎热，冬季寒冷，昼夜温差较大。
干燥气候：
相对湿度较低，空气较为干燥。
风力较大：
可能经常受到风力的影响。对该地区的影响包括：
农业限制：
农作物种植需要特定的适应性品种和灌溉措施。
水资源珍贵：
水是重要的资源，需要合理管理和利用。
生态系统脆弱：
容易受到干旱和土地退化的影响。
土地利用模式：
以畜牧业、旱作农业或特定的经济作物为主。

降水特点：
年降水量相对较多，但仍不如湿润区丰
温度变化：
夏季温暖，冬季寒冷，气温年差较大。
季节分明：
四季较为明显。
自然植被：
以温带落叶阔叶林和草原为主。
这种气候区的影响包括：
农业生产：
适合发展多种农作物种植。
生态系统：
维持相对丰富的生物多样性。
人类生活：
人们需要适应季节变化。中国的东北平
平原等地区属于温带大陆性气候半湿润区

半湿润区
温带大陆性气候

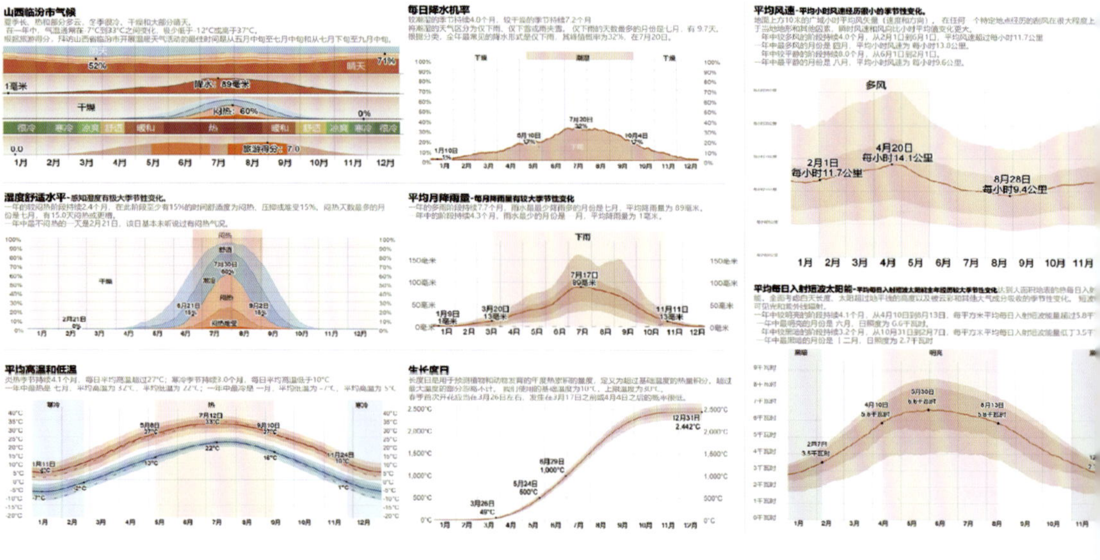

山西临汾市气候
晴天
52%
71%
1毫米
降水：89毫米
干燥
闷热：60%
0%
很冷
寒冷
凉爽
舒适
暖和
热
0.0
旅游得分：7.0
每日降水机率
7月20日
32%
6月10日
17%
10月4日
17%
1月10日
1%
平均风速-平均小时风速经历很小的季节性变化。
多风
2月1日
每小时11.7公里
4月20日
每小时14.1公里
8月28日
每小时9.4公里
湿度舒适水平
平均月降雨量
下雨
7月17日
89毫米
平均高温和低温
生长度日
12月31日
2,442°C
平均每日入射短波太阳能
1月
2月
3月
4月
5月
6月
7月
8月
9月
10月
11月
12月

将传统旅游业劣势转化为优势

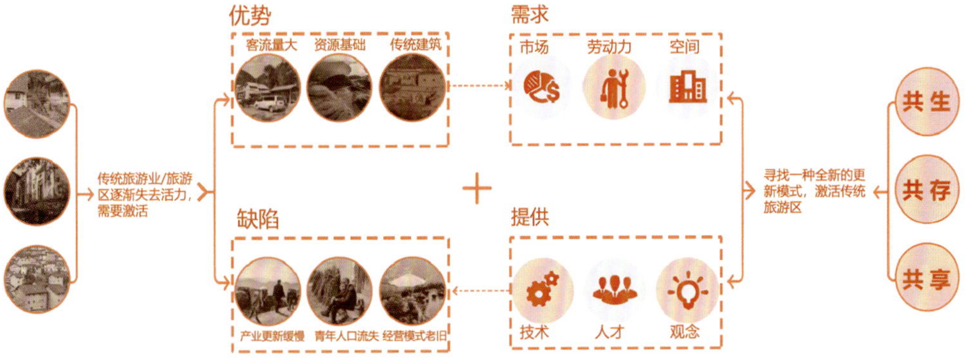

优势
客流量大
资源基础
传统建筑
需求
市场
劳动力
空间
传统旅游业/旅游区逐渐失去活力，需要激活
缺陷
产业更新缓慢
青年人口流失
经营模式老旧
提供
技术
人才
观念
寻找一种全新的更新模式，激活传统旅游区
共生
共存
共享

4 采光通风

采光条件

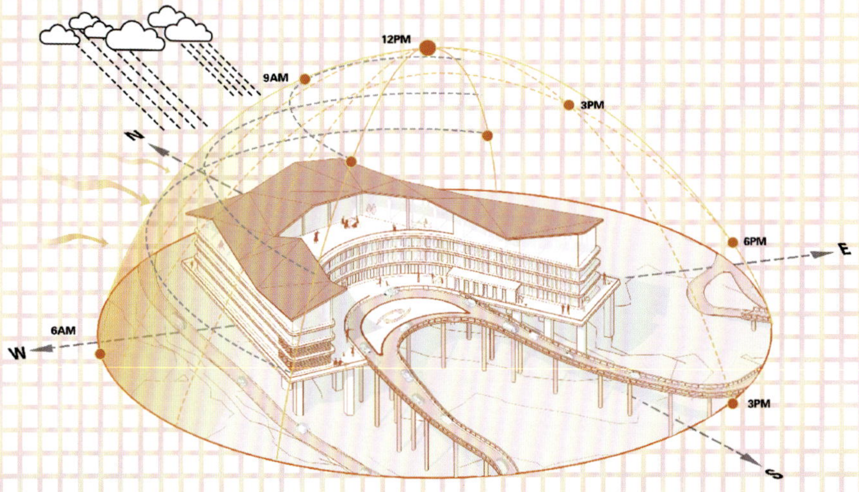

12PM
9AM
3PM
6PM
6AM
3PM
N
E
W
S

通风条件

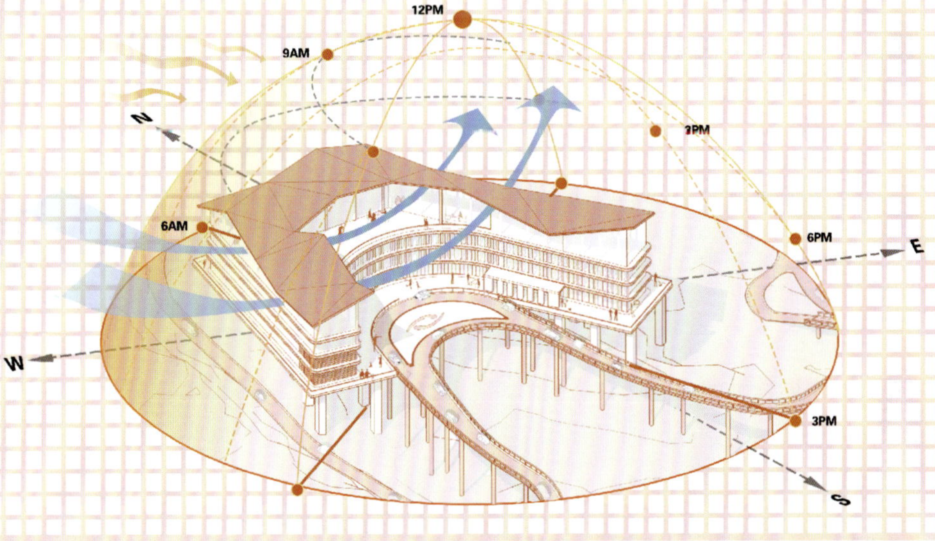

12PM
9AM
3PM
6AM
6PM
3PM
N
E
W
S

4

华北区

参加院校：天津美术学院、河北工业大学、山东建筑大学、北方工业大学、河南工业大学

命题单位：石家庄常宏建筑装饰工程有限公司

联合主办单位：山东建筑大学、河北工业大学、石家庄常宏建筑装饰工程有限公司

华北区作品

天津美术学院

水韵楚心——华为智联融创馆设计

山栖以市——公园式社区商业空间设计

河北工业大学

“四年八季”——叙事性校园通信服务厅数字化互动设计

山东建筑大学

“Shapes 万物”——基于数字化与智慧生活主题的校园综合服务厅设计

北方工业大学

未来数字化商业生活智慧中心设计——以上海青年城项目设计为例

河南工业大学

窟 COOL——基于龙门文化下的未来年轻力商业综合体设计

室内·联合毕业设计 6+

水韵楚心
——华为智联融创馆

水韵楚心——华为智联融创馆设计

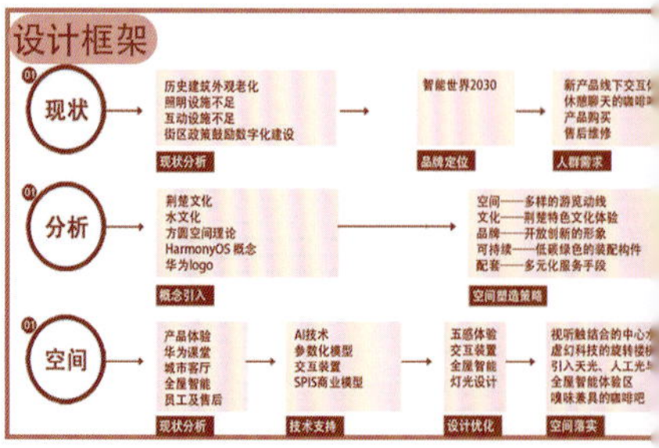

设计框架
现状
历史建筑外观老化
照明设施不足
互动设施不足
街区政策鼓励数字化建设
现状分析
智能世界2030
品牌定位
产品购买
售后维修
人群需求
分析
荆楚文化
水文化
方圆空间理论
HarmonyOS 概念
华为logo
概念引入
空间——多样的游览动线
文化——荆楚特色文化体验
品牌——开放创新的形象
可持续——低碳绿色的装配构件
配套——多元化服务手段
空间塑造策略
空间
产品体验
华为课堂
城市客厅
全屋智能
员工及售后
现状分析
AI技术
参数化模型
交互装置
SPIS商业模型
技术支持
五感体验
交互装置
全屋智能
灯光设计
设计优化
全屋智能体验区
空间落实

在未来城市化格局发生重大转变，项目概念以智能世界2030为出发点，对武汉市江汉路步行街中段钢框架结构建筑改造，HUAWEI未来旗舰店进行设计。充分应用荆楚之音、江河之水再造空间，以“万物互联”为理念，人与机器实现感知、情感的双向交互，平衡产品价值，打造非排他性的HUAWEI智能城市全民社交聚会精神场域。

SWOT 分析

Strengths

①外部因素：1.位置：历史沉淀厚重，商户众多。2.品牌理念：Make It Possible，延承了在通信设备领域创造的商誉，具有全球化网络优势、全球化运营能力和合作伙伴。

②内部因素：1.规模：场地共计两层，670.1㎡。2.配套设施：前端新品智能交互区、咖啡吧、智能家居、智慧屏等。3.仪式感：可触可感的设计，店面概念独立。

Opportunities

①外部因素：1.汉江路建设政策：实施智慧街区原则，数字化改造通过现代信息技术实现多业态的融合发展。

②内部因素：1.华为全球产业展望(GIV)，围绕智能世界2030为每个人、每个家庭、每个组织发掘新机会，创造关于未来的无限可能。

Weaknesses

①外部因素：1.市场环境：小米冲击智能家居和生态链产品，市场销费疲软。2.客源结构：但大多为大学生、游客、职场新人，普通消费水平。3.复购率：客群流动大，复购率不高。

②内部因素：1.内部管理：店面人员有限，导致客户没有人跟进和维护，从而导致客户流失。

Threats

①外部因素：人流过多，考虑限制客流进入与安全问题。

理念转化

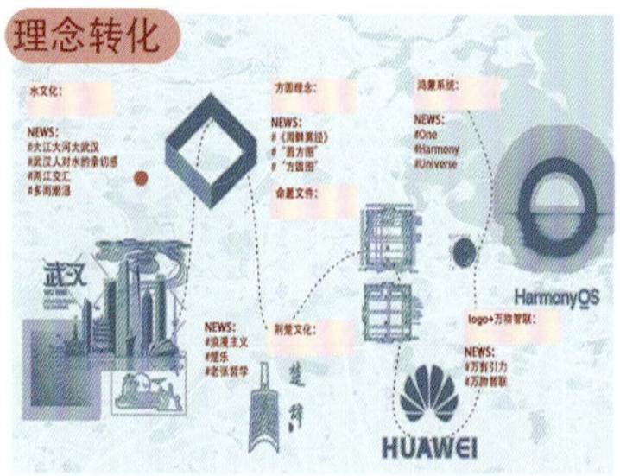

HarmonyOS
HUAWEI

设计灵感　设计元素

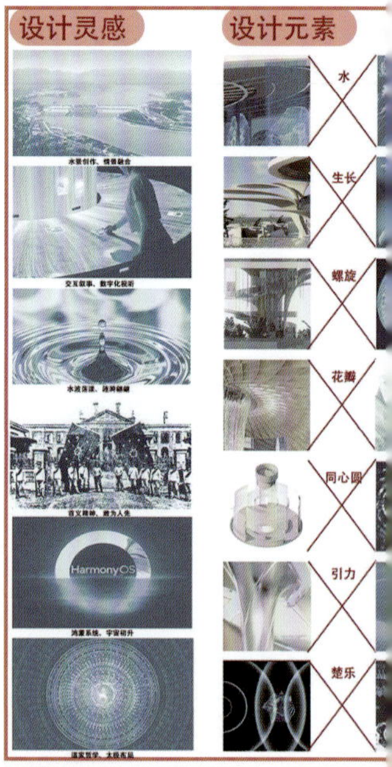

水
生长
螺旋
花瓣
同心圆
引力
楚乐

项目背景　历史变迁　前期分析

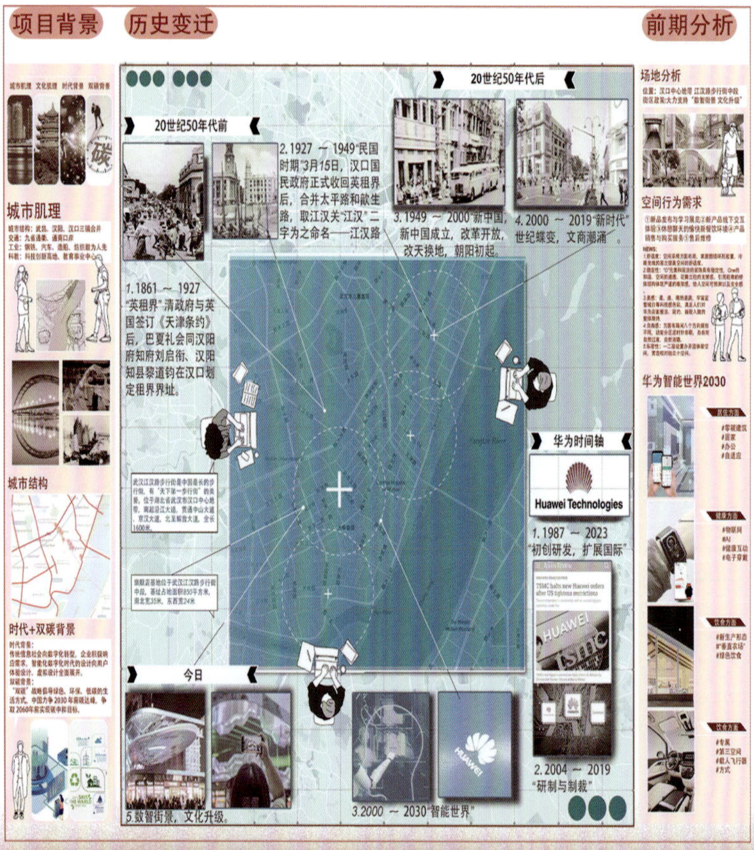

城市肌理
城市结构
时代+双碳背景
20世纪50年代前
2.1927 ～ 1949“民国时期”3月15日，汉口国民政府正式收回英租界后，合并太平路和歆生路，取江汉关“江汉”二字为之命名——江汉路
1.1861 ～ 1927 “英租界”清政府与英国签订《天津条约》后，巴夏礼会同汉阳府知府刘启衔、汉阳知县黎道钧在汉口划定租界界址。
20世纪50年代后
3.1949 ～ 2000“新中国”新中国成立，改革开放，改天换地，朝阳初起。
4.2000 ～ 2019“新时代”世纪蝶变，文商潮涌。
今日
5.数智街景，文化升级。
3.2000 ～ 2030“智能世界”
场地分析
空间行为需求
华为智能世界2030
华为时间轴
Huawei Technologies
1.1987 ～ 2023 “初创研发，扩展国际”
2.2004 ～ 2019 “研制与制裁”

平面图

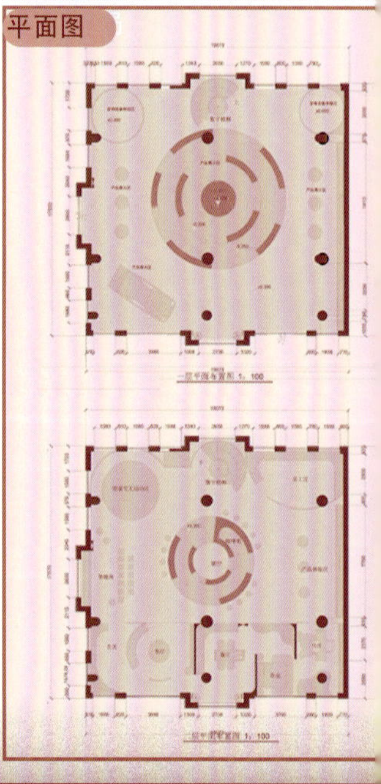

剖面图

天津美术学院

指导教师：孙 锦 孙奎利

作　　者：朱贤彤 张 晗 李唯铭

分析

N

分析

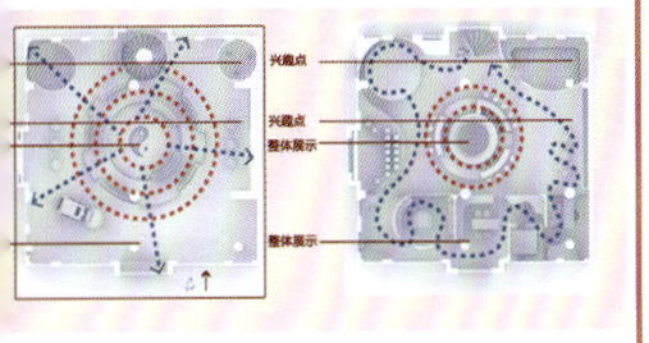

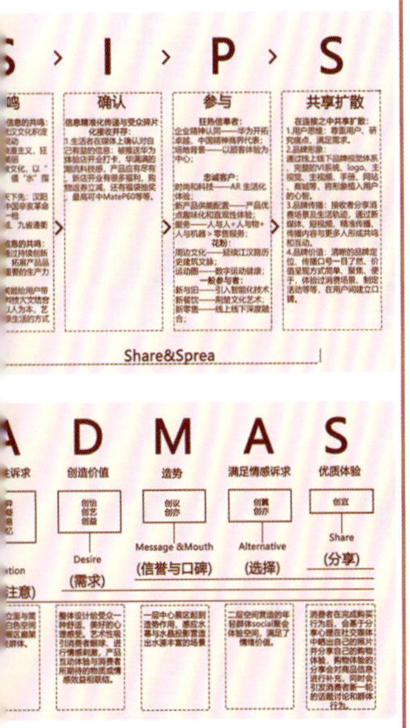
S › I › P › S
确认
参与
共享扩散
Share&Sprea
A D M A S
创造价值
造势
满足情感诉求
优质体验
Desire
(需求)
Message &Mouth
(信誉与口碑)
Alternative
(选择)
Share
(分享)

动线采用环形动线，以同心圆为形
可达性高，运用了新媒体传播学中
PS、ADMAS等模型为基础，整体展
于品牌形象输出与吸引观者目光，
中心作展示+体验兴趣点引起观者
与兴趣参与体验环节，空间中将盈
于最外围，最大动线满足商业空间
，在整个游览过程中加强游览人员
享情绪，达到分享——扩散——传
目的，以便形成循环。二层为环形
，如“旦”字，来源于HARMON-
鸿蒙初生之意。

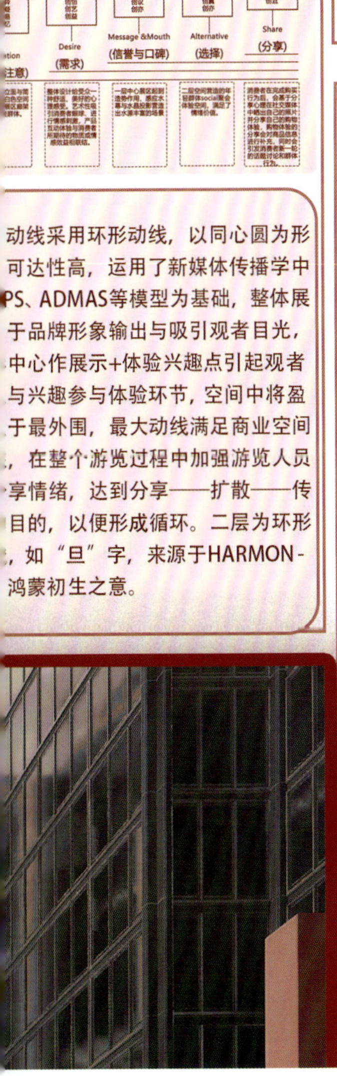

空间生成

一层人流动线：

①人流缓冲区——进入空间来到人群缓冲区，缓冲区可降低出入口人群密度，降低人群挤压、践踏风险。

②华为问界M9展区——位于入口左侧，展示华为汽车问界系列产品，向前可以到达智能产品展区。

③两仪中心展区——平面布局通过太极元素，以及道家学派中“道生一，一生二，二生三，三生万物”的宇宙观来设计，中部圆为一，阴阳为二，内圈展台为三，外圈展台以及周围功能区为万物，三代表三元。

④智能展区——展区左右各有三个圆形展台，展示华为手表、平板以及配件。

⑤楚乐体验区——游客可以体验智能音响设备，以及在此沉浸式体验楚乐，感受楚国800年历史。

⑥互动数字楼梯。

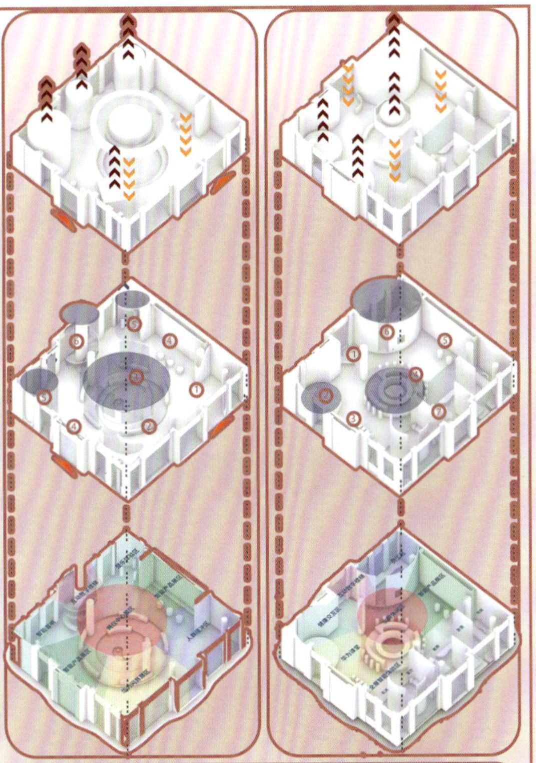

二层人流动线：

①互动数字楼梯——采用全息透明材质显示屏，再通用化设计的基础上进项在地形的楚地文化视觉设计展示，比如楚乐、黄鹤楼、革命精神等。②健康交互区——在此可结合华为手表智能健康进行身体状况的检测。③华为课堂——科举兴发布会、公开课、展览活动等。④水韵休闲区——集合社交、休闲、接待一体的室内水吧。⑤智能产品展区——相较一层智能展区更具智能屏的交互展示功能，代替了原旗舰店的灯箱功能，有智能中控随时变换。⑥员工区——以人为本的木调，舒适而安静。

爆炸图

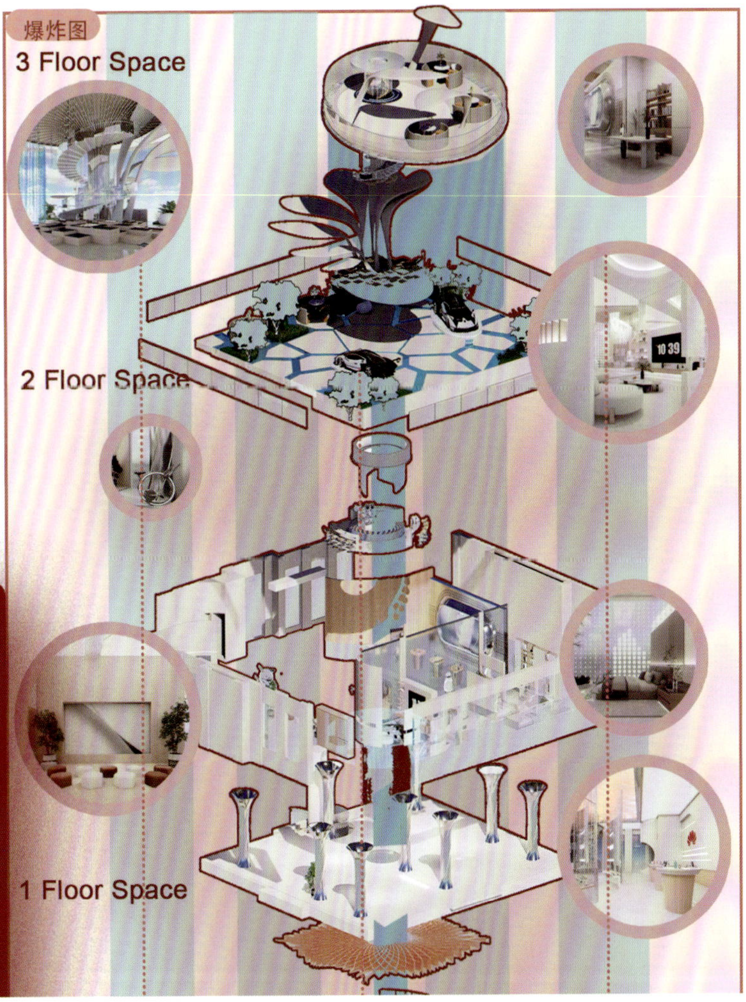
3 Floor Space
2 Floor Space
1 Floor Space

HUAWEI

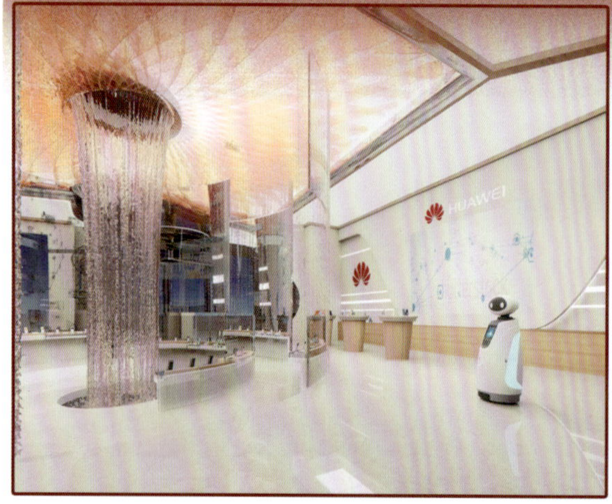
HUAWEI

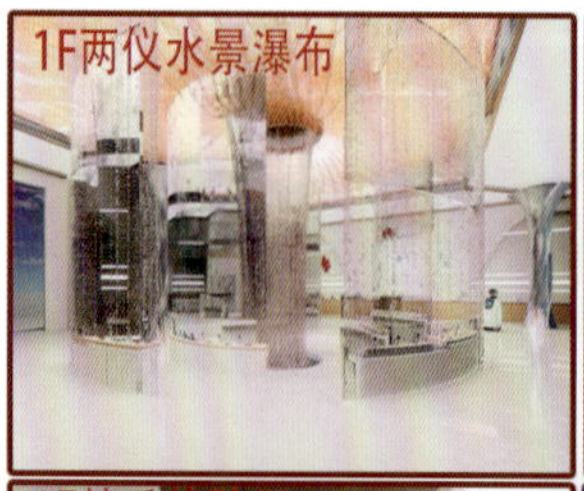
1F两仪水景瀑布

1F两仪瀑布内圈

2F水吧休闲区

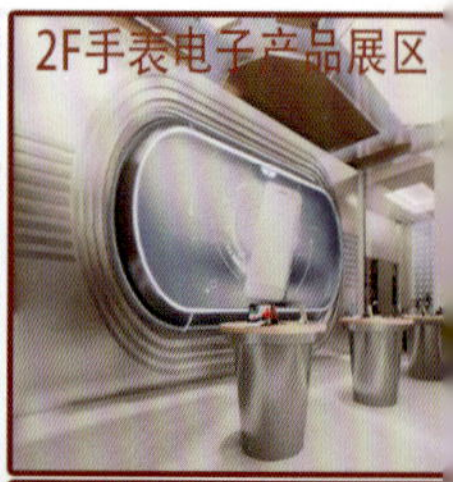
2F手表电子产品展区

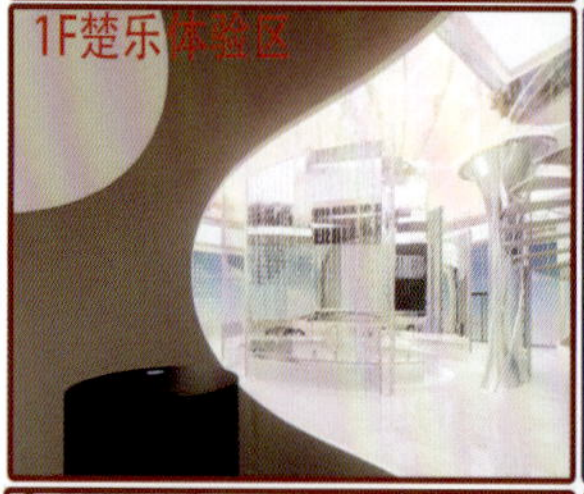
1F楚乐体验区

1F华为问界汽车展区

2F华为课堂

2F全屋智能-卧室

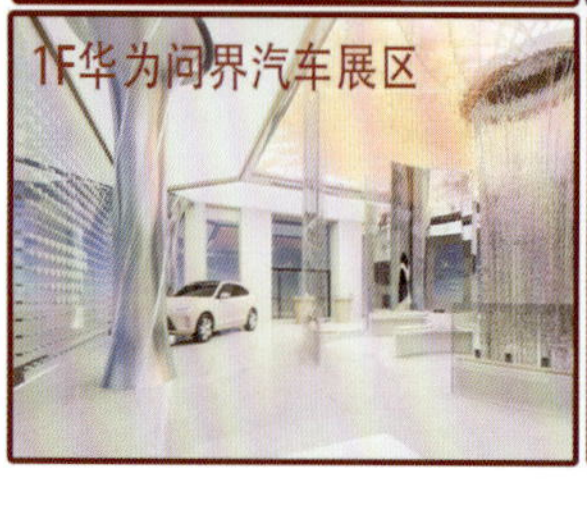
1F华为问界汽车展区

1F手表电子产品展区

2F全屋智能-客厅

2F员工区

WOW! HUAWEI
跃层水景
全新旗舰店

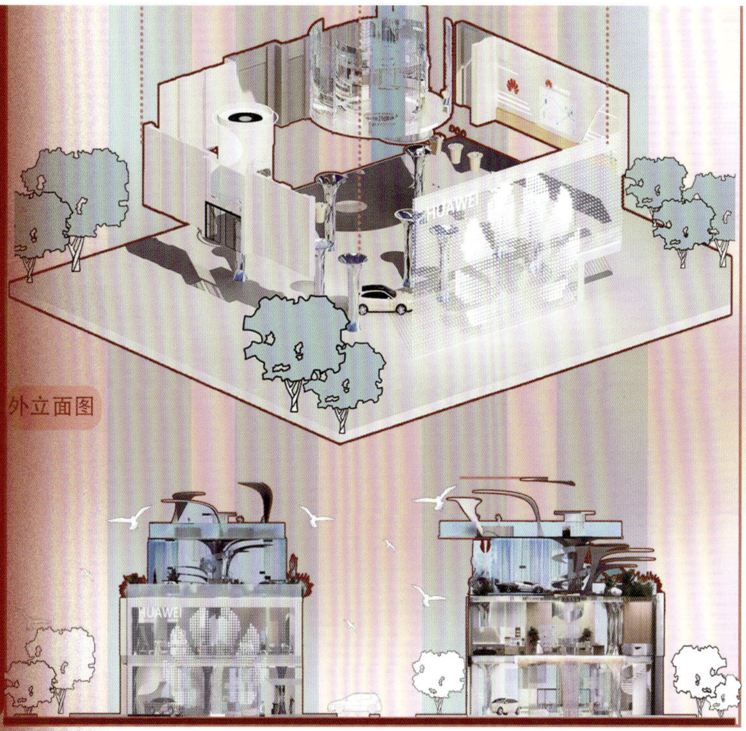
HUAWEI
外立面图

HUAWEI

水帘
3F楚史C型造型柱
休憩区
3F汽车智能展示区
阶梯坐台1
3F曲水阶梯坐台2

HUAWEI

山栖以市——公园式社区商业空间设计

前期分析

区位分析

建筑选址
住宅覆盖布局
交通覆盖布局
水系覆盖布局
绿地覆盖布局

选址位于中国天津市河西区的市级行政文化中心周围。位于乐园道与友谊路交叉口，西邻水晶宫饭店，北邻友谊商厦、旭光里、友谊楼社区、荔湾公寓，及众多幼儿园、中小学、酒店。东邻天津博物馆、天津科学技术馆、万象城。周围交通便利，紧邻公交车站、停车场和6号线地铁站。

现状调研

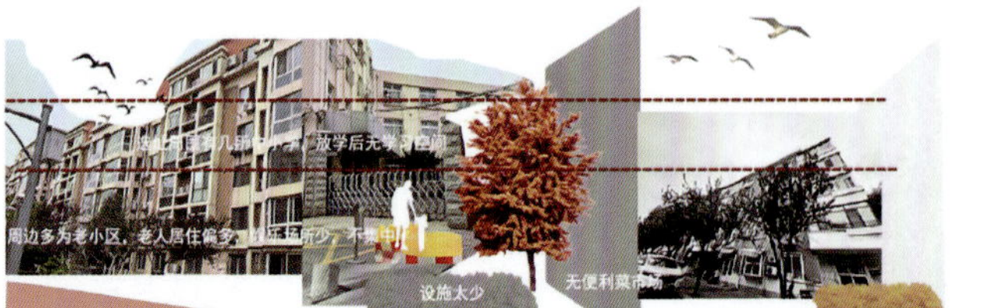

设施太少
无便利菜市场
市民广场可供休息休闲纳凉

效果展示

休闲广场

社区书房

天津美术学院

山栖以市

——公园式社区商业空间设计

指导教师：孙 锦 赵逎龙 刘 静
作 者：张雪丽 王馨爽 周柯儿 海 楠

设计说明

本作品以“人文关怀”为核心概念，打造了一个公园式社区的智慧商业空间，以社区为基本活动区域发展产生的商业形态，通过各业态与服务功能的组合，为社区居民提供日常生活必需品与服务，主要特点以多元化、民生性为主。

通过变形与重组的设计手法创造了多层次的建筑外观，同时汲取了天津海河的传统文化元素，将其融入到室内空间设计与装置中，增加趣味性。

设计构思

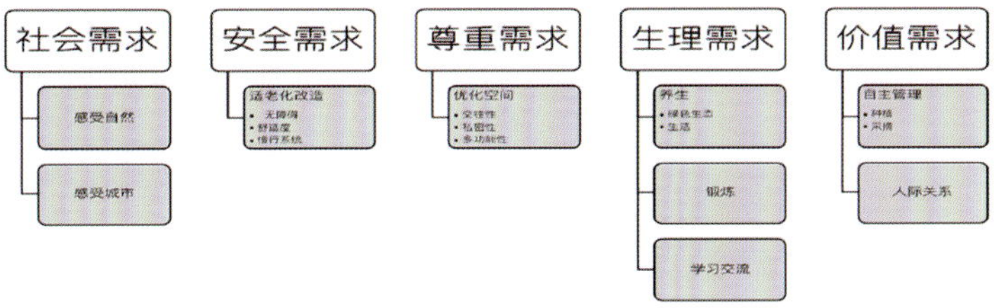
社会需求
感受自然
感受城市
安全需求
适老化改造
尊重需求
优化空间
生理需求
养生
锻炼
学习交流
价值需求
自主管理
人际关系

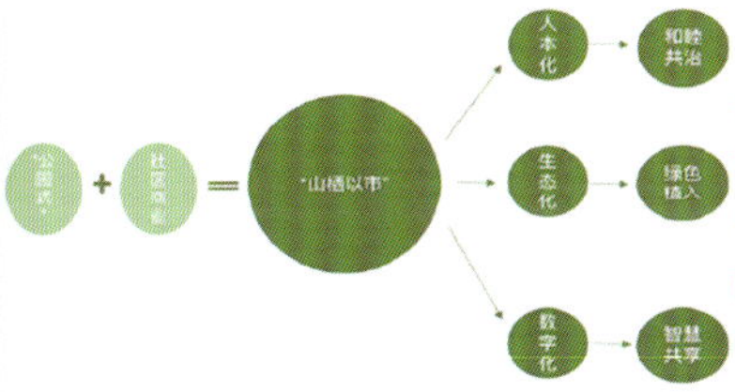
“山栖以市”
人本化
和睦共治
生态化
绿色植入
数字化
智慧共享

将“社区+公园+商业”的“3+”多元化模式贯彻到整个设计方案当中，从分析问题到解决问题的导向中总结了五个需求，我们以“社区客厅”为中心进行功能辐射，涵盖七个方面的功能，同时将新型综合服务业态与智能化运作模式作为设计的创新点。

方案分析

平面布局

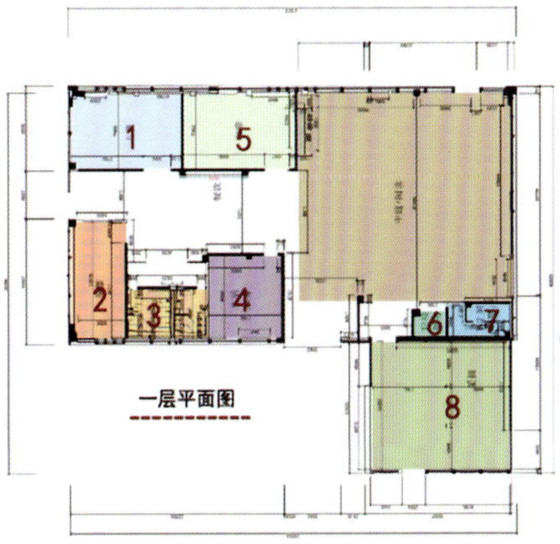
1
5
2
3
4
6
7
8
一层平面图

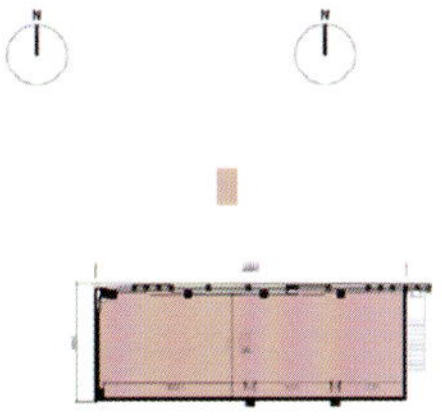
二层平面图

室外娱乐区

社区廊架连接

室内咖啡厅

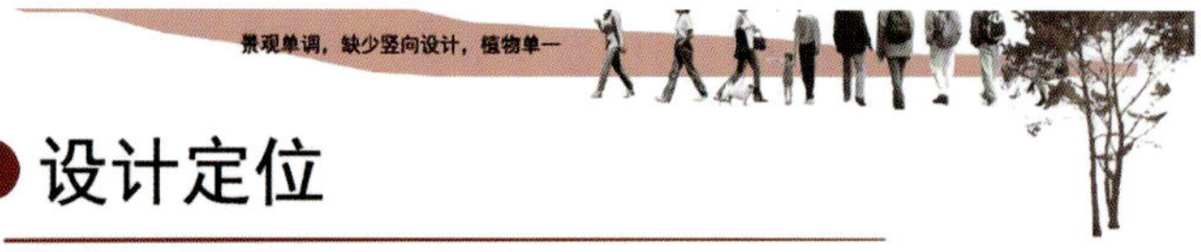
景观单调，缺少竖向设计，植物单一

设计定位

人群需求

不同时间段人群活动需求分析

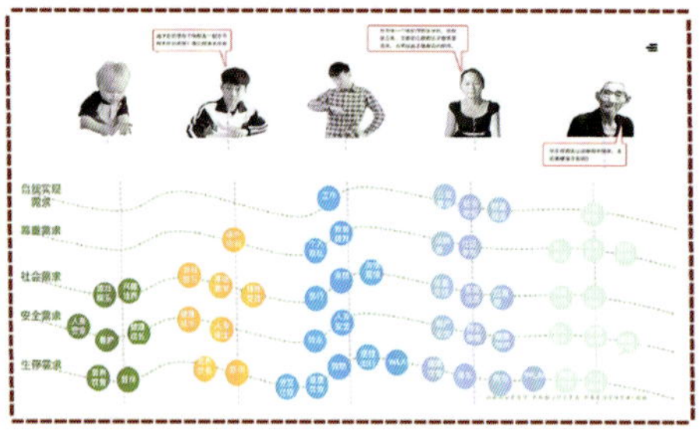

功能需求

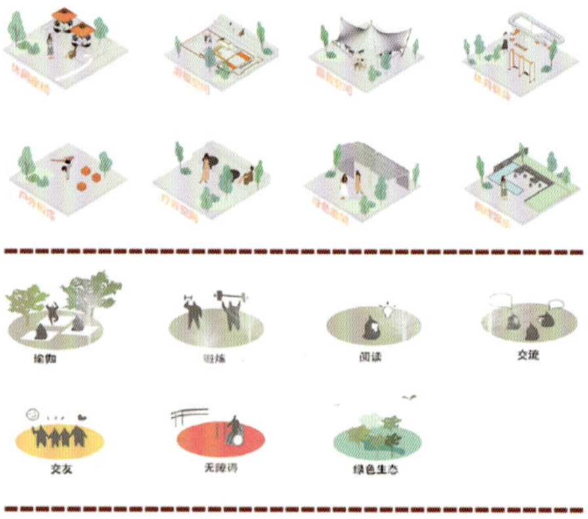
锻炼
阅读
交流
交友
绿色生态

材质色彩

1. 木材
2. 青瓦
3. 植物
4. 钢化玻璃
5. 石材
6. 混凝土
7. 鹅卵石
8. 软装布料

竖向分析图

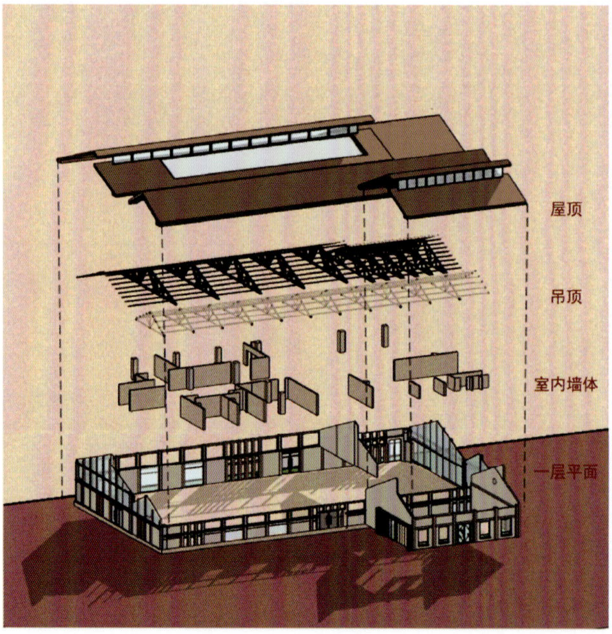
屋顶
吊顶
室内墙体
一层平面

24小时服务中心

儿童娱乐

共享空间

云种植

室内瑜伽空间

服务区节点

服务区节点

绘画区节点

绘本阅读区

二层共享空间

室内咖啡厅

蔬菜售卖节点

种植温室

廊架结构
室外娱乐
自由组合
座椅区域
休闲广场

总平面布置效果图

1 儿童娱乐　3 卫生间　5 餐饮区　7 母婴室

2 室内瑜伽　4 24H服务　6 轮椅服务　8 云种植

植物选择

细叶丝兰

石楠

大叶黄杨叶

海棠

松树

智慧社区服务APP设计

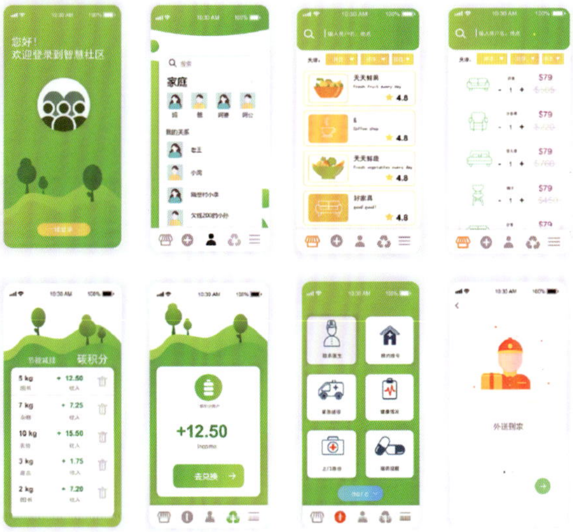
您好！
欢迎登录到智慧社区
家庭
碳积分
+12.50

立面效果图

南立面效果图

东立面效果图

『四年八季』——叙事性校园通信服务厅数字化互动设计

● 故事线模块展示

《一年级》

一年级代表了大学的第一年，也是综艺赋能校园营业厅的开端，里面具备售卖、展陈等功能。学生进入营业厅首先接触的是前台，前台亦是讲台，象征着大学生活的开始。

一层平面

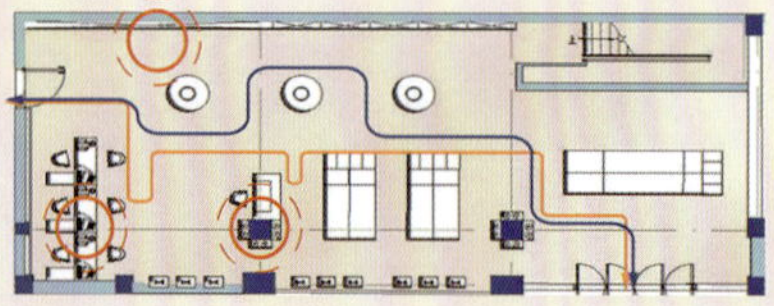

《汉语桥》

从一年级过渡到《汉语桥》，是“经历一年磨砺之后内心
进而走到了桥这一分水岭。同时，二层也是会议学习的地方，
用者可以根据不同的需求进行模块空间的改变，进而进行使用

二层平面

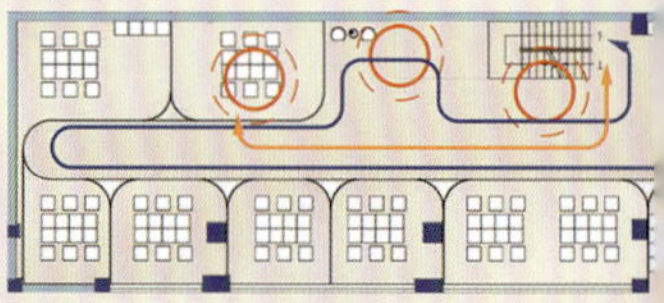

故事节点
办理业务流线
浏览流线
自助服务区域
办公区域
私密会议区域

河北工业大学

指导教师：张金勇　刘辛夷　郭笑梅

作　者：任富轩　高琪语　林　謇　何嘉雯

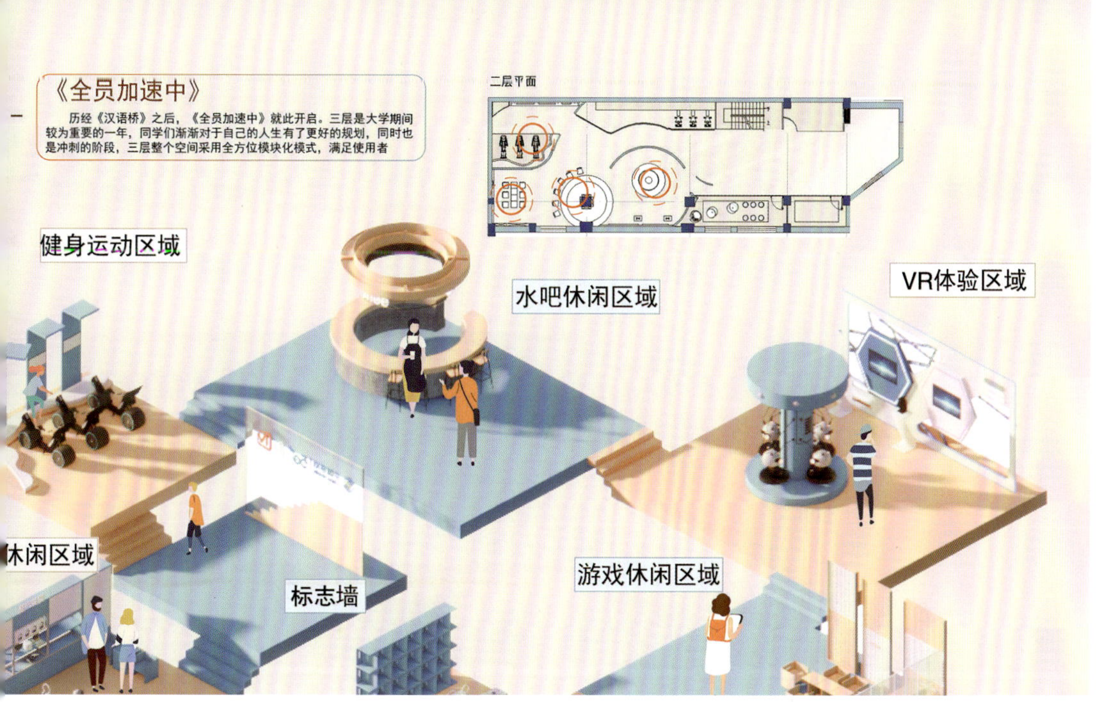
《全员加速中》
历经《汉语桥》之后，《全员加速中》就此开启。三层是大学期间较为重要的一年，同学们渐渐对于自己的人生有了更好的规划，同时也是冲刺的阶段，三层整个空间采用全方位模块化模式，满足使用者
二层平面
健身运动区域
水吧休闲区域
VR体验区域
休闲区域
标志墙
游戏休闲区域

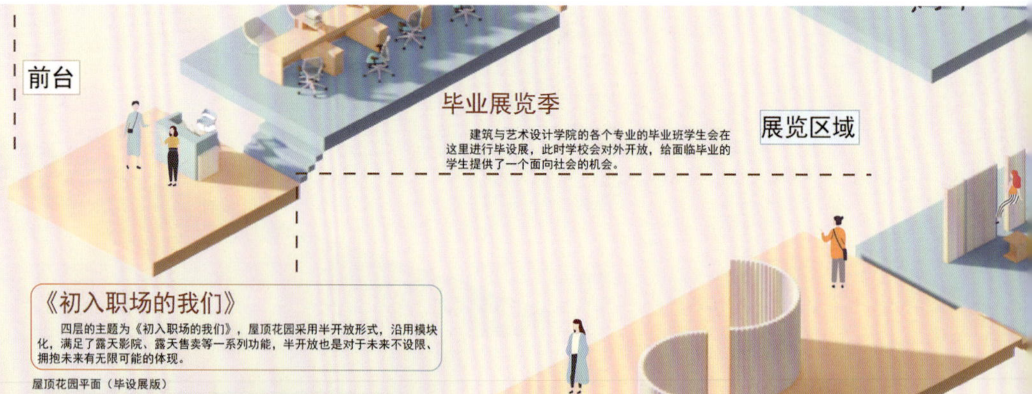
前台
展览区域
学习区域

毕业展览季

建筑与艺术设计学院的各个专业的毕业班学生会在这里进行毕设展，此时学校会对外开放，给面临毕业的学生提供了一个面向社会的机会。

《初入职场的我们》

四层的主题为《初入职场的我们》，屋顶花园采用半开放形式，沿用模块化，满足了露天影院、露天售卖等一系列功能，半开放也是对于未来不设限、拥抱未来有无限可能的体现。

屋顶花园平面（毕设展版）

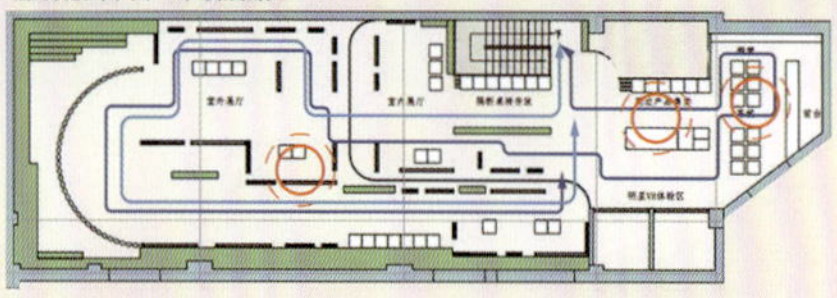

爆炸图

二层

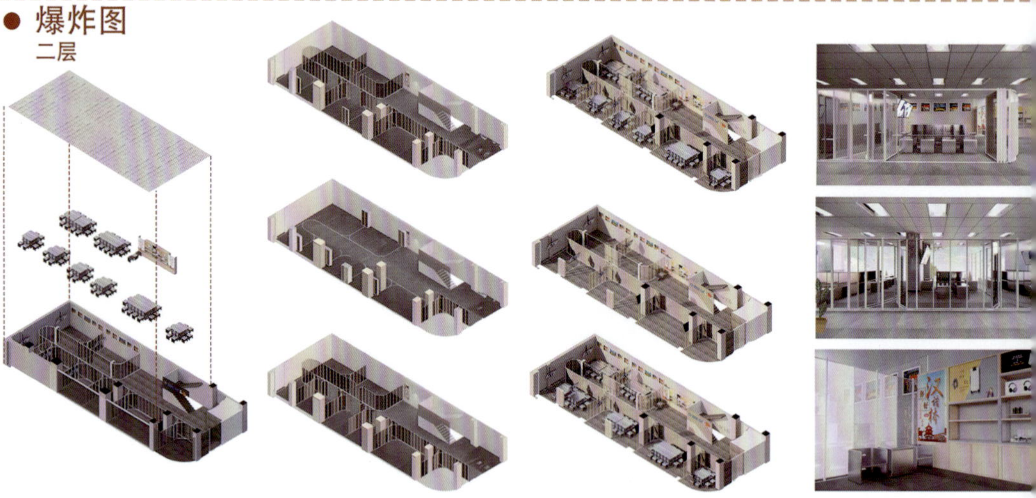

剖切图

毕业
节
日常
商品

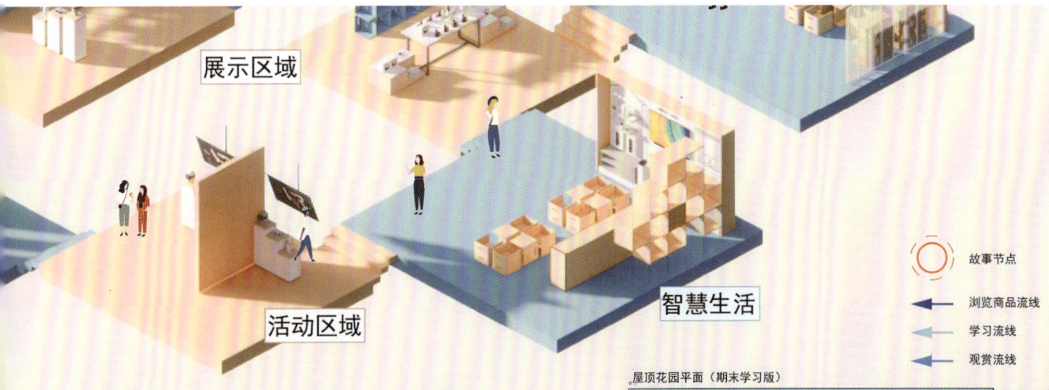
展示区域
活动区域
智慧生活
故事节点
浏览商品流线
学习流线
观赏流线

屋顶花园平面（期末学习版）

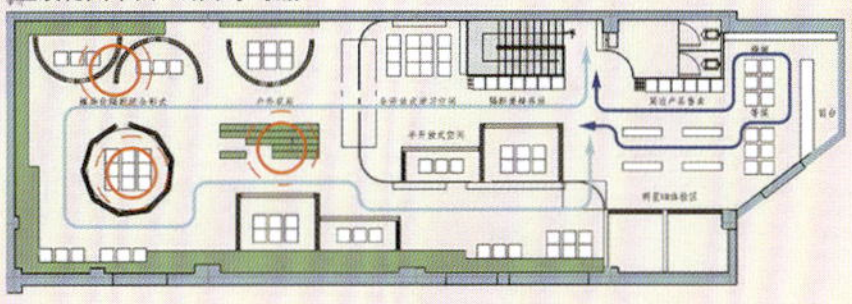

利用屏风组合形成私密的学习区域或者学习讨论区域，给学生提供更好更舒适的学习环境。

屋顶花园

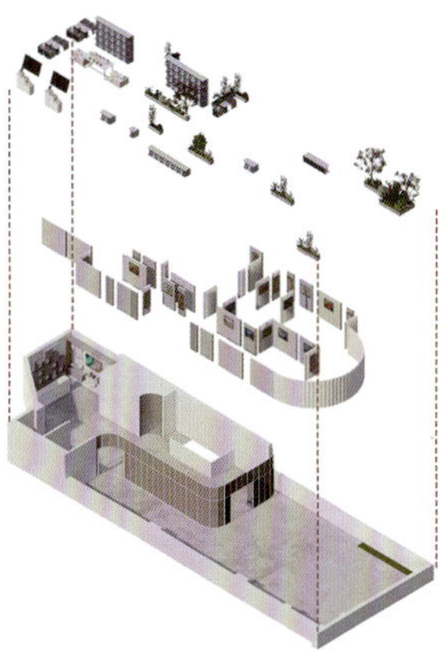

效果图

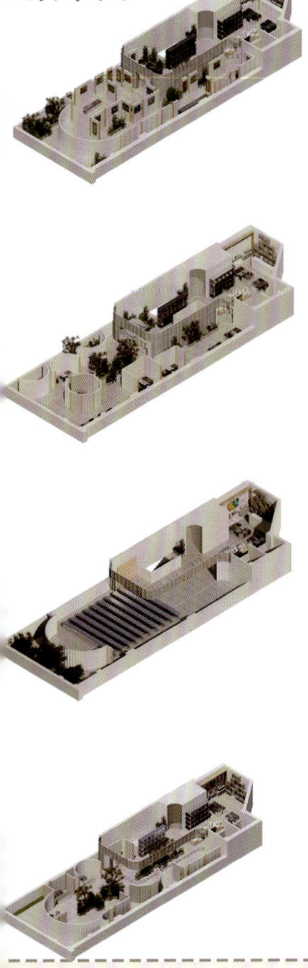

『Shapes 万物』——基于数字化与智慧生活主题的校园综合服务厅设计

12.室内节点

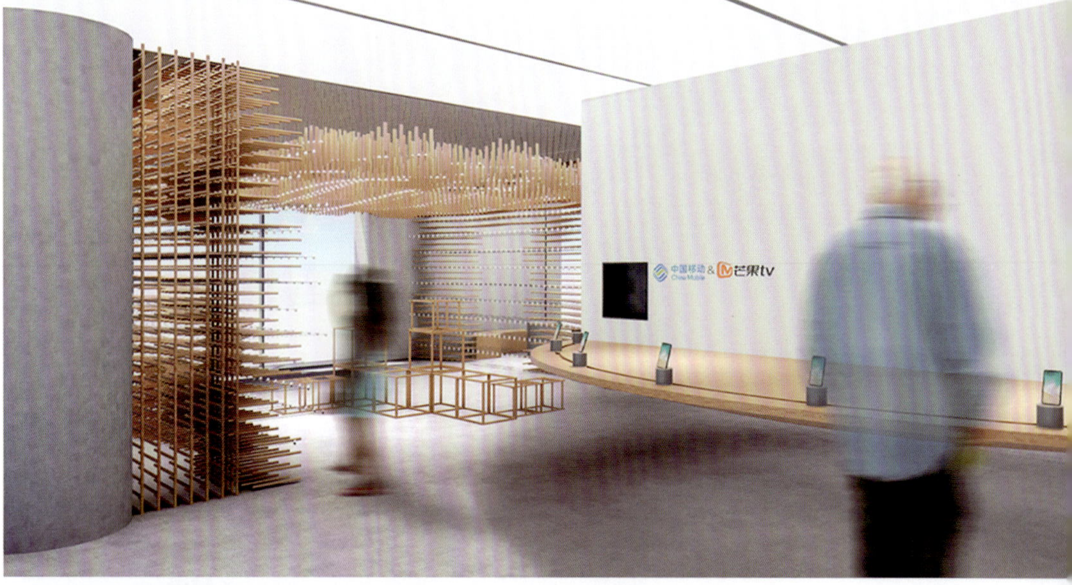
中国移动 & 芒果tv

5G
中国移动
China Mobile

虚拟体验空间

中国移动 &

MANGO · CHINA MOBILE
MANGO
ZAI

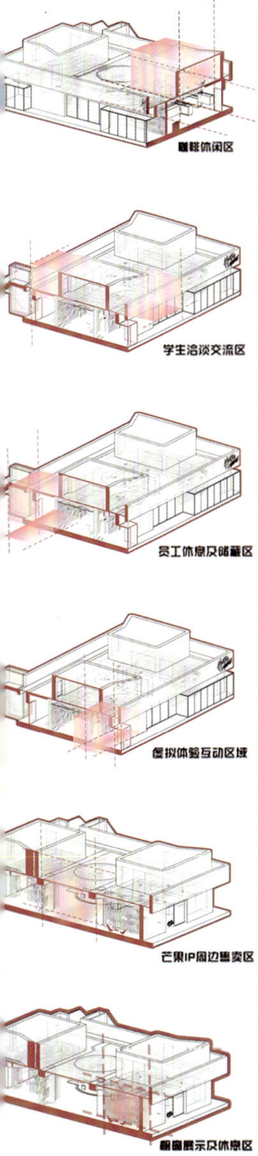
餐饮休闲区
学生洽谈交流区
员工休息及储藏区
虚拟体验互动区域
芒果IP周边售卖区
橱窗展示及休息区

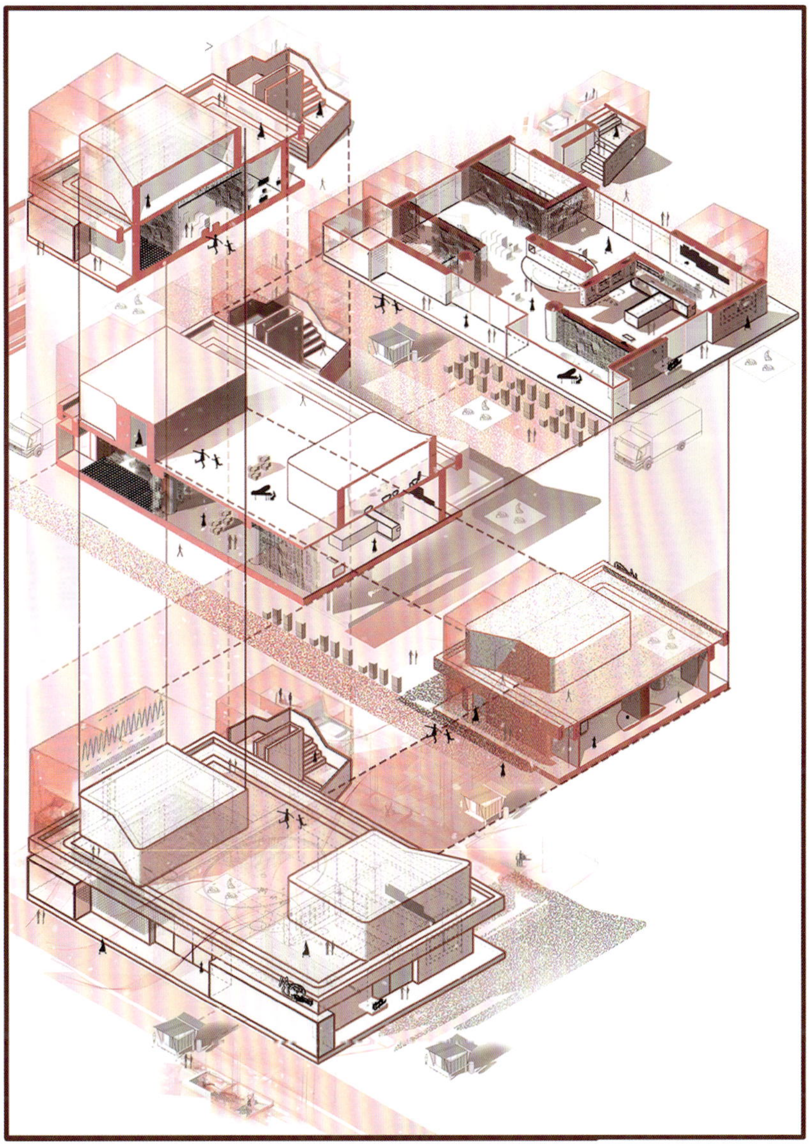

山东建筑大学

指导教师：马品磊　王宏飞

作　者：周德泉　聂钿林　张艺璘　王嘉彤

14.芒果IP设计

MANGO
ZAI!
逃离焦虑
适当摆烂
MANGO
ZAI
尽情放松
#JUST RELAX
SINGER
MANGGUO ZAI
正视
侧视
背视
MUSICIAN
MYSTERY

16.虚拟空间设计

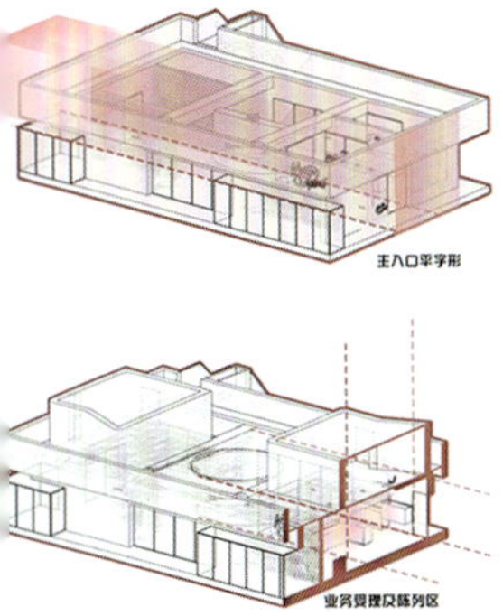

业务受理及陈列区

MANGO
ZAI
中国移动 & 芒果tv

5.用户界面设计

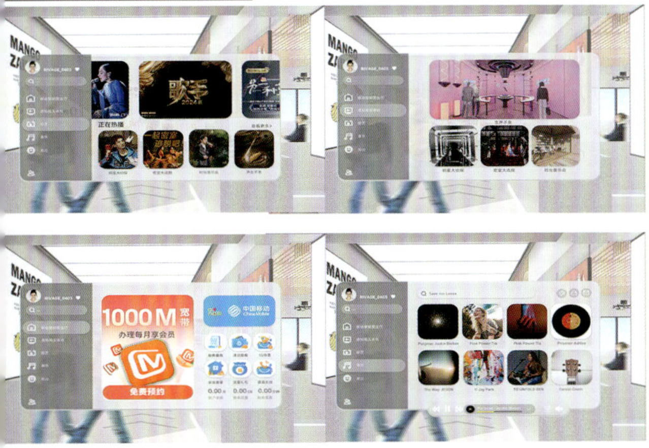

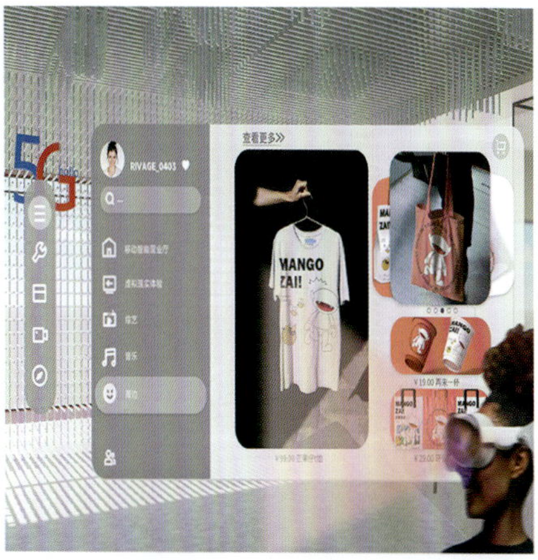

MANGO
(2024)
#开心一刻
ZAI
ALWAYS HAPPY
ALWAYS LUCKY
ALWAYS BELIEVE YOURSELF
MANGO ZAI

MANGO
ZAI!

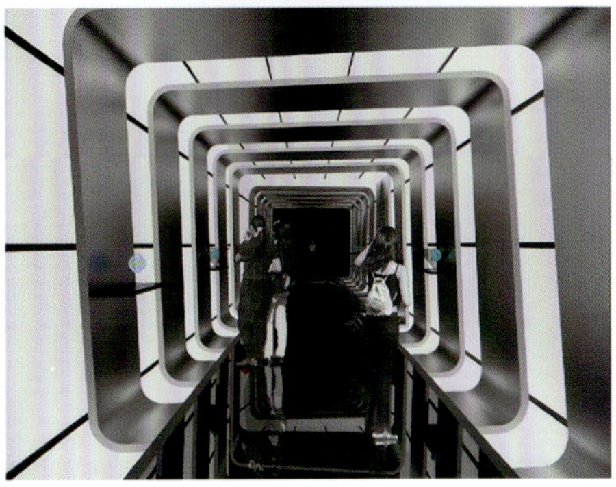

未来数字化商业生活智慧中心设计——以上海青年城项目设计为例

空间推导

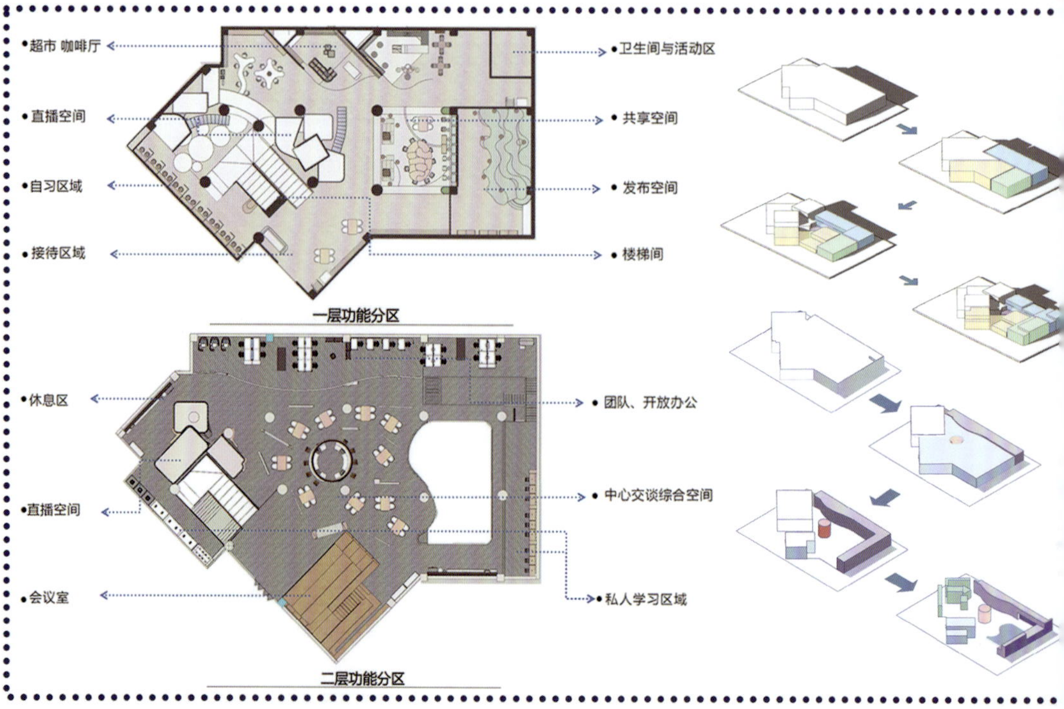

超市 咖啡厅
直播空间
自习区域
接待区域
卫生间与活动区
共享空间
发布空间
楼梯间
一层功能分区
休息区
直播空间
会议室
团队、开放办公
中心交谈综合空间
私人学习区域
二层功能分区

指导教师：任永刚 韩 冰
作 者：王天明 尚子晴 杨静涵 侯雨辰

设计说明

青年城的设计主要服务于人们的工作、购物、休闲方面的需求。通过数字化技术实现智能化管理和运营，提供个性化定制服务，优化用户体验，提高工 作效率和生活质量。

此外，青年城的设计将数字化智慧化融入其中，全方位打造数字的、智能的可持续发展的、人文的青年活动社区，满足社区成员们对高品质商业生活的需求，推动商业领域向更智能、便捷、可持续发展的方向迈进。

流动线

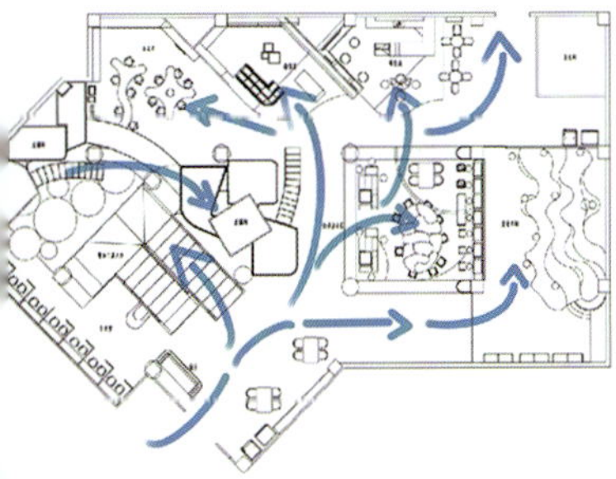

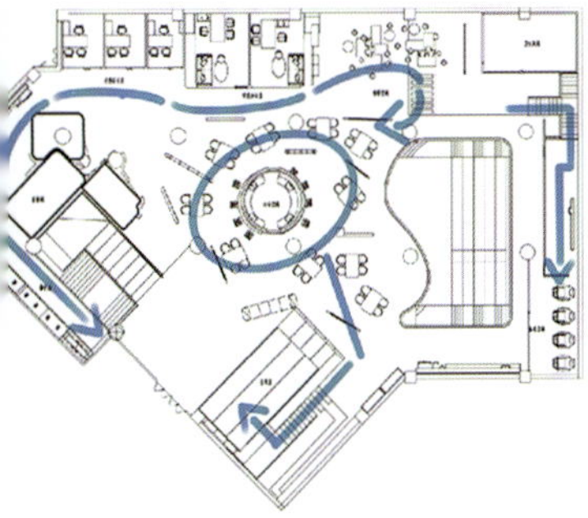

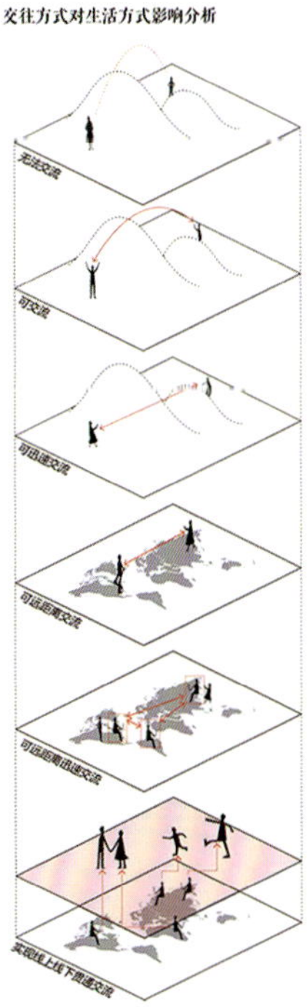
交往方式对生活方式影响分析
无法交流
可交流
可迅速交流
可远距离交流
可远距离迅速交流
实现线上线下贯通交流

交流 探讨与学习
休闲 个性的发展
学习 举办讲座
放松 娱乐活动
超越需要：帮助他人自我实现
自我实现：学习，灵感，潜能
团体认可
社会需要：休闲，娱乐，生活，运动，展览
安全感：保障，秩序，界限
基本需求：衣食住行

自定义直播间

直播空间风格意向图，用于展示各个不同用途的直播间氛围感受。运用数字化技术为直播者呈现更多空间质感与可能性。

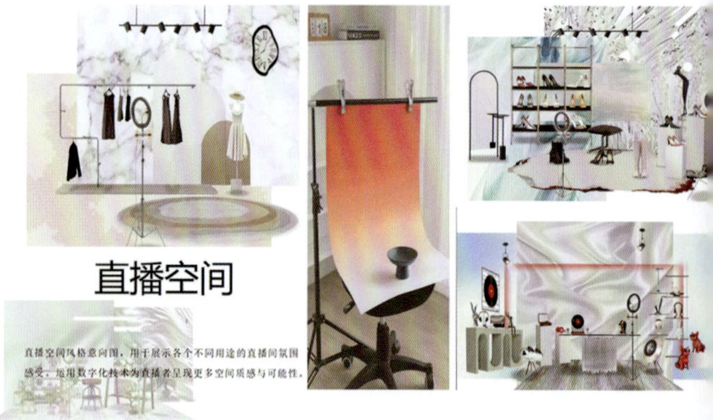
直播空间
直播空间风格意向图，用于展示各个不同用途的直播间氛围感受。运用数字化技术为直播者呈现更多空间质感与可能性。

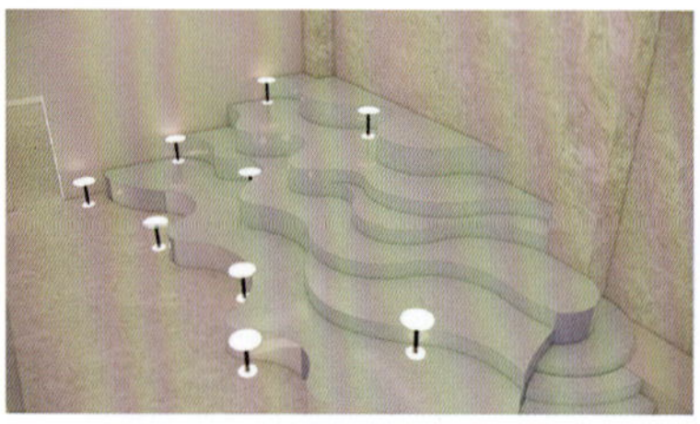

02

智能化APP

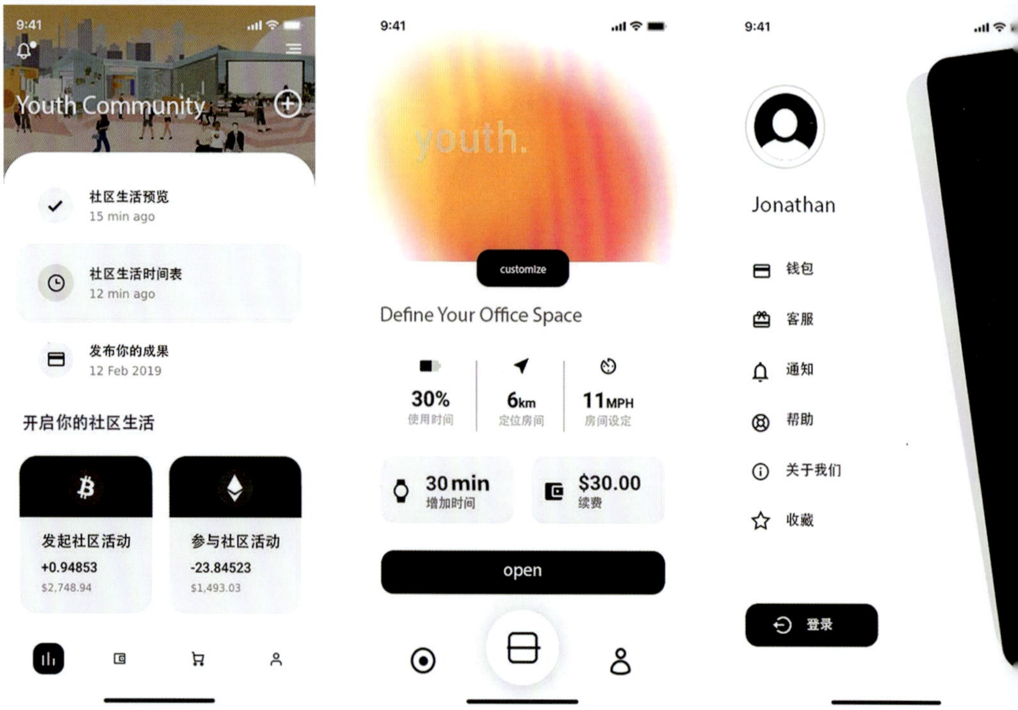
9:41
Youth Community
社区生活预览
15 min ago
社区生活时间表
12 min ago
发布你的成果
12 Feb 2019
开启你的社区生活
发起社区活动
+0.94853
$2,748.94
参与社区活动
-23.84523
$1,493.03
9:41
youth.
customize
Define Your Office Space
30%
使用时间
6km
定位房间
11MPH
房间设定
30min
增加时间
$30.00
续费
open
9:41
Jonathan
钱包
客服
通知
帮助
关于我们
收藏
登录

布空间

青年城的发布空间经过精心设计，旨在为大学生创业者和各类创新项目提供一个高效、现代的展示平台。该空间具有多功能性，可灵活转换用于产品发布、创业路演和新闻发布会等多种活动。配备高清显示屏、专业音响设备和智能照明系统，并提供高速互联网接入和直播设备，确保展示效果清晰震撼，支持线上线下同步发布。互动展示区通过触摸屏和虚拟现实（VR）设备增加参与感，布局灵活，可根据需求调整。专业技术支持团队和活动策划团队全程服务，现代化设计风格简洁大气，提升活动品质和品牌形象。总体而言，青年城的发布空间集多功能性、先进技术、互动体验和灵活布局于一体，为各类发布活动提供全方位支持，助力创业者和创新项目获得更大关注和成功。

DIRECT
SEEDING

窟 COOL——基于龙门文化下的未来年轻力商业综合体设计

GROTTO COOL
设计说明：本次设计是基于对未来商业综合体的畅想，基于对洛阳龙门文化的理解加入随机互动模式的未来青年商业综合体设计。希望通过本次设计向大家传递中原地区的向心力、精神力，让美和力量延续下去。

背景

现状分析

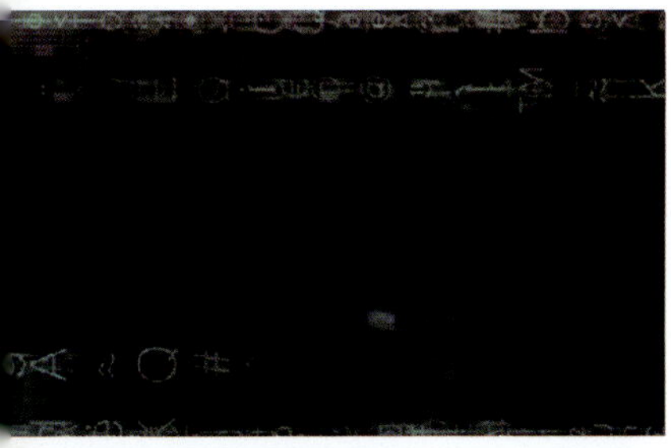

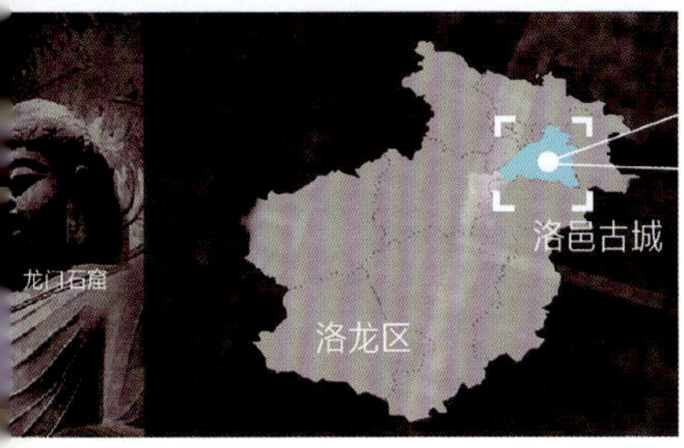

洛邑古城
龙门石窟
洛龙区

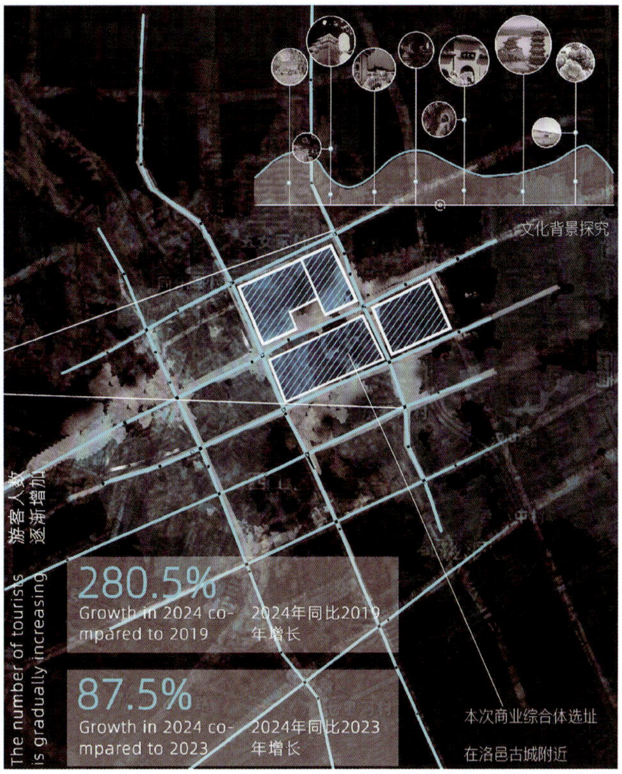

文化背景探究
游客人数逐渐增加
The number of tourists is gradually increasing
280.5%
Growth in 2024 compared to 2019
2024年同比2019年增长
87.5%
Growth in 2024 compared to 2023
2024年同比2023年增长
本次商业综合体选址
在洛邑古城附近

洛阳市旅游资源丰富，文化资源丰富，其龙门石窟艺术呈现出了中国化的趋势是中国石窟艺术"里程碑"

行为活动探究

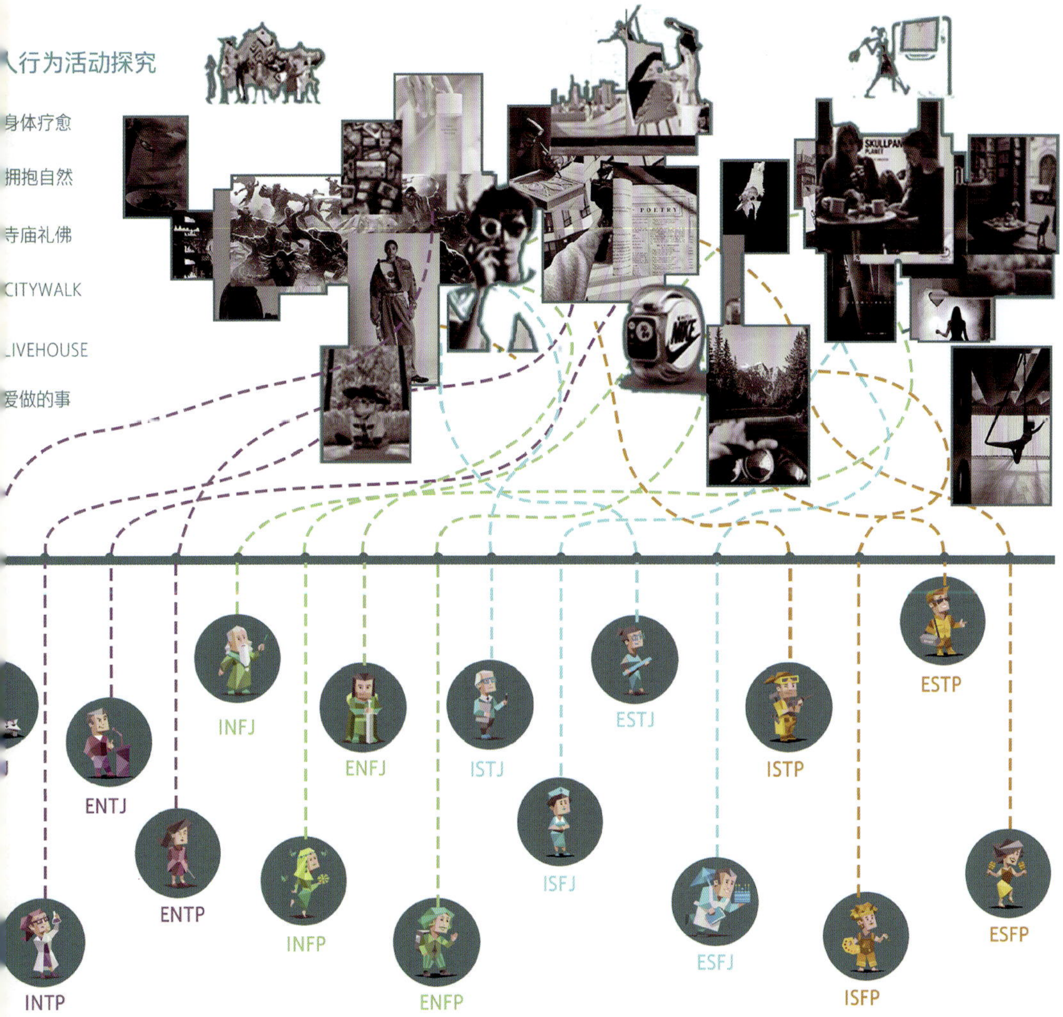

身体疗愈
拥抱自然
寺庙礼佛
CITYWALK
LIVEHOUSE
爱做的事
INTP
ENTJ
ENTP
INFJ
INFP
ENFJ
ENFP
ISTJ
ISFJ
ESTJ
ESFJ
ISTP
ISFP
ESTP
ESFP

河南工业大学

指导教师：张翼明 魏强 周梦
作者：苏琪涵 许轩萌 杨森

设计策略

痛点分析

商业综合体在未来如何吸引消费者呢？

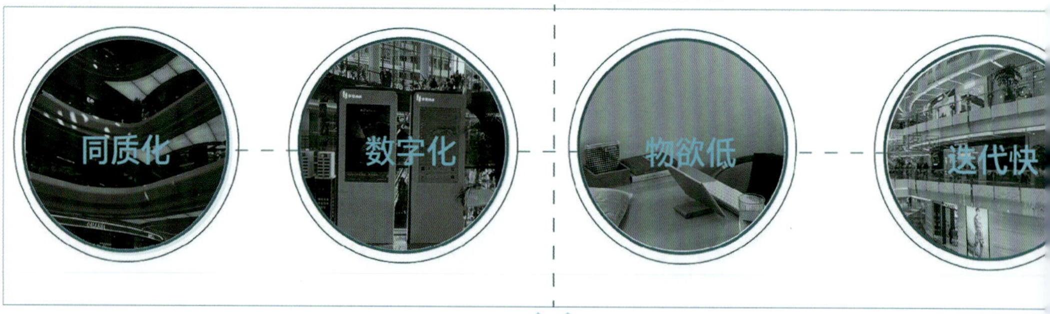

同质化
数字化
物欲低
迭代快

设计策略

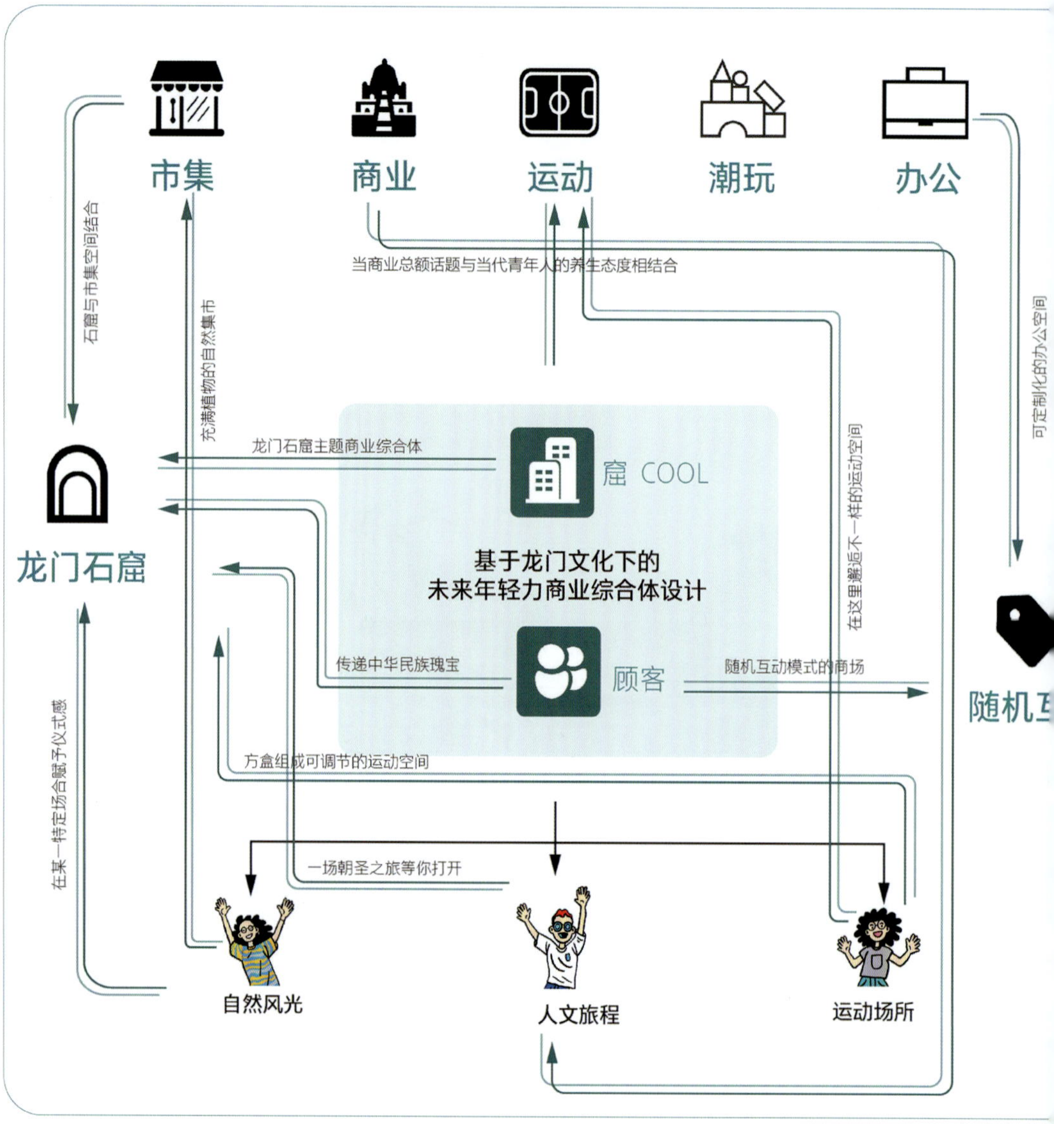

市集
商业
运动
潮玩
办公
当商业总额话题与当代青年人的养生态度相结合
石窟与市集空间结合
充满植物的自然集市
可定制化的办公空间
在这里邂逅不一样的运动空间
龙门石窟主题商业综合体
窟 COOL
基于龙门文化下的
未来年轻力商业综合体设计
龙门石窟
传递中华民族瑰宝
顾客
随机互动模式的商场
随机互
方盒组成可调节的运动空间
在某一特定场合赋予仪式感
一场朝圣之旅等你打开
自然风光
人文旅程
运动场所

设计突破点

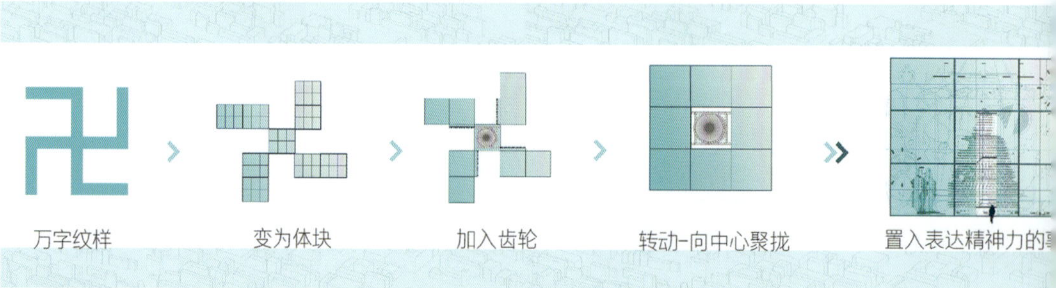

万字纹样
变为体块
加入齿轮
转动-向中心聚拢
置入表达精神力的

立面爆炸图

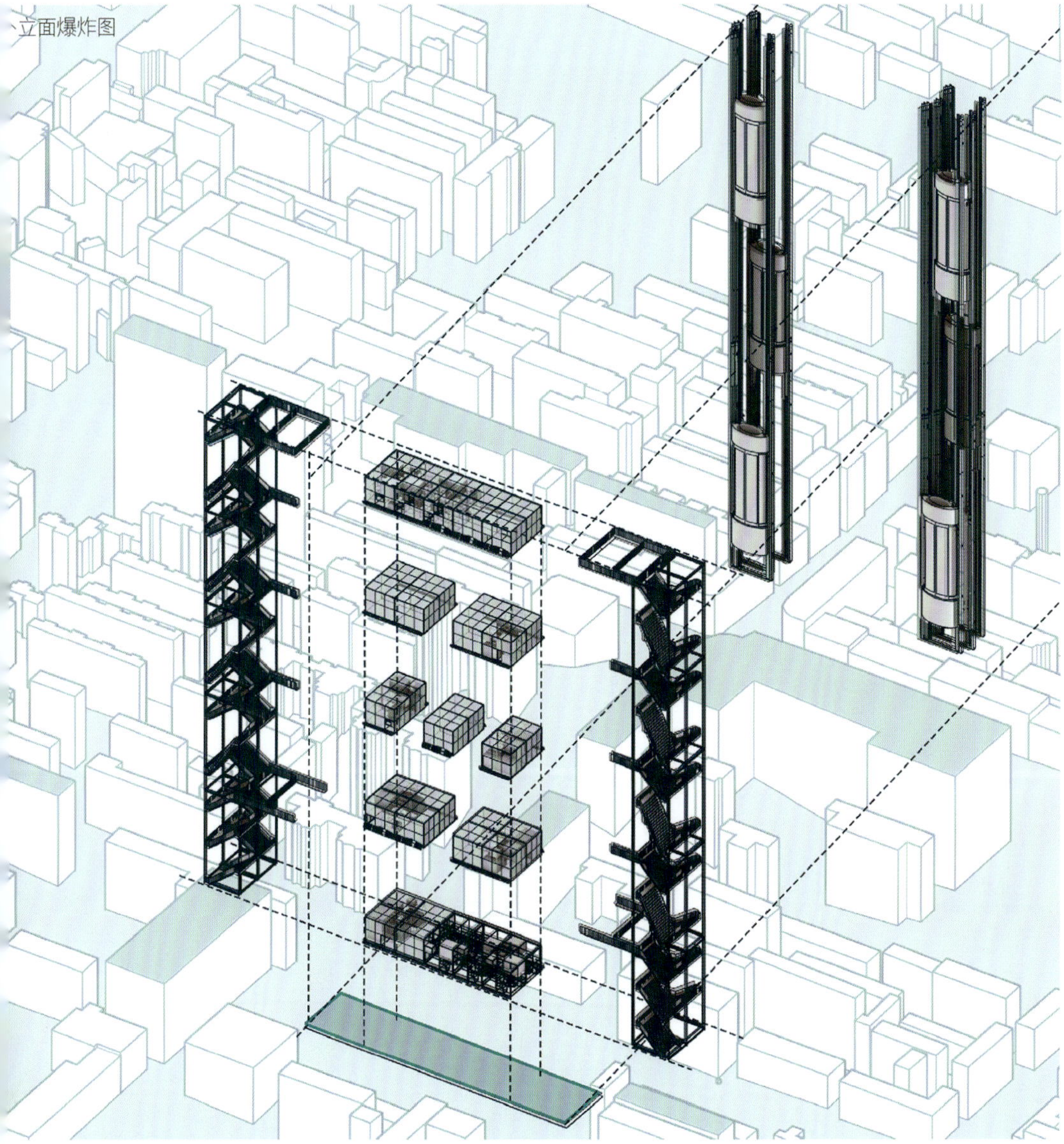

推演

推演

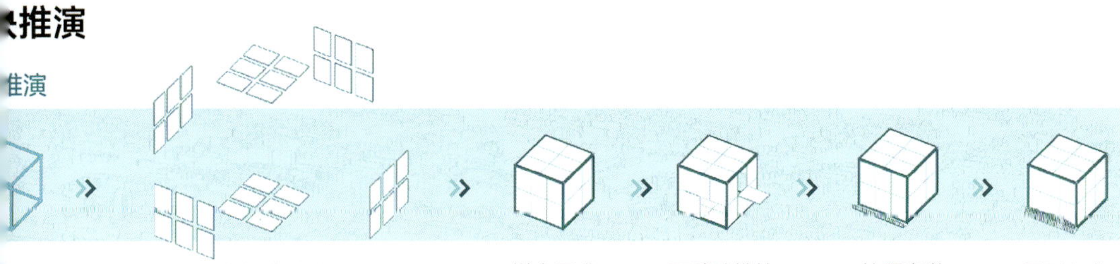

框架
模块化玻璃面
拼合而成
可移动推拉
外置廊道
异形廊道

生成

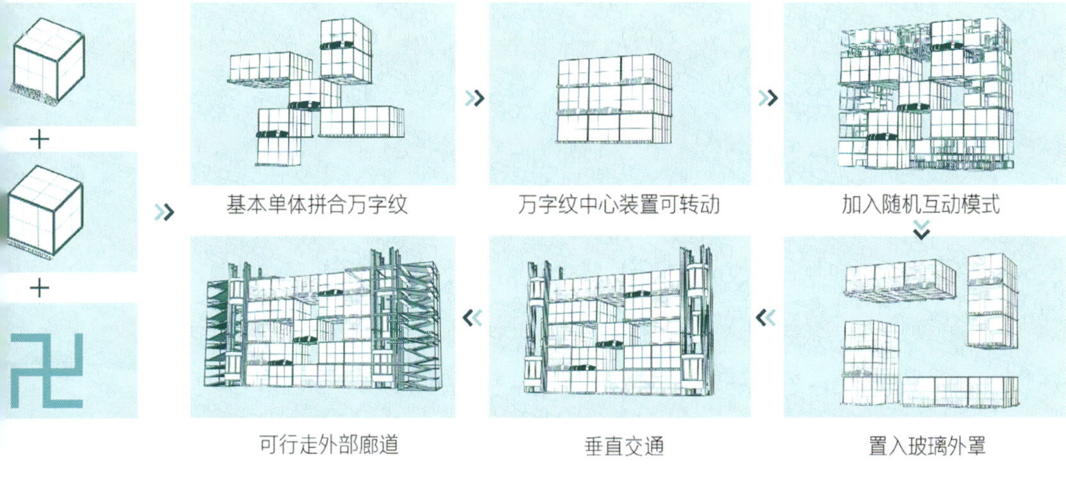

基本单体拼合万字纹
万字纹中心装置可转动
加入随机互动模式
置入玻璃外罩
垂直交通
可行走外部廊道

5

华东区

参加院校：苏州大学、上海理工大学、南京林业大学、苏州科技大学、上海视觉艺术学院、鲁迅美术学院、合肥工业大学、四川大学、江南大学、齐鲁工业大学

命题单位：深圳市中装建设集团股份有限公司

联合主办单位：江南大学、南京林业大学、上海视觉艺术学院、江苏省室内设计学会

华东区作品

上海视觉艺术学院

未来智造奥德赛——基于工业 5.0 理念的未来工厂空间研究

鲁迅美术学院

拓香 · 萃意——沉浸“自然”的咖啡“博物馆”工坊设计

合肥工业大学

咖啡工坊——人工智能背景下的苏州旧厂房商业改造展示设计

四川大学

咖啡游迹——苏州工业园区咖啡文化体验空间设计

江南大学

“南柯一梦”——昆剧叙事转译与咖啡烘焙工厂室内设计

南京林业大学

融圈 · 邻聚——渭河社区中心公共空间改造设计

江南大学

咖啡烘焙工厂参数化室内设计研究

齐鲁工业大学

望向潜窗中——东南 · 邻里茂社区中心智慧型商业空间环境设计

未来智造奥德赛——基于工业5.0理念的未来工厂空间研究

生产空间

传统化生产
智能化生产B

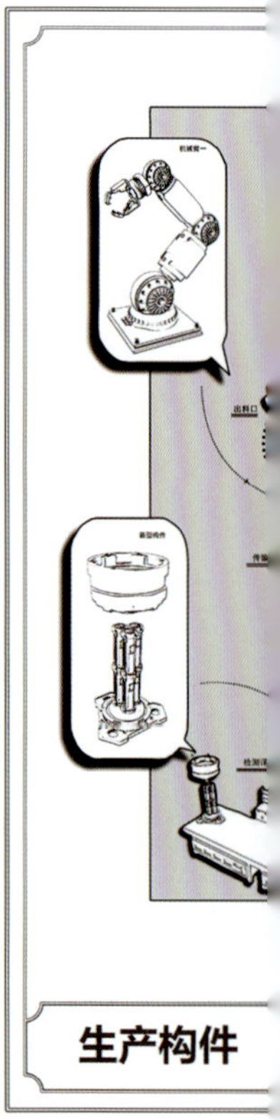
生产构件

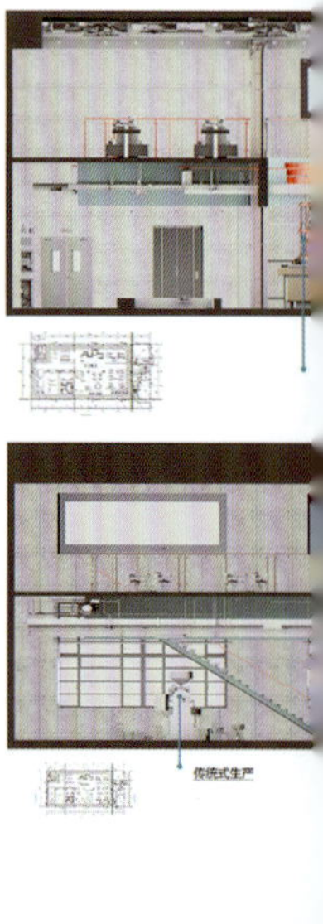
传统式生产

式讨论

时考虑了不同组合形式的多样
新组合性，例如 A+A、A+B、
C ······ 通过在固定模式的构
块上进行不同特点的形式创新
持续的目的。

布局上从咖啡豆的清洗到咖啡
、冷却、检测、包装整个流程
整个一楼咖啡的生产部分。

智能化生产A

人本精神

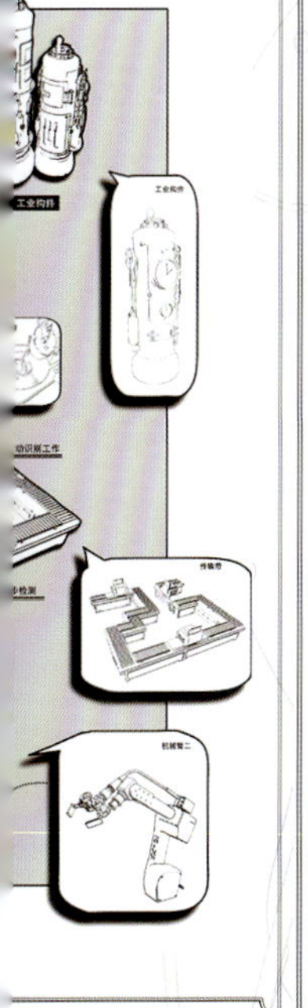

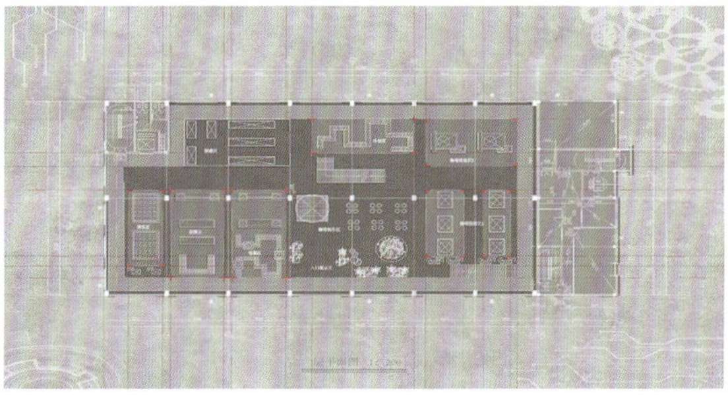

一层平面

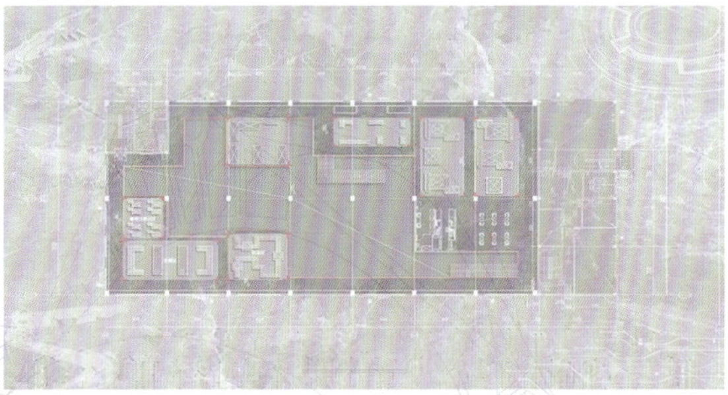

二层平面

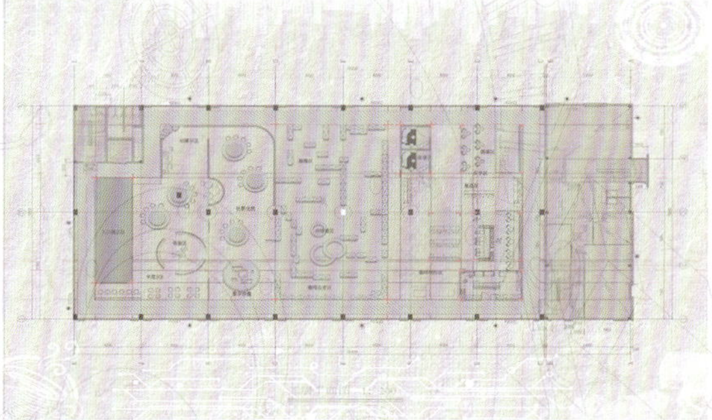

三层平面

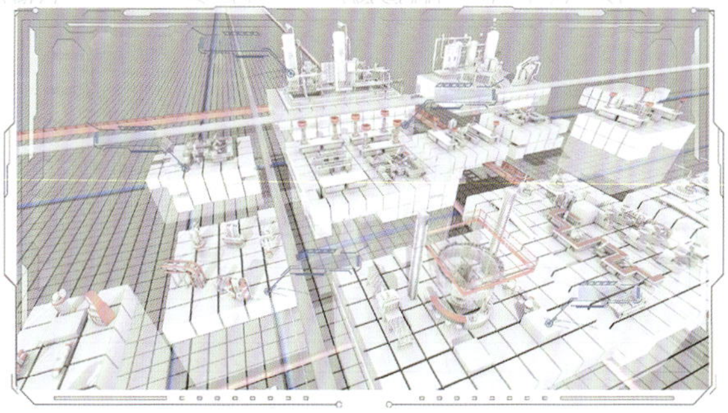

智慧化实验室
生态化模块
传统化生产

生态化模块
智慧化生产
咖啡豆料堆
创意工坊

1. 灵动广场

进入未来咖啡工厂大门，你首先看到的是一个名为灵动广场的科技空间，它巧妙地结合了未来感的设计和自然工业元素，为你揭开这场奇妙旅程的序幕。灵动广场是创意和社区活力的展示窗口。

2. 创新空间

依托“智能涌现”原则，这里是咖啡创新的源泉，想象一下，通过触摸屏就能定制自己的咖啡配方，甚至参与设计咖啡包装。这是一个创意的孵化器，每一位顾客都能成为咖啡创新的一部分。

3. 创意工坊

创意工坊是一个开放的 DIY 空间，参观者可以在这里学习如何自制咖啡器具，设计个性化咖啡杯，甚至参与咖啡艺术创作。

4. 时光胶囊

每个胶囊都是一个故事的入口，从咖啡的起源地走到未来城市中的咖啡生活，体验咖啡文化的演变。

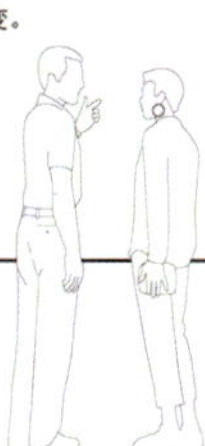

上海视觉艺术学院

指导教师：陈月浩　裴纹英

作　　者：许元苗　杨　光

创新社交

212
87220
CARE
机甲目前能量过低，有坠落风险，
请尽快寻找合适地点着陆。

重塑自然

沐浴温度

拓香·萃意——沉浸『自然』的咖啡『博物馆』工坊设计

设计说明

项目名称为《拓香·萃意——沉浸“自然”的咖啡“博物馆”工坊设计》。项目致力于打造一个以自然和谐为主题的，沉浸式体验的咖啡空间。项目通过满足人们对咖啡的需求，表达对于社会问题中关于焦虑、压力的思考。作者希望人们在品尝美味咖啡的同时，也能感受到轻松愉悦的氛围，通过多元的咖啡空间布局和创新技术，并注入绿色可持续发展的思想，以及创建咖啡博物馆的文化属性，打造一个休闲的咖啡交互体验空间。项目通过交互体验的数字化技术，从满足人的五感需求出发创造自然舒适的咖啡空间。

在空间中，项目利用绿植、自然光纤等元素，营造一个充满生机的艺术空间，让观众在欣赏艺术的同时，感受到自然的美好。参观者可以近距离观赏咖啡生产的过程，还可以通过咖啡体验区的互动装置，感受咖啡的文化和魅力。

社会人群压力分析

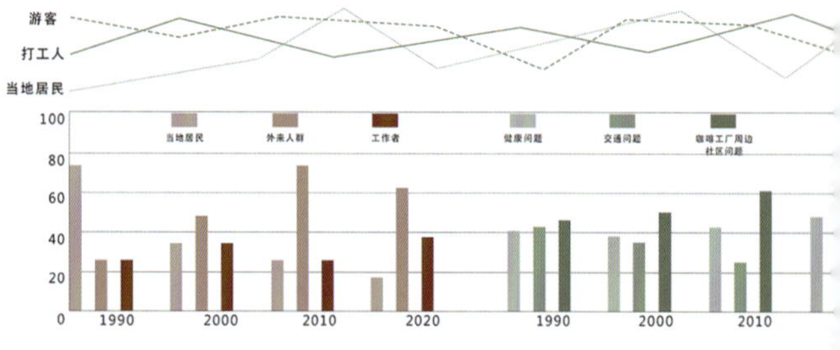
游客
打工人
当地居民
100
80
60
40
20
0
当地居民
外来人群
工作者
健康问题
交通问题
咖啡工厂周边社区问题
1990
2000
2010
2020
1990
2000
2010

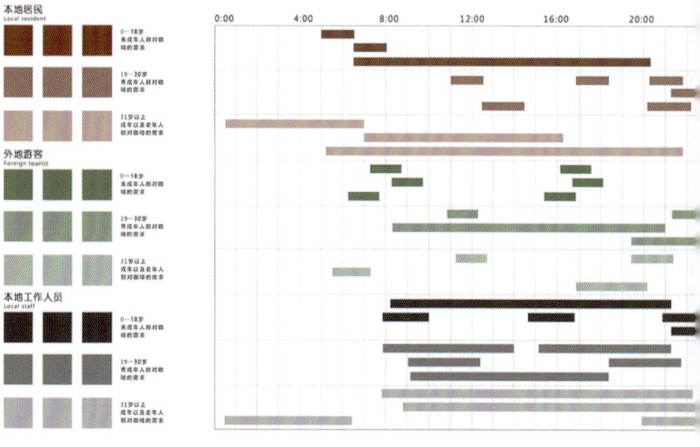
本地居民
Local resident
外地游客
Foreign tourist
本地工作人员
Local staff
0:00
4:00
8:00
12:00
16:00
20:00

鲁迅美术学院

指导教师：金常江　刘健
作　　者：徐浩宸　吴昕垚

同人群的压力来源

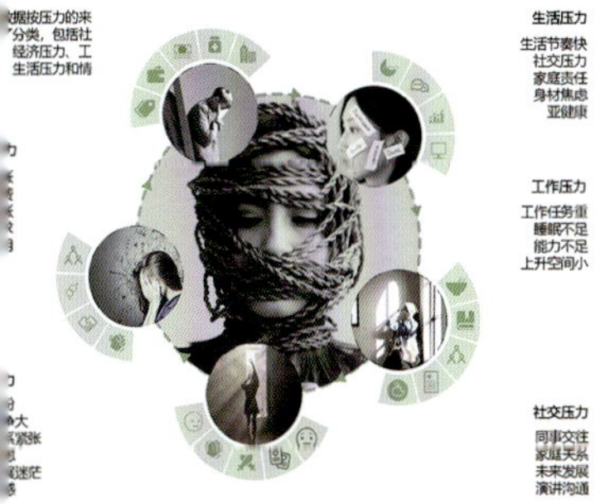
生活压力
生活节奏快
社交压力
家庭责任
身材焦虑
亚健康
工作压力
工作任务重
睡眠不足
能力不足
上升空间小
社交压力
同事交往
家庭关系
未来发展
演讲沟通

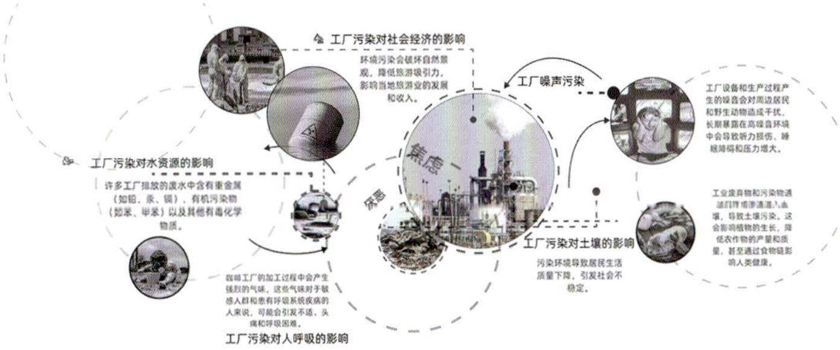
工厂污染对社会经济的影响
环境污染会破坏自然景观，降低旅游吸引力，影响当地旅游业的发展和收入。
工厂噪声污染
工厂设备和生产过程产生的噪音会对周边居民和野生动物造成干扰，长期暴露在高噪音环境中会导致听力损伤、睡眠障碍和压力增大。
工厂污染对水资源的影响
许多工厂排放的废水中含有重金属（如铅、汞、镉）、有机污染物（如苯、甲苯）以及其他有毒化学物质。
焦虑
工厂污染对土壤的影响
污染环境导致居民生活质量下降，引发社会不稳定。
咖啡工厂的加工过程中会产生强烈的气味，这些气味对于敏感人群和患有呼吸系统疾病的人来说，可能会引发不适、头痛和呼吸困难。
工厂污染对人呼吸的影响

们将空间的营造策略分为五部分：空，丰富参观动线；生态，打造沉浸式然；文化，咖啡文化展示与体验；产，高品质新型咖啡工厂；配套，多元的服务手段。效果呈现中，辅助数字技术互动装置等，具体打造智慧生活间。

时，参观者在其中的球形装置中体验生成的影像，以及在工作环境向这种型的室内景观开放，为更多非正式的作和产品讨论提供了与其他人员联系潜在元素。

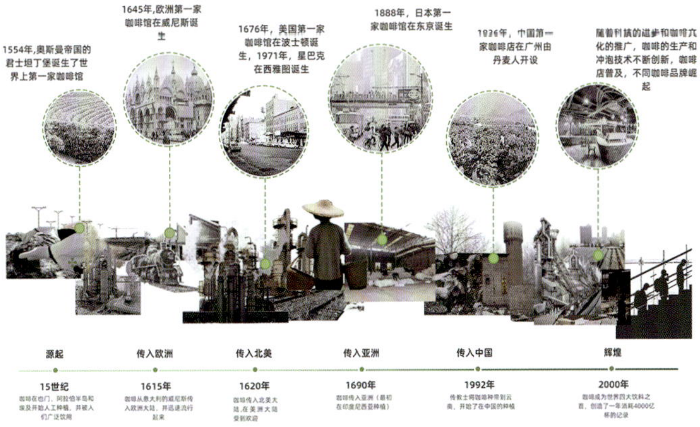
1554年,奥斯曼帝国的君士坦丁堡诞生了世界上第一家咖啡馆
1645年,欧洲第一家咖啡馆在威尼斯诞生
1676年，美国第一家咖啡馆在波士顿诞生，1971年，星巴克在西雅图诞生
1888年，日本第一家咖啡馆在东京诞生
1926年，中国第一家咖啡店在广州由丹麦人开设
随着科技的进步和咖啡文化的推广，咖啡的生产和冲泡技术不断创新，咖啡店普及，不同咖啡品牌崛起
源起
15世纪
传入欧洲
1615年
传入北美
1620年
传入亚洲
1690年
传入中国
1992年
辉煌
2000年

场地分析

苏州市
苏州市是首批国家历史文化名城，著名的江南水乡，是大运河沿线城市中唯一以古城概念申遗的城市，，有“人间天堂”的美誉。
苏州市
苏州工业园区
苏州工业园区，隶属于江苏省苏州市，位于苏州市城东；被誉为“中国改革开放的重要窗口”和“国际合作的成功范例”。
相城区
相城区，江苏省苏州市辖区，位于苏州市北部，总面积489.96平方千米，东与昆山市交界，南与姑苏区毗邻；西邻太湖；北与无锡市、常熟市接壤。
吴中区
吴中区，江苏省苏州市辖区，位于苏州市南部，总面积745平方千米，东与昆山市交界，南与吴江区毗邻；西与浙江省湖州市隔太湖而望。
虎丘区
虎丘区域内公路铁路四通八达，全区拥有56座秀美山体、28千米太湖岸线和28千米运河岸线，苏绣、苏州博物馆，被人们称为“真山真水园中城。
SUZHOU TRAFFIC MAP
Suzhou
苏州市
GUSU DISTRICT
姑苏区
XIETANGZHEN
斜塘镇
WEITINGZHEN
唯亭
Dushu Lake
独墅湖

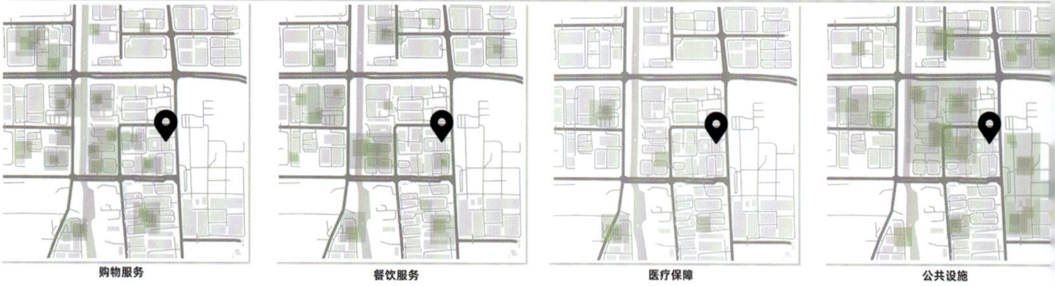

购物服务　　餐饮服务　　医疗保障　　公共设施

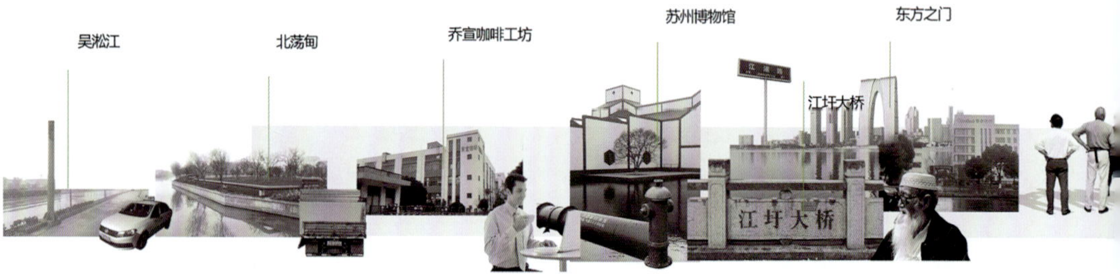
吴淞江
北荡甸
乔宣咖啡工坊
苏州博物馆
东方之门
江圩大桥
江圩大桥

主题分析

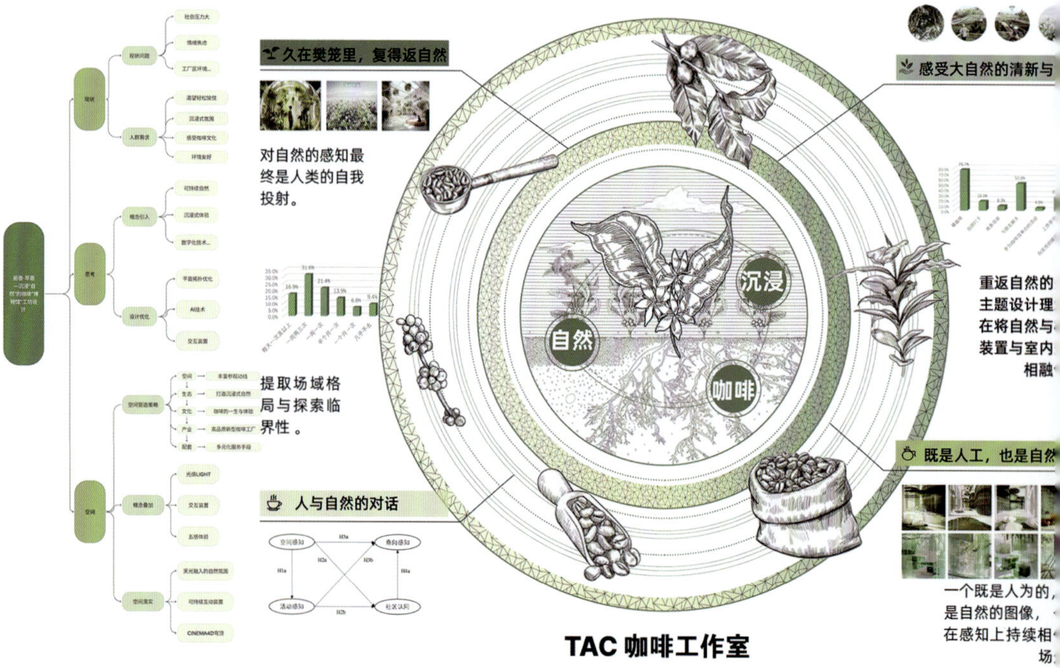
久在樊笼里，复得返自然
对自然的感知最终是人类的自我投射。
提取场域格局与探索临界性。
人与自然的对话
空间感知
角向感知
活动感知
社区认同
自然
沉浸
咖啡
感受大自然的清新与
重返自然的主题设计理在将自然与装置与室内相融
既是人工，也是自然
一个既是人为的，是自然的图像，在感知上持续相场

TAC 咖啡工作室

流线分析

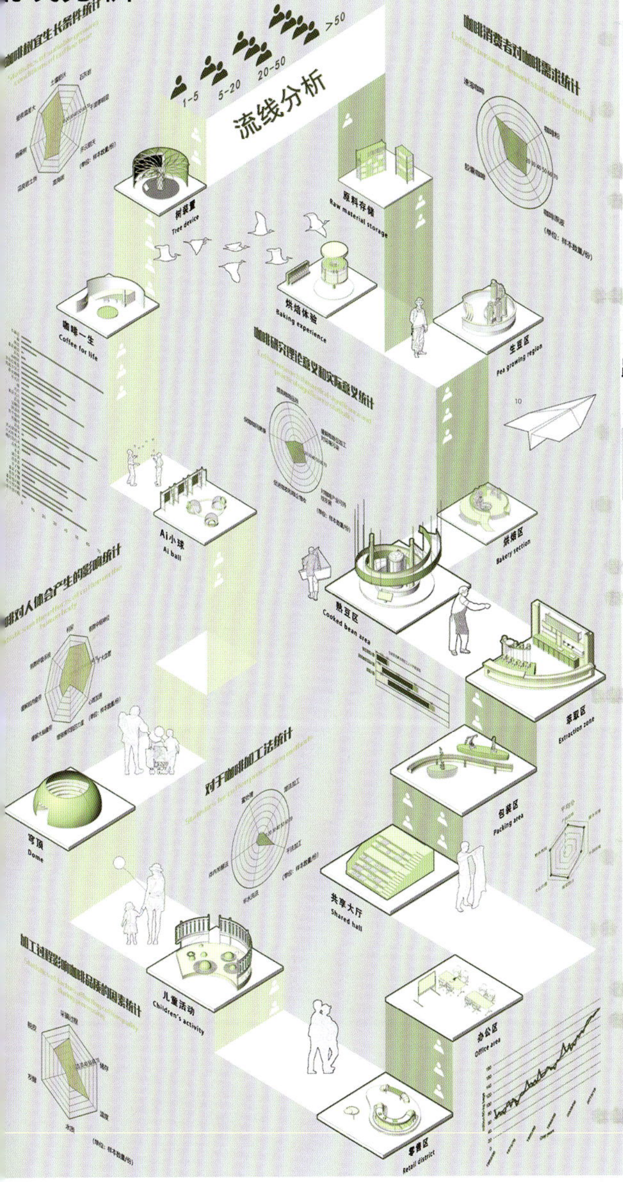

流线分析
1-5
5-20
20-50
>50
树装置
Tree device
原料存储
Raw material storage
烘焙体验
Baking experience
咖啡一生
Coffee for life
生豆区
Pea growing region
Ai小球
Ai ball
烘焙区
Bakery section
熟豆区
Cooked bean area
萃取区
Extraction zone
穹顶
Dome
包装区
Packing area
共享大厅
Shared hall
儿童活动
Children's activity
办公区
Office area
零售区
Retail district

一层平面图

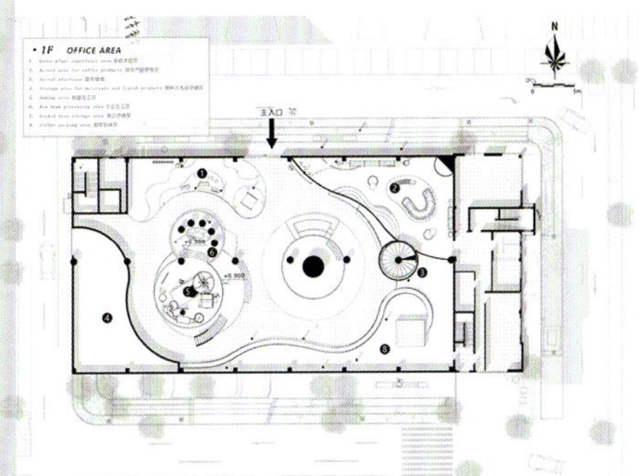

1F OFFICE AREA
N

跃层平面图

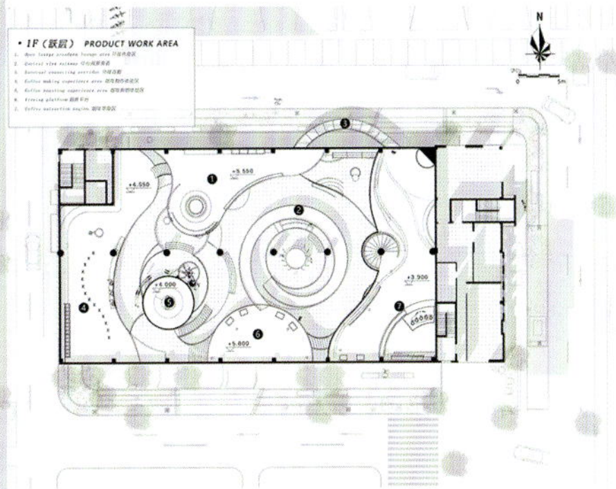

1F（跃层） PRODUCT WORK AREA
N

二层平面图

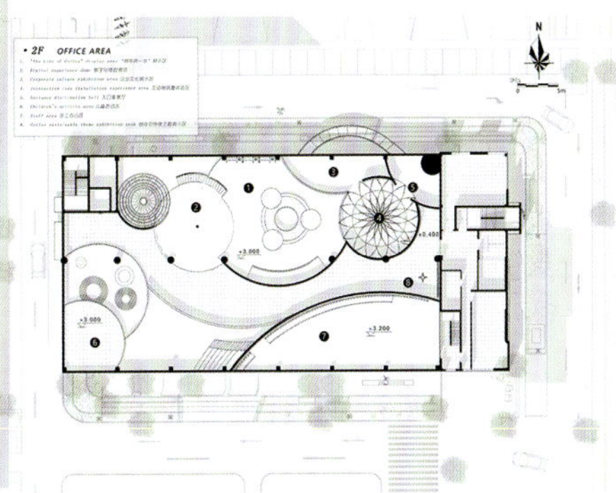

2F OFFICE AREA
N

空间体块推演

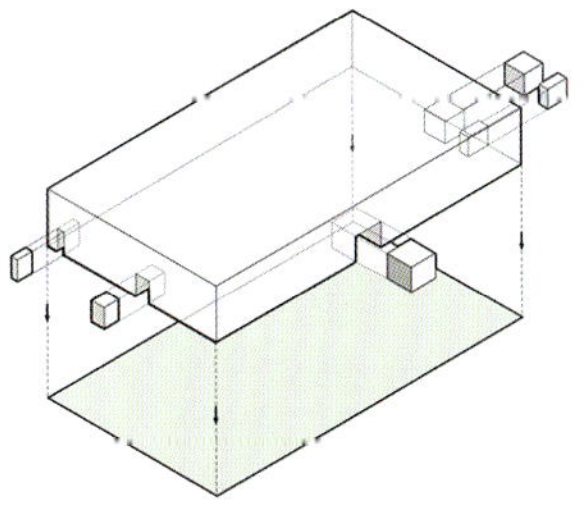

建筑原始模型

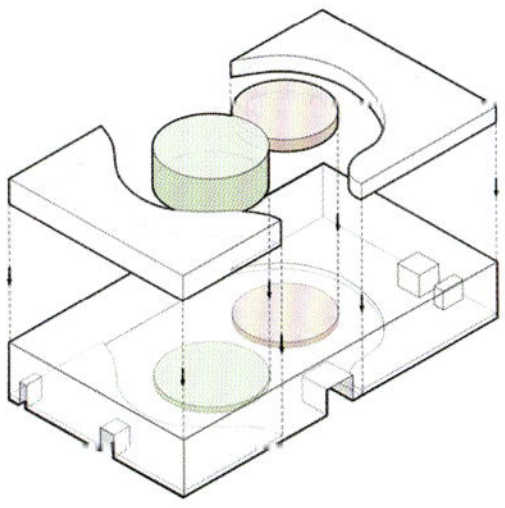

② 一层空间体块推演

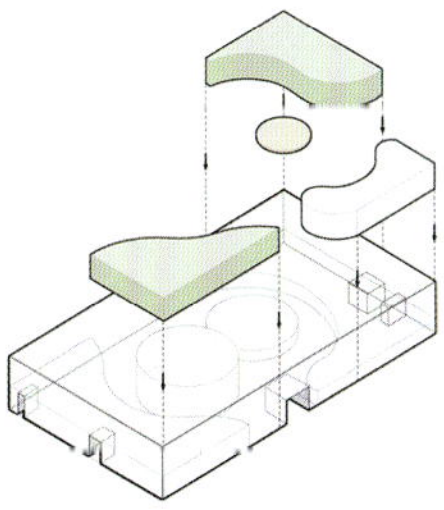

③ 一层空间体块深化

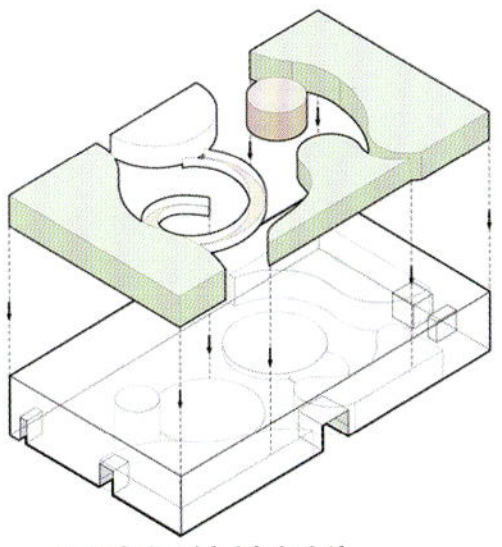

跃空间体块划分

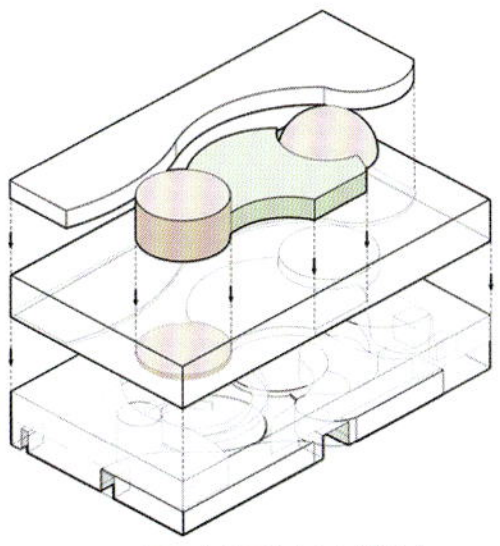

⑤ 二层空间体块推演

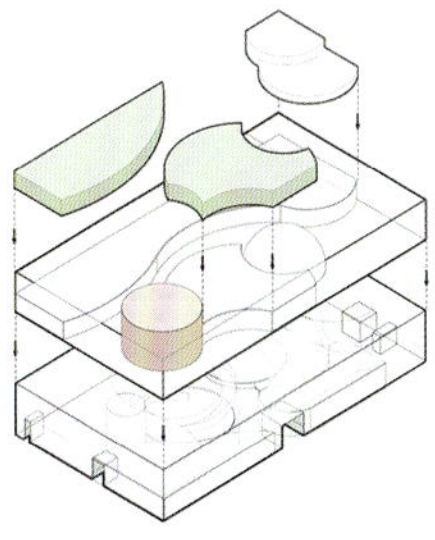

⑥ 二层空间体块深化

咖啡工坊——人工智能背景下的苏州旧厂房商业改造展示设计

AI·24H 咖啡工坊

——人工智能背景下的苏州旧厂房商业改造展示设计

本项目以"数字化设计，智慧生活"为主题，打造一个强调人工智能（AI）参与并且全天候参与（24h）的咖啡烘焙商业展示设计。在体现人工智能收集数据时效性、便捷性的同时展现商业空间创新以人为本的重要性。

合肥工业大学

指导教师：郑志元　郭浩原
作　　者：李燕聪　陈垂松

序言：头脑风暴——基于Figma的思维导图整理

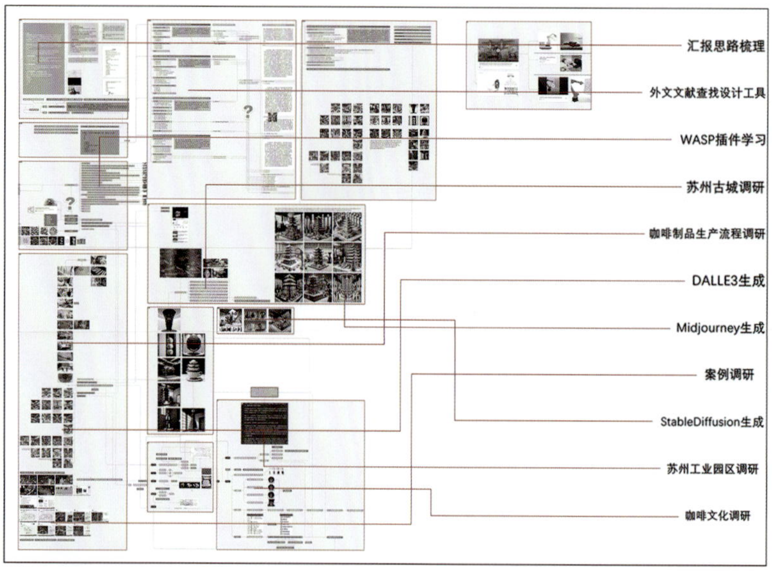
汇报思路梳理
外文文献查找设计工具
WASP插件学习
苏州古城调研
咖啡制品生产流程调研
DALLE3生成
Midjourney生成
案例调研
StableDiffusion生成
苏州工业园区调研
咖啡文化调研

所在地调研——苏州

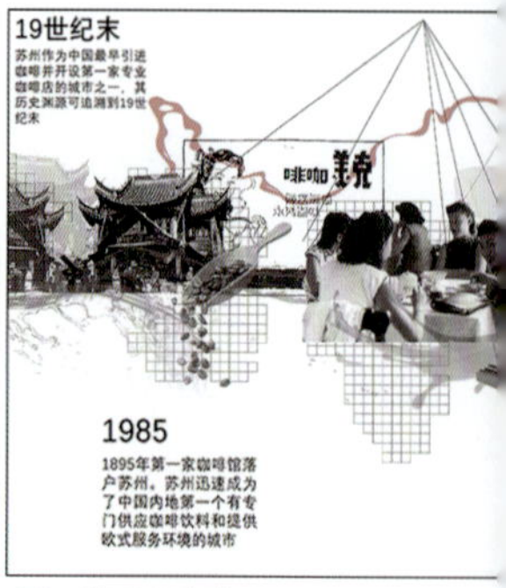
19世纪末
苏州作为中国最早引进咖啡并开设第一家专业咖啡店的城市之一，其历史渊源可追溯到19世纪末
1985
1895年第一家咖啡馆落户苏州，苏州迅速成为了中国内地第一个有专门供应咖啡饮料和提供欧式服务环境的城市

动线：基于项目客群

主要客群

工业园区职场客群

工业园区本身带来主要访客源，客群广泛，上班族居多

一楼 短动线

一楼设计短动线，使人可以快速顺畅购买咖啡并顺畅通过，前去上班设置排队区，饮品店人流量高峰期会造成拥堵，即使员工效率快许多人看到门口人群爆满之后仍然会选择放弃购买

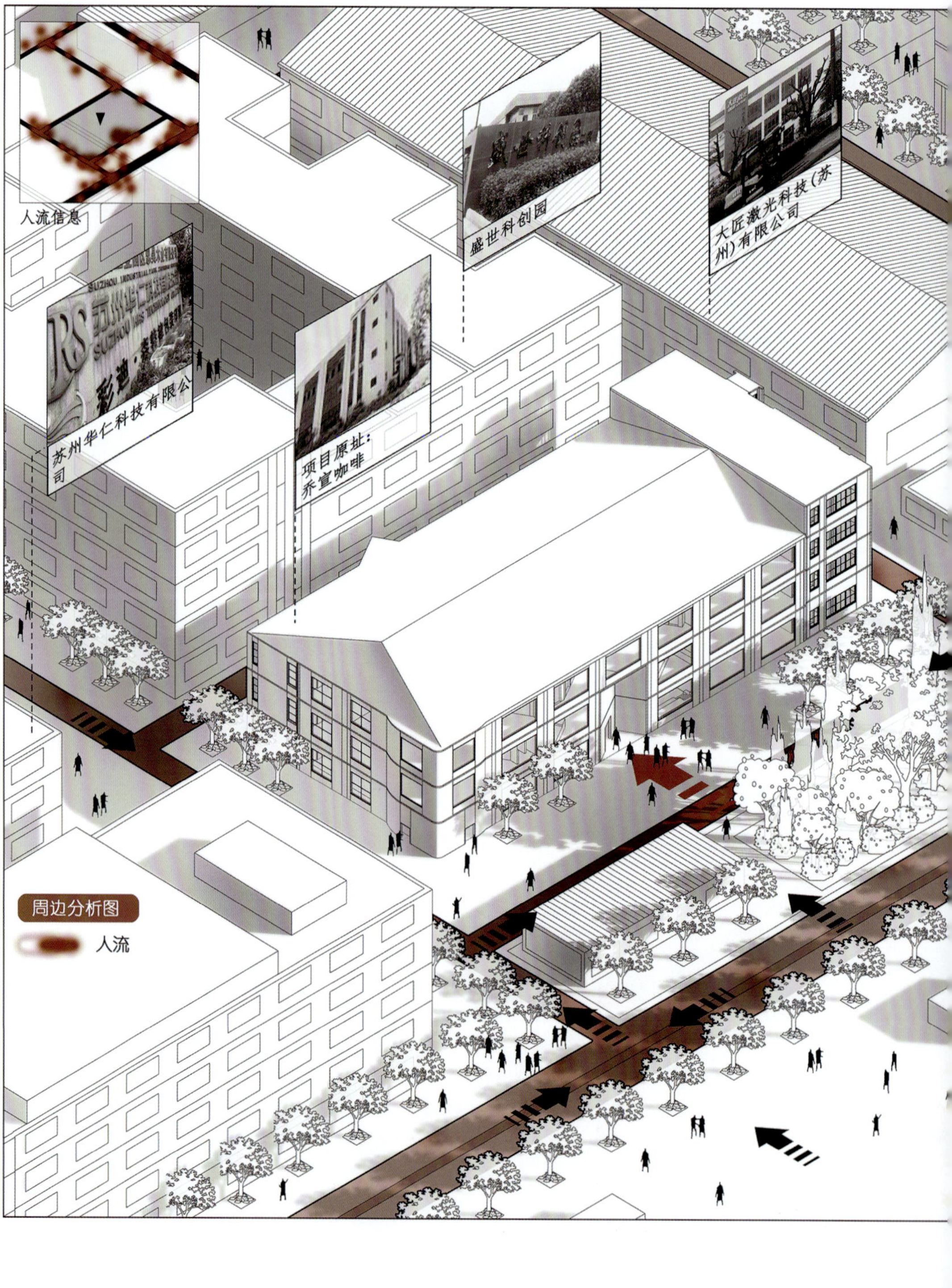
人流信息
盛世科创园
大匠激光科技（苏州）有限公司
苏州华仁科技有限公司
项目原址：乔宣咖啡
周边分析图
人流

所在地调研 —— 区位分析

纪末
1914
客群
线
果图展示——俯瞰图
路网

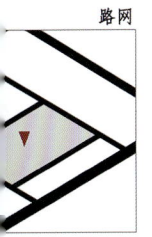

常嘉高速
项目地点：
苏州工业园区胜浦镇界浦路61号1#生产厂房。
苏州市江通货运有限责任公司
江苏飞力达国际物流
村落群
社区群
1公里

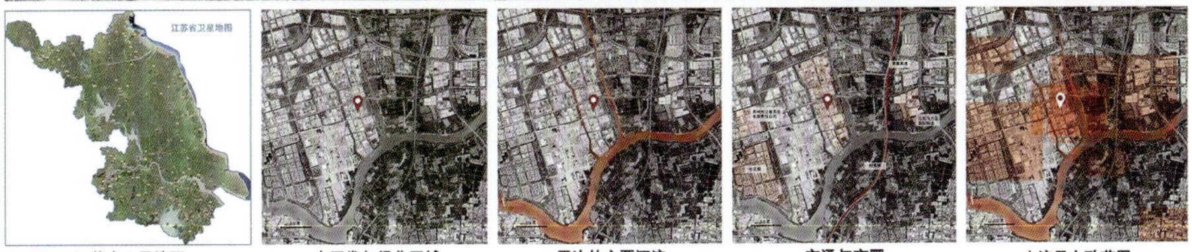

江苏省卫星地图　未开发与绿化区域　周边的主要河流　交通与商圈　人流量大致范围

项目分析——相关案例调研

	痛点发掘	思考过程	解决策略
 苏州昆山真金食品有限公司 相似品调研：生产工厂项目	项目特点1: 合储面积大，日常储存生咖啡豆9000t 主营：咖啡、茶的液体非即饮型咖啡和即饮型无酒精饮料 长期给山姆、瑞幸等品牌代工	调研思考1: 巨大重要的工业要素难以被顺利纳入展示？ 仓库作为工厂组成部分的重要一环，在传统展示设计中被屡屡忽视 仓库本身占据的极大工厂面积，在游览层面被完全浪费	策略① 以决策式人工智能手段 设计“开放的仓库” 将仓储空间纳入展示流程
	项目特点2: 直接供给瑞幸、山姆，分销产业链相对较短 主营：咖啡、茶的液体非即饮型咖啡和即饮型无酒精饮料 长期给山姆、瑞幸等品牌代工	调研思考2: 零散工厂的生存与收益空间可能被压缩？ 经济形势下行，源头企业直接供货零售端 诸如本项目在内的小型零散工厂生存环境极度艰难	策略② 采用F2C商业模式 彻底跨越分销产业链 将工坊产品手递手传递到消费者端
 上海星巴克臻选烘焙工坊 相同品调研：烘焙工坊项目	项目特点3: 或成为咖啡文化主题的工业旅游标杆项目 中国首个“咖啡奇幻乐园” 全球六家，传递咖啡馆文化的博物馆商业 遍布西雅图、纽约、上海、东京、米兰和芝加哥	调研思考3: 以交互与服务设计介入空间以弯道超车？ 存在行业标杆与规则制定者，传统展示设计难以出圈 传统展示设计公众参与度低，展示的效用与热度消失迅速	策略③ 以交互和服务设计手段 打造新奇体验 以“服务设计”延展“展示设计”的意义
 上海M&M'S豆旗舰店	项目特点4: 132根玻璃长罐组成的彩色巧克力长城 主营：咖啡、茶的液体非即饮型咖啡和即饮型无酒精饮料 长期给山姆、瑞幸等品牌代工	调研思考4: 展览化仓储或吸引顾客驻以此提升商业价值？ 回应调研结论1: 巨大重要的工业要素难以被顺利纳入展示？	策略④ 以决策式人工智能手段 设计“开放的仓库” 将仓储空间纳入展示流程

咖啡游迹——苏州工业园区咖啡文化体验空间设计

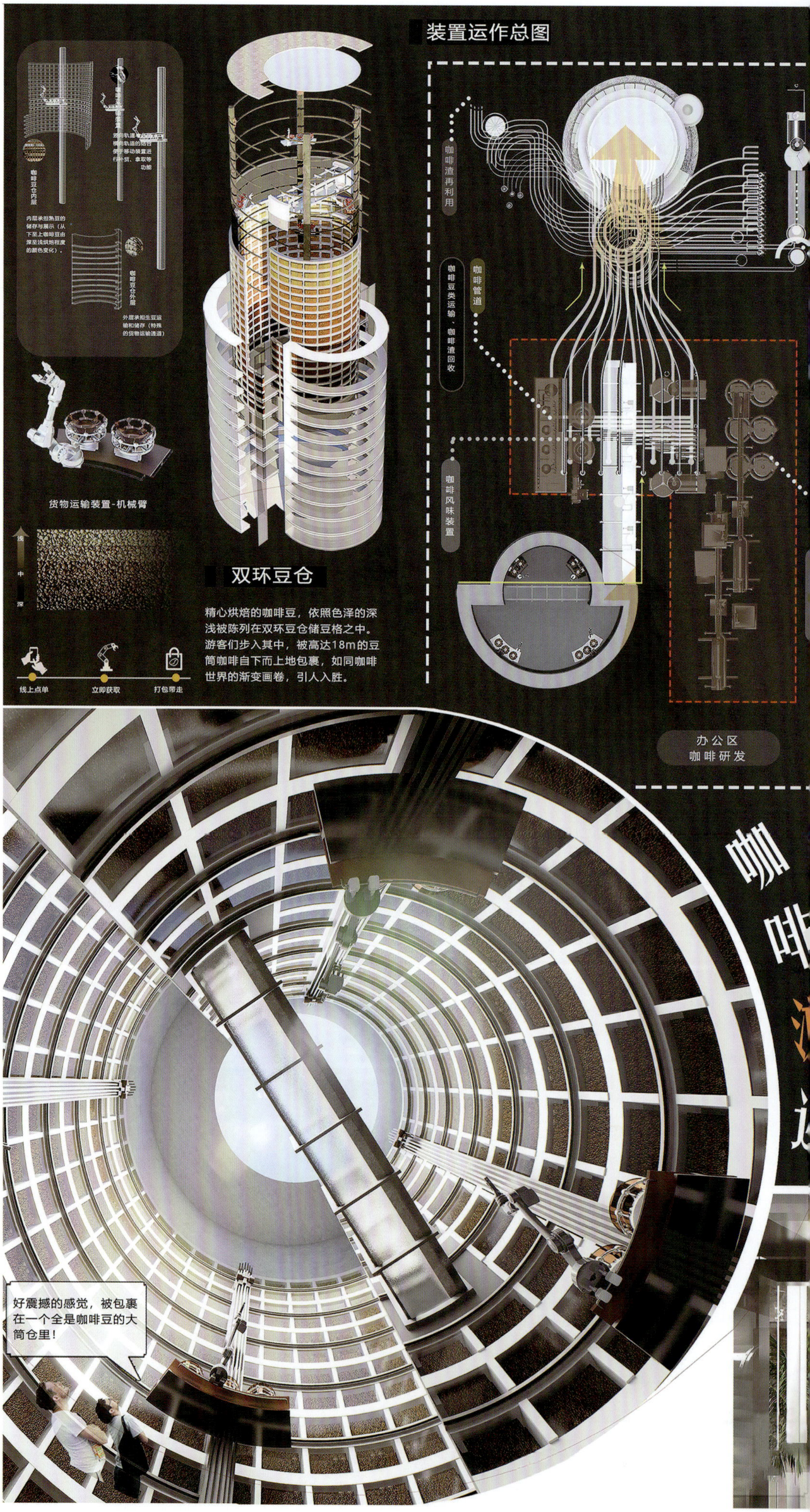

装置运作总图
咖啡豆仓内层
内层承担熟豆的储存与展示（从下至上咖啡豆由深至浅烘焙程度的颜色变化）。
功能
咖啡豆仓外层
外层承担生豆运输和储存（特殊的货物运输通道）
货物运输装置-机械臂
浅
中
深
线上点单
立即获取
打包带走
双环豆仓
精心烘焙的咖啡豆，依照色泽的深浅被陈列在双环豆仓储豆格之中。游客们步入其中，被高达18m的豆筒咖啡自下而上地包裹，如同咖啡世界的渐变画卷，引人入胜。
咖啡渣再利用
咖啡管道
咖啡豆类运输、咖啡渣回收
咖啡风味装置
办公区
咖啡研发
好震撼的感觉，被包裹在一个全是咖啡豆的大筒仓里！

FT味蕾中心

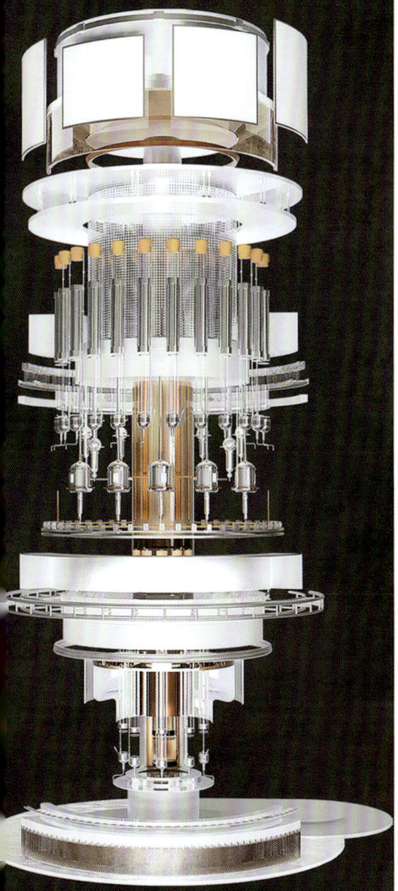

咖啡玩造装置

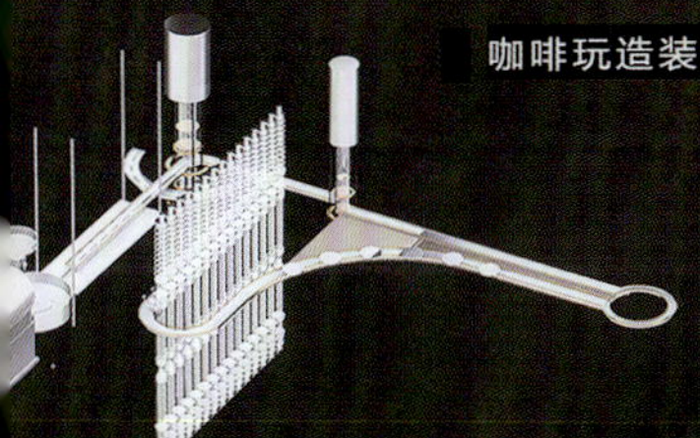

配备自助取豆系统、以及一条智能传输带贯穿玩造局与中心区，制作完成的咖啡可放置在传输带进行传送，顾客彼此交流分享。

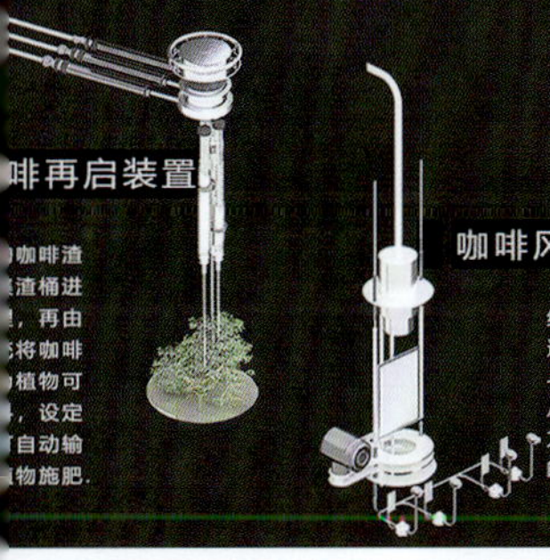

啡再启装置

咖啡渣
渣桶进
，再由
将咖啡
植物可
，设定
自动输
物施肥.

咖啡风味装置

结合咖啡烘焙过程中的香气与可视化技术，从视听嗅等各方面加强工厂的沉浸式体验。

游客可将情感、喜好与性格通过咖啡特征（香气、酸质、甜感、醇厚度、余韵）的数字编码转化为具有收藏与社交价值NFT，融合线上线下社交。游客可在咖啡空间分享NFT，交流心得，建立紧密社交联系。

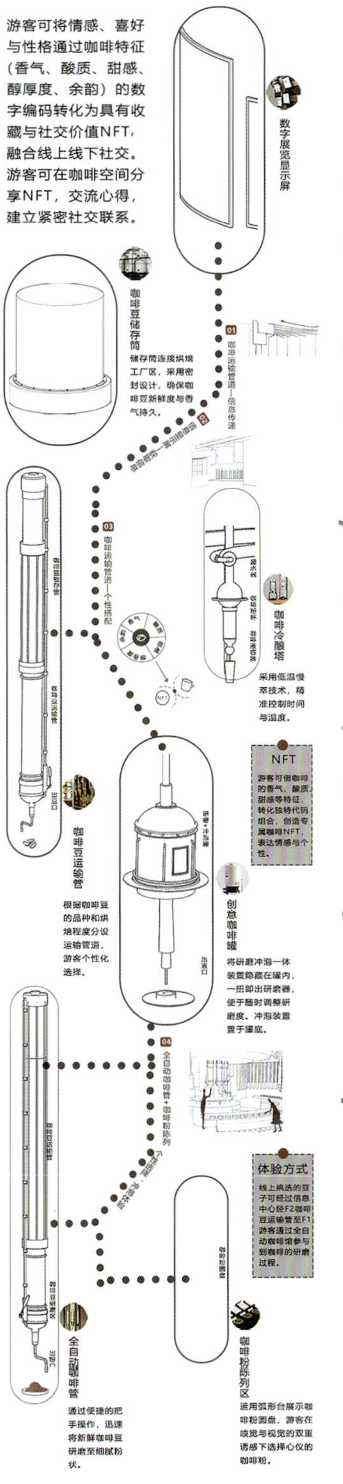

数字展览显示屏
咖啡豆储存筒
储存筒连接烘焙工厂区，采用密封设计，确保咖啡豆新鲜度与香气持久。
01 咖啡运输管道—信息传递
02
03 咖啡运输管道—个性搭配
NFT
咖啡冷酿塔
采用低温慢萃技术，精准控制时间与温度。
NFT
游客可借咖啡的香气、酸质、甜感等特征，转化独特代码组合，创造专属咖啡NFT，表达情感与个性。
出豆口
咖啡豆运输管
根据咖啡豆的品种和烘焙程度分设运输管道，游客个性化选择。
研磨+冲泡罐
出液口
创意咖啡罐
将研磨冲泡一体装置隐藏在罐内，一扭即出研磨器，便于随时调整研磨度。冲泡装置置于罐底。
04 全自动咖啡管+咖啡粉陈列
体验方式
线上挑选的豆子可经过信息中心经F2咖啡豆运输管至F1游客通过全自动咖啡馆参与到咖啡的研磨过程。
全自动咖啡管
通过便捷的把手操作，迅速将新鲜咖啡豆研磨至细腻粉状。
咖啡粉陈列区
运用弧形台展示咖啡粉圆盘，游客在嗅觉与视觉的双重诱惑下选择心仪的咖啡粉。

01	02	03	04
线上选择，信息传递 咖啡豆传输管道	线下选择 数字展览显示屏	个性搭配 咖啡豆运输管道	研磨体验 全自动咖啡管

空间渗透

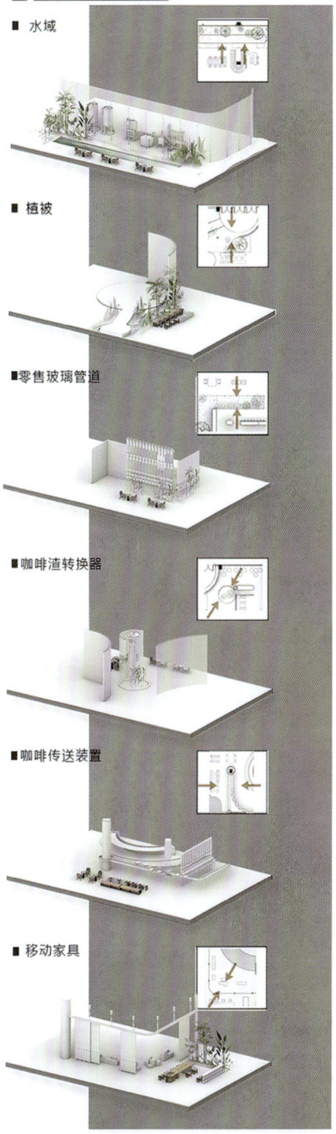

水域
植被
零售玻璃管道
咖啡渣转换器
咖啡传送装置
移动家具

四川大学

指导教师：周炯焱　林建力

作　者：张曼由页　张　粲　魏佳乐

实时咖啡数据和会议信息都在上面，记录一下！
用相机记录下这幅景象！
我们可以交换一下咖啡NFT吗？
当然可以，
小人，因为
涩果味浓的
原来盘子里还有咖啡，看来我可以自己制作啦~
05:15:35

原来数字显示屏展示的咖啡数据是这种气味，深烘有一种焦焦的味道！
我也要去试试自己做一杯咖啡！
REC
3
ISO 100

室内·联合 毕业设计 6+

『南柯一梦』——昆剧叙事转译与咖啡烘焙工厂室内设计

南柯一梦——昆剧叙事转译与咖啡烘焙工厂室内设计

1. 场地调研

场地选址

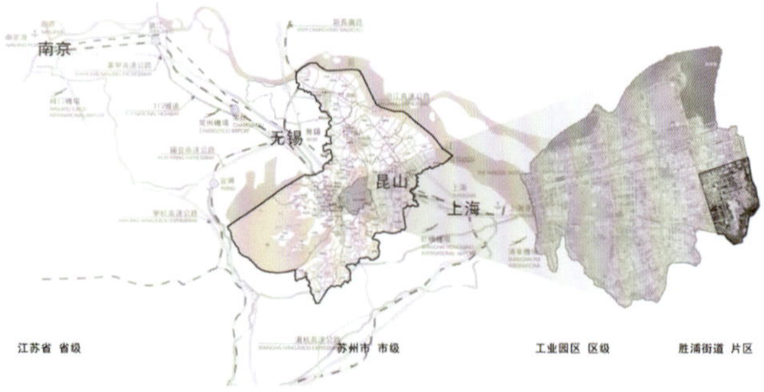
南京
无锡
昆山
上海
江苏省 省级
苏州市 市级
工业园区 区级
胜浦街道 片区

江苏省苏州市工业园区胜浦街道界浦路盛世科创园1号厂房。

文化资源分析

评弹
缂丝
昆曲
茶馆文化

选取昆剧作为设计主题，既贴合当地历史文脉，又能够为苏州地域文化营造传播空间。

区位分析

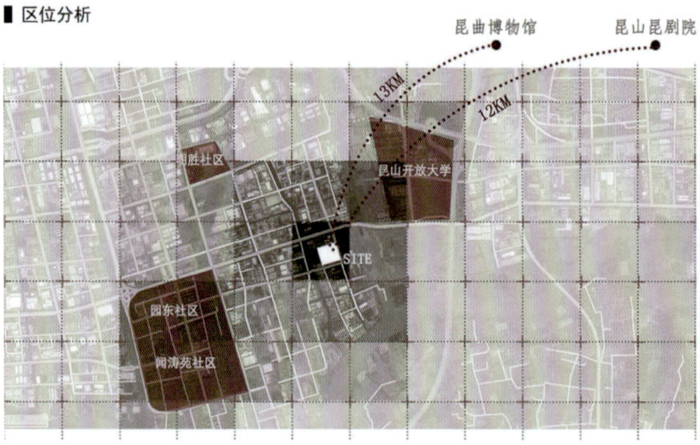
昆曲博物馆
昆山昆剧院
13KM
12KM
胜社区
昆山开放大学
SITE
园东社区
闻涛苑社区

① 基地位置靠近昆剧文化圈，有利于昆剧文化的交流，接受客流量辐射。
② 基地位于周边几个社区的中心位置，潜在消费人群多。

场地现状

场地现状为一咖啡烘焙工厂，结合场地文化资源分析，计划将其改造成昆曲主题的中式咖啡空间。是本土文化与外来文化结合的尝试。

2. 主题分析

《南柯记》文本内容及特点分析

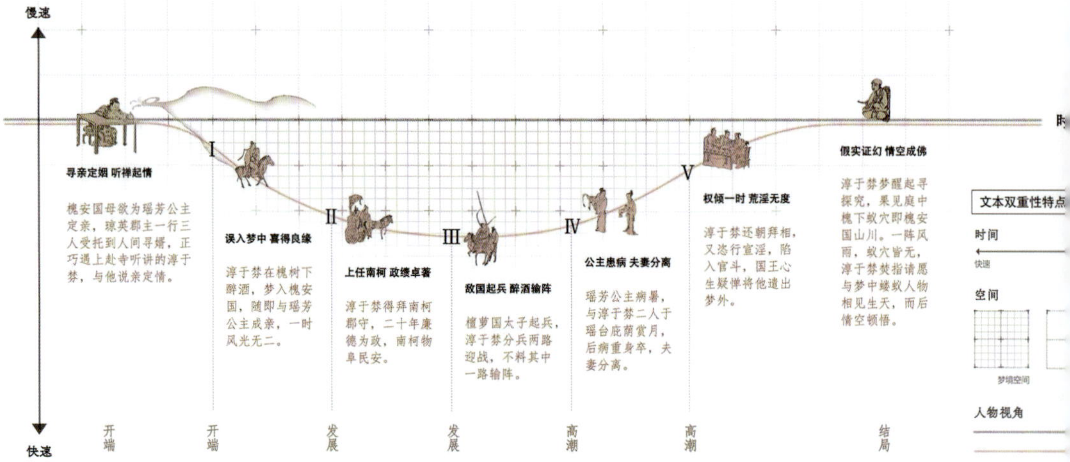
慢速
快速
寻亲定姻 听禅起情
槐安国母欲为瑶芳公主定亲，琼英郡主一行三人受托到人间寻婿，正巧遇上赴寺听讲的淳于棼，与他说亲定情。
I
误入梦中 喜得良缘
淳于棼在槐树下醉酒，梦入槐安国，随即与瑶芳公主成亲，一时风光无二。
II
上任南柯 政绩卓著
淳于棼得拜南柯郡守，二十年廉德为政，南柯物阜民安。
III
敌国起兵 醉酒输阵
檀萝国太子起兵，淳于棼分兵两路迎战，不料其中一路输阵。
IV
公主患病 夫妻分离
瑶芳公主病暑，与淳于棼二人于瑶台庇荫赏月，后病重身卒，夫妻分离。
V
权倾一时 荒淫无度
淳于棼还朝拜相，又恣行宣淫，陷入官斗，国王心生疑惮将他遣出梦外。
假实证幻 情空成佛
淳于棼梦醒起寻探究，果见庭中槐下蚁穴即槐安国山川。一阵风雨，蚁穴皆无，淳于棼焚指请愿与梦中蝼蚁人物相见生天，而后情空顿悟。
开端
开端
发展
发展
高潮
高潮
结局
文本双重性特点
时间
快速
空间
梦境空间
人物视角

江南大学

指导教师：姬琳

作者：陈楠

剧内容分析

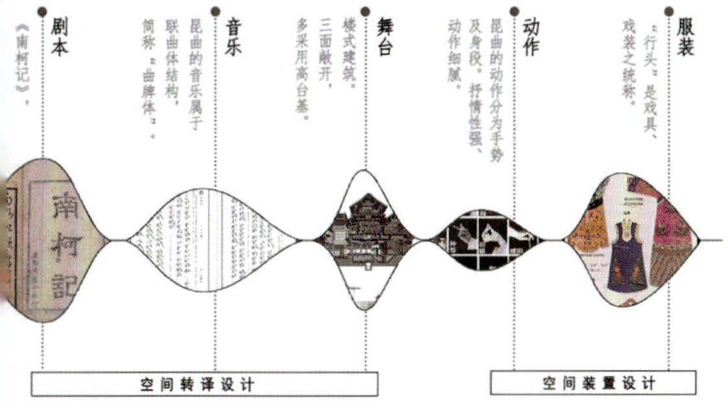
剧本
《南柯记》。
音乐
昆曲的音乐属于联曲体结构，简称"曲牌体"。
舞台
楼式建筑。三面敞开，多采用高台基。
动作
昆曲的动作分为手势及身段。抒情性强，动作细腻。
服装
"行头"是戏具、戏装之统称。
空间转译设计
空间装置设计

《南柯记》音乐情绪分析

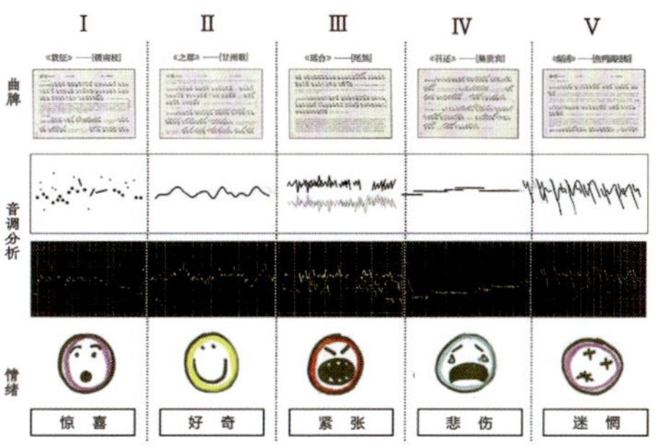
I
II
III
IV
V
曲牌
音调分析
情绪
惊喜
好奇
紧张
悲伤
迷惘

计过程

十方法——叙事转译法

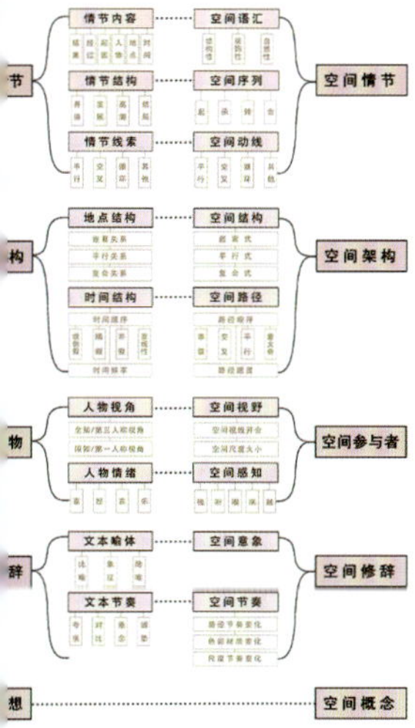
情节内容
空间语汇
情节结构
空间序列
情节线索
空间动线
空间情节
地点结构
空间结构
时间结构
空间路径
空间架构
人物视角
空间视野
人物情绪
空间感知
空间参与者
文本喻体
空间意象
文本节奏
空间节奏
空间修辞
空间概念

设计策略

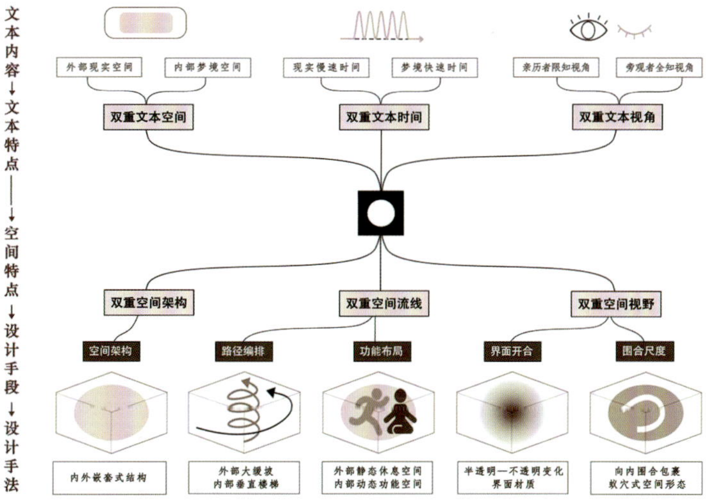
文本内容→文本特点→空间特点→设计手段→设计手法
外部现实空间
内部梦境空间
现实慢速时间
梦境快速时间
亲历者限知视角
旁观者全知视角
双重文本空间
双重文本时间
双重文本视角
双重空间架构
双重空间流线
双重空间视野
空间架构
路径编排
功能布局
界面开合
围合尺度
内外嵌套式结构
外部大缓坡
内部垂直楼梯
外部静态休息空间
内部动态功能空间
半透明—不透明变化
界面材质
向内围合包裹
蚁穴式空间形态

十概念

1 文本相似性

文本内外双重空间
走马灯双重内外空间

文本双重时间流速
走马灯外静内动

文本双重人物视角
走马灯外部观看内部

影特点

走马灯的光影形态将空间升华到虚的境界。遵循的光影特点和半透明的材质特点，强调内部空间和对外透出的光影变化，外部视点具有观赏性。达"南柯一梦，如走马灯，影影绰绰，虚实穿行，分"的概念。

情节节点设计

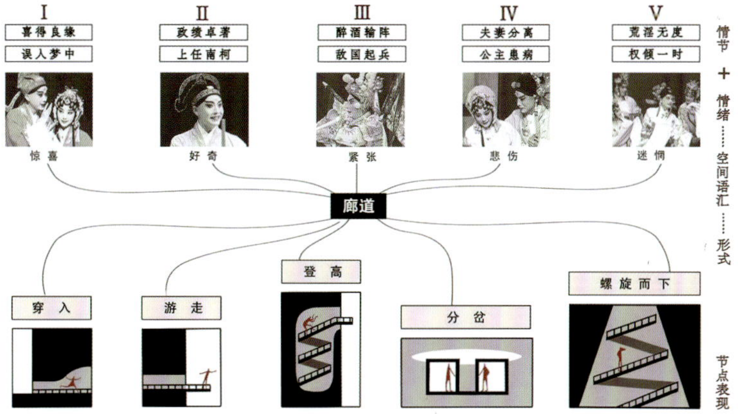
I
喜得良缘
误入梦中
惊喜
II
政绩卓著
上任南柯
好奇
III
醉酒输阵
敌国起兵
紧张
IV
夫妻分离
公主患病
悲伤
V
荒淫无度
权倾一时
迷惘
情节+情绪……空间语汇……形式
廊道
穿入
游走
登高
分岔
螺旋而下
节点表现

4. 设计成果及分析

平面图

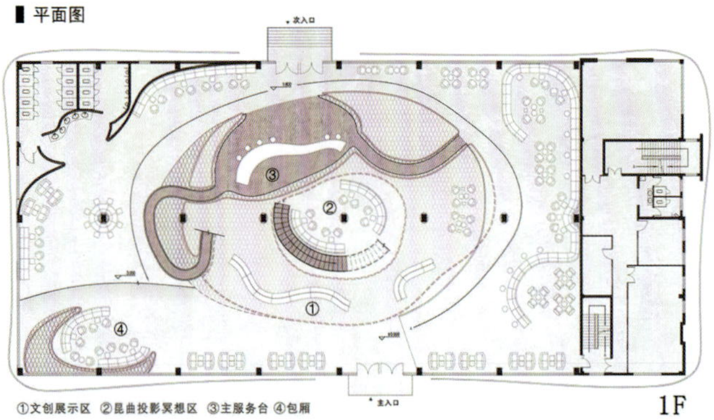
次入口
①
②
③
④
主入口

①文创展示区 ②昆曲投影冥想区 ③主服务台 ④包厢

1F

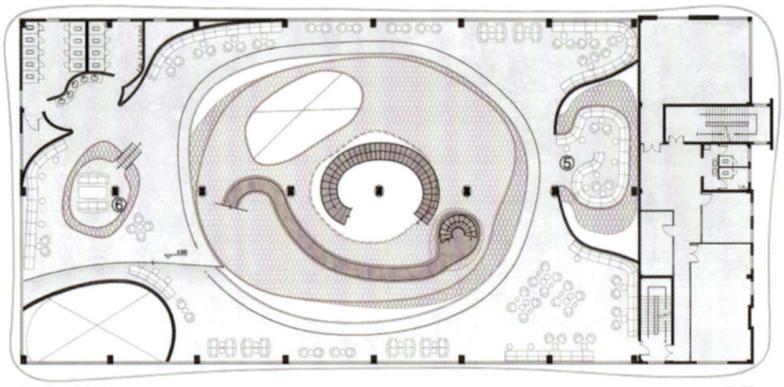
⑤
⑥

⑤包厢 ⑥包厢

2F

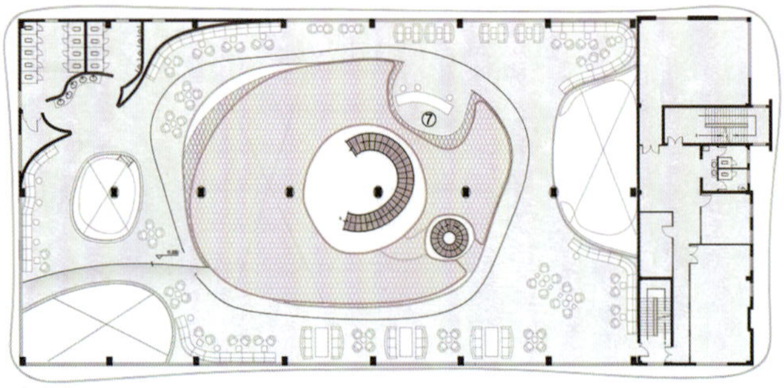
⑦

⑦服务台

3F

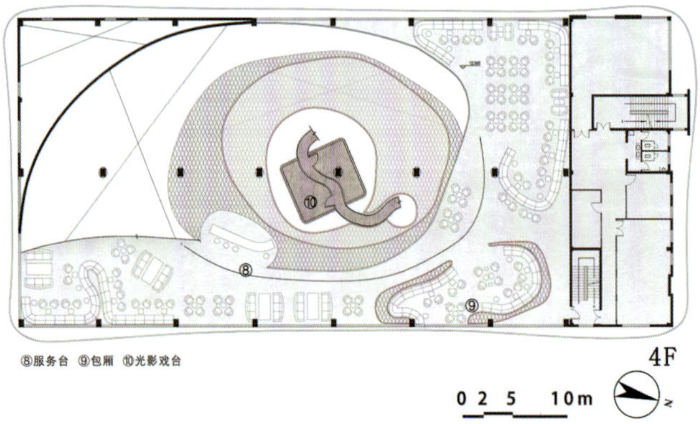
⑧
⑨
⑩
0 2 5 10m

⑧服务台 ⑨包厢 ⑩光影戏台

4F

功能及流线分析

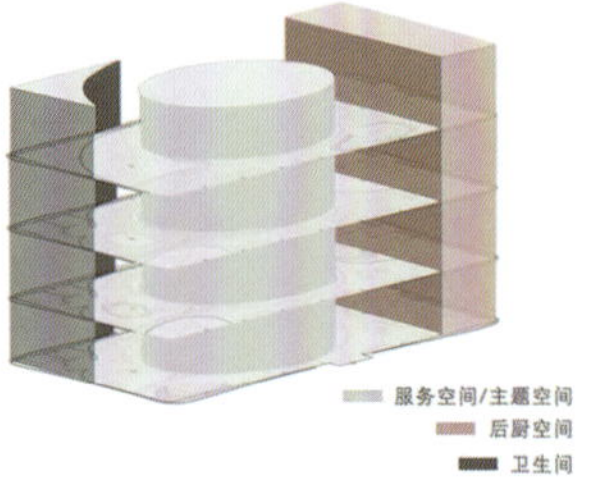
服务空间/主题空间
后厨空间
卫生间

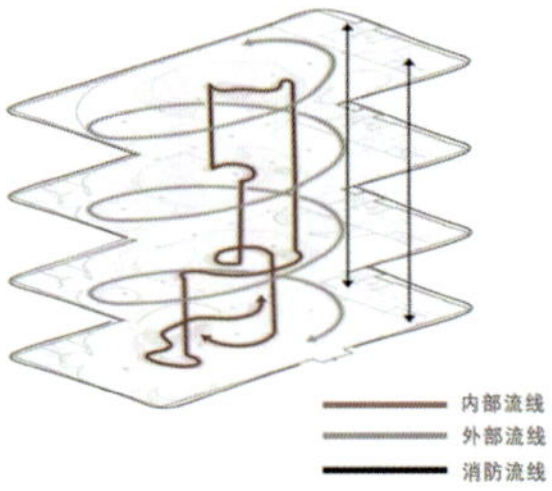
内部流线
外部流线
消防流线

立面图

南
东
北
西

情节节点效果图

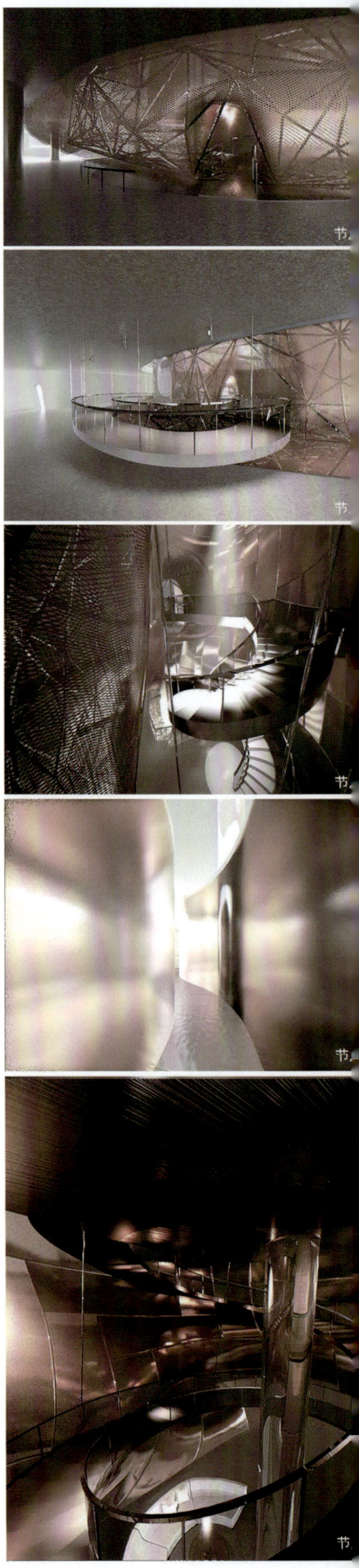
节
节
节
节
节

分析图

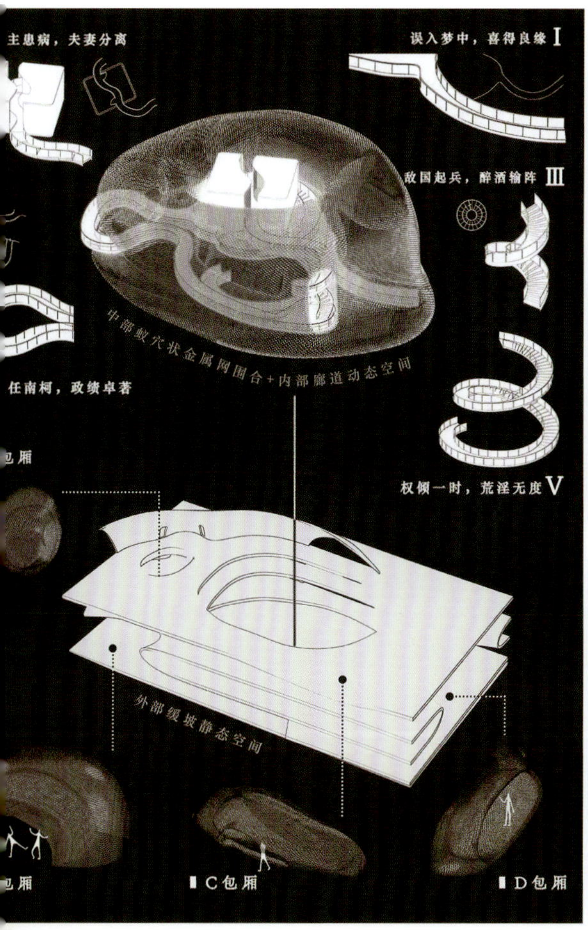
主患病，夫妻分离
误入梦中，喜得良缘 I
敌国起兵，醉酒输阵 III
中部蚁穴状金属网围合+内部廊道动态空间
任南柯，政绩卓著
权倾一时，荒淫无度 V
包厢
外部缓坡静态空间
包厢
C包厢
D包厢

功能区效果图

主服务台

主入口

效果图

图

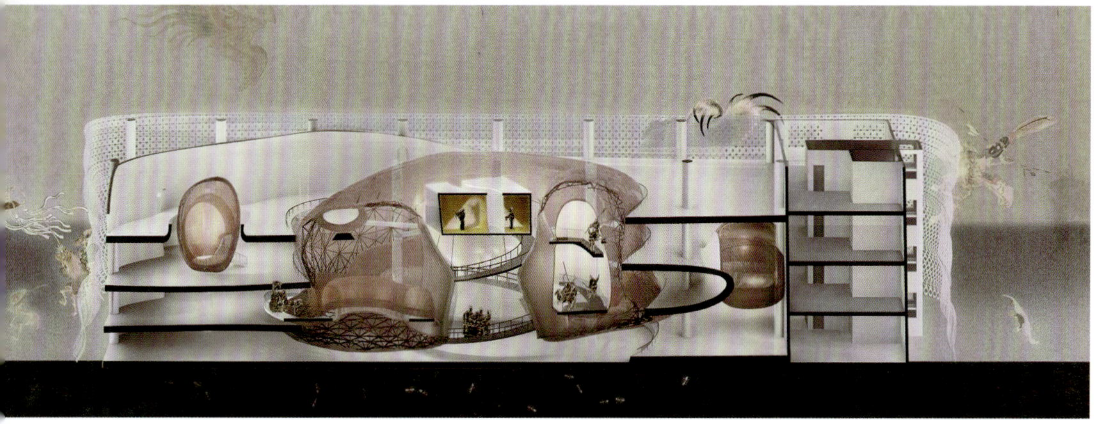

融圈·邻聚——渭河社区中心公共空间改造设计

融圈·邻聚
——渭河社区中心公共空间改造设计
融圈：社区内三新群体有着不同的生活社交圈，基于“邓巴数理论”，以全新视角看待邻里社交关系圈，重塑社区关系，以形成整体的全新社区文化圈。
邻聚：通过融圈的方式打破原有社交圈，重塑社区精神，打造一个具有归属感、零距离的社区中心。
课题背景
时代发展 差异化 智慧化
马斯洛需求层次理论
跨地域 虚拟互动 个性化 多元化
场地区位
周边交通分析
研究背景
社区商业的发展
改革开
初期的小型社区零售企业，多以夫
合伙开设的食杂店、便利店为主，
不超过
社交方式的演变
传统面对面社区
邓巴定律
邓巴数字（Dunbar's number），也称150定律，是指人们能维持紧密人际关系的人数上限，上限通常为150人。

南京林业大学

指导教师：耿 涛
作 者：王屿安

改革开放至2000年期间
社区零售商业初具规模，商业配套设施逐渐完善，此时以专卖店、小型折扣店为主，面积扩大到 500 m² 以内。
2000年至2010年期间
在城镇化进一步发展之下，社区商业的管理技术、服务理念等发生更新，出现大型社区超市、购物中心等业态，面积也发展到 500 m² 以上。
2010年之后
在互联网、人工智能等技术支撑之下，社区商业呈现多元化业态布局，朝着便利化、智能化、品牌化、综合化方向迈进，不断构建和丰富着社区商业的生态体系。
vr互动体验
在线社区平台
虚拟社区和远程社交
邓巴数字
罗宾·邓巴在《梳毛、八卦及语言的进化》中提出了一个残酷的现实：无数人缺乏社交。
根据“邓巴数字”，同时引入层级关系，可以把这些社交节点描绘成更形象的“邓巴圈”，一般来说可以分为4个层级，并且每个社交圈层是包含关系，同时也是递进关系。
精神
弱关系

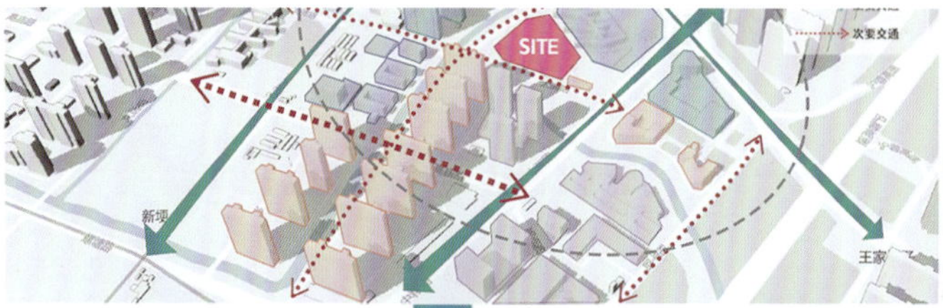
SITE
次要交通
新园
王家

空间问题

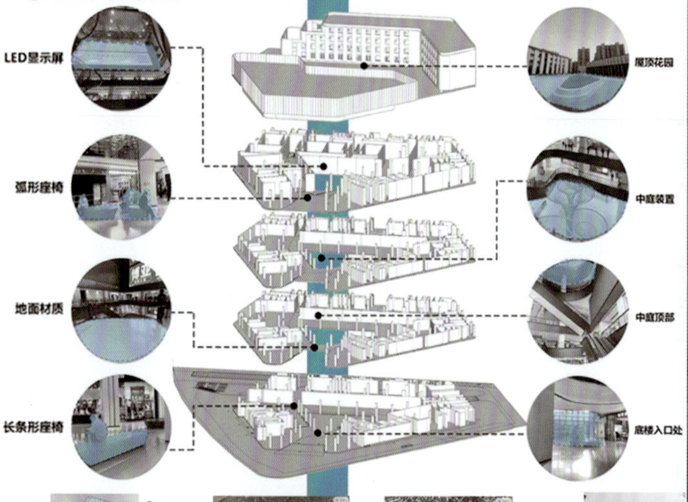
LED显示屏
弧形座椅
地面材质
长条形座椅
屋顶花园
中庭装置
中庭顶部
底楼入口处

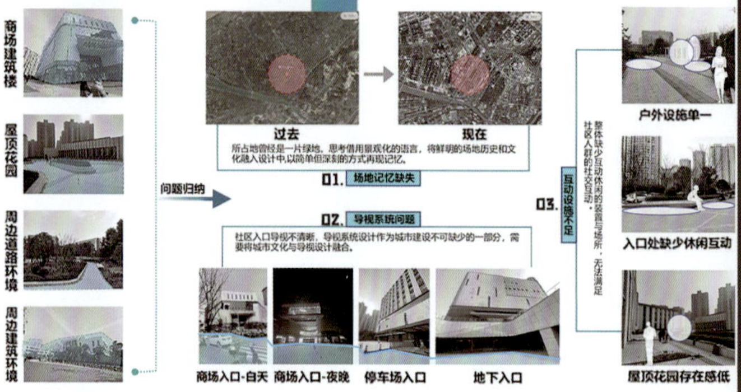
商场建筑楼
屋顶花园
周边道路环境
周边建筑环境
问题归纳
过去
现在
所占地曾经是一片绿地，思考借用景观化的语言，将鲜明的场地历史和文化融入设计中,以简单但深刻的方式再现记忆。
01. 场地记忆缺失
02. 导视系统问题
社区入口导视不清晰，导视系统设计作为城市建设不可缺少的一部分，需要将城市文化与导视设计融合。
商场入口-白天
商场入口-夜晚
停车场入口
地下入口
03. 互动设施不足
整体缺少互动休闲的装置与场所，无法满足社区人群的社交互动。
户外设施单一
入口处缺少休闲互动
屋顶花园存在感低

人群行为分析

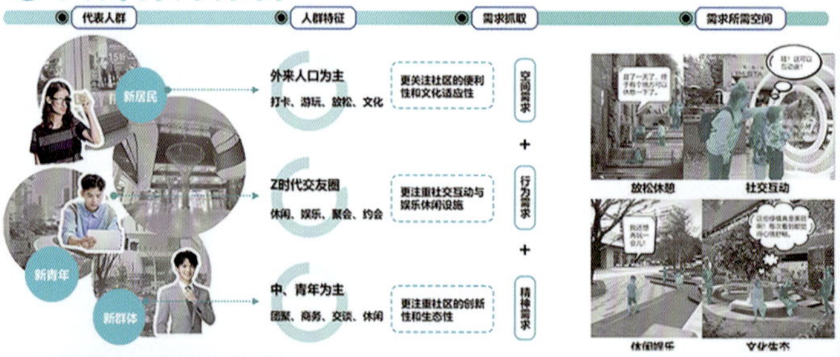
代表人群
人群特征
需求抓取
需求所需空间
新居民
新青年
新群体
外来人口为主
打卡、游玩、放松、文化
更关注社区的便利性和文化适应性
Z时代交友圈
休闲、娱乐、聚会、约会
更注重社交互动与娱乐休闲设施
中、青年为主
团聚、商务、交谈、休闲
更注重社区的创新性和生态性
空间需求
+
行为需求
+
精神需求
放松休憩
社交互动
休闲娱乐
文化生态

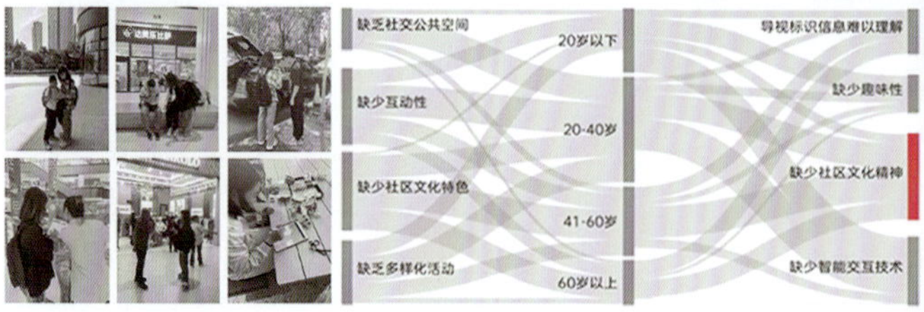
缺乏社交公共空间
缺少互动性
缺少社区文化特色
缺乏多样化活动
20岁以下
20-40岁
41-60岁
60岁以上
导视标识信息难以理解
缺少趣味性
缺少社区文化精神
缺少智能交互技术

设计策略

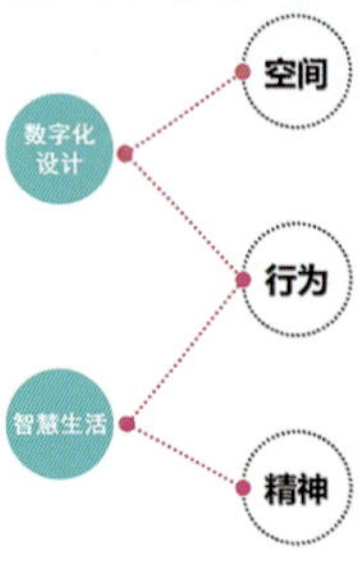
数字化设计
智慧生活
空间
行为
精神

单位圆功能模块

+ 将具有规律性的圆形模块应用于室内中庭、室外空间以及建筑外立面，并赋予其特定的社交功能与意义。

线上 + 线下联动

+ 建立**智能化社区管理系统**，提供app、小程序在线服务和社区信息查询功能等，搭建线上线下社交平台，构建**互动友好社区**。

空间叙事性主题

+ 五大叙事空间主题，从传统到现代，**相互关联并且层层递进**，旨在打造从物质到精神、传统到现代的社交空间叙事体验。

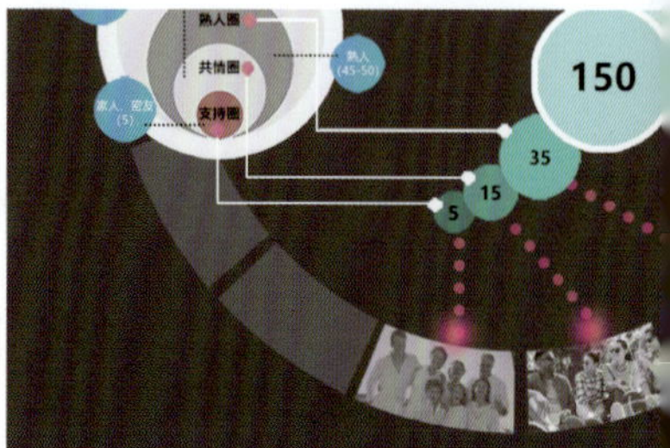
熟人圈
共情圈
支持圈
150
35
15
5

空间功能构建

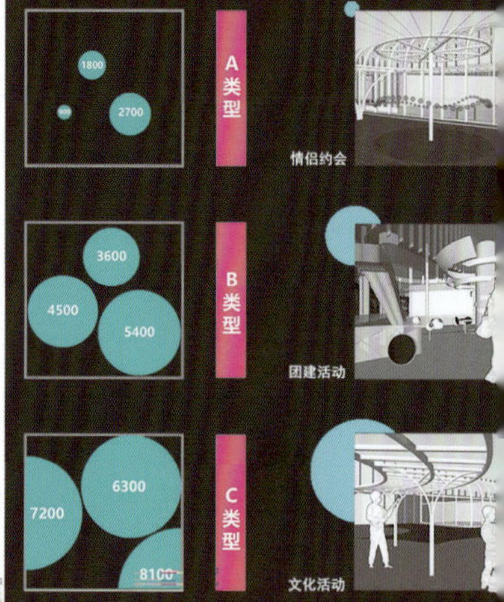
1800
2700
A类型
情侣约会
3600
4500
5400
B类型
团建活动
6300
7200
8100
C类型
文化活动

效果图

1F 休闲交流
1F 社区活动
1F 售卖展示

数字化设计与智慧生活

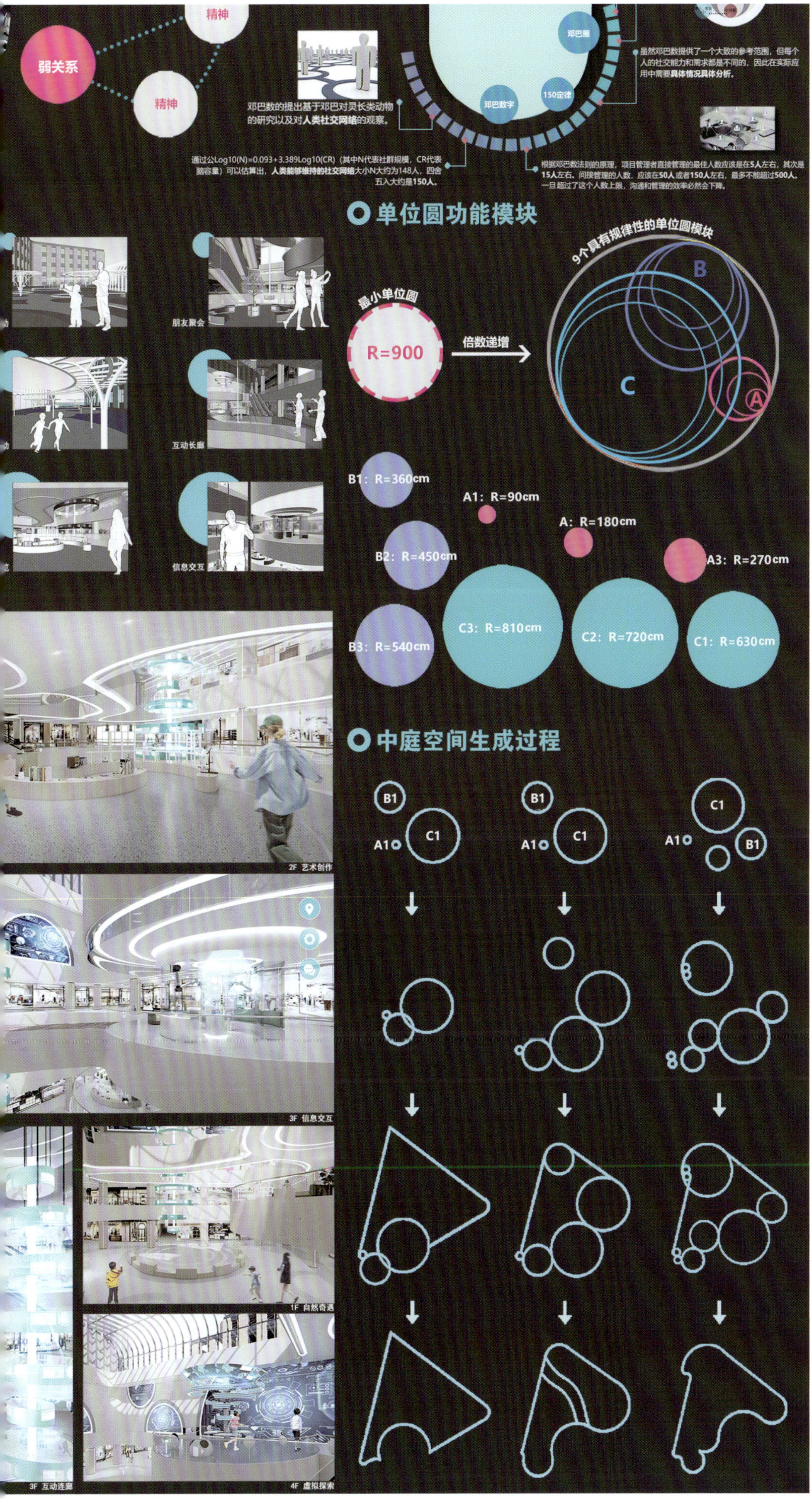
弱关系
精神
精神
邓巴数的提出基于邓巴对灵长类动物的研究以及对人类社交网络的观察。
邓巴圈
邓巴数字
150定律
虽然邓巴数提供了一个大致的参考范围，但每个人的社交能力和需求都是不同的，因此在实际应用中需要具体情况具体分析。
通过公Log10(N)=0.093+3.389Log10(CR)（其中N代表社群规模，CR代表脑容量）可以估算出，人类能够维持的社交网络大小N大约为148人，四舍五入大约是150人。
根据邓巴数法则的原理，项目管理者直接管理的最佳人数应该是在5人左右，其次是15人左右，间接管理的人数，应该在50人或者150人左右，最多不能超过500人。一旦超过了这个人数上限，沟通和管理的效率必然会下降。
单位圆功能模块
朋友聚会
互动长廊
信息交互
最小单位圆
R=900
倍数递增
9个具有规律性的单位圆模块
B
C
A
B1：R=360cm
A1：R=90cm
A：R=180cm
B2：R=450cm
A3：R=270cm
B3：R=540cm
C3：R=810cm
C2：R=720cm
C1：R=630cm
中庭空间生成过程
B1
C1
A1
2F 艺术创作
3F 信息交互
1F 自然奇遇
3F 互动连廊
4F 虚拟探索

5
华东区作品

咖啡烘焙工厂参数化室内设计研究

咖啡烘焙工厂参数化室内设计研究

主题分析：数字化设计·智慧生活

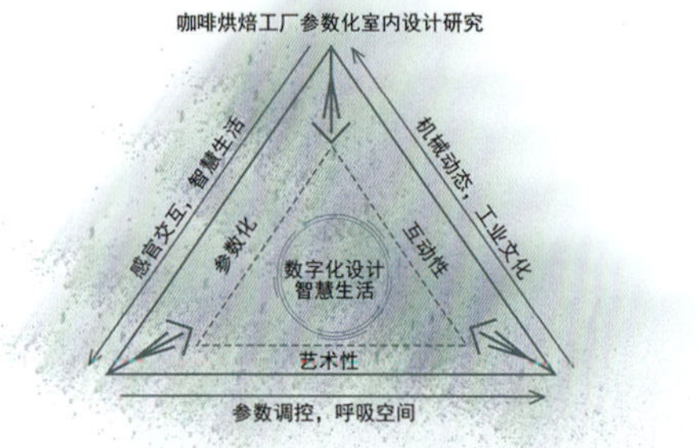

咖啡烘焙工厂参数化室内设计研究
感官交互、智慧生活
机械动态、工业文化
参数化
互动性
数字化设计
智慧生活
艺术性
参数调控，呼吸空间

0~18 岁 (20%)
18~26 岁 (40%)
27~50 岁 (20%)
51~70 岁 (20%)
年龄层
居民
游客
学生与职工
职业
聊天 (Talking)
歇脚 (Resting)
聚会 (Activity)
商务 (Business)
饮用 (Drink)
人群需求
人群分析
咖啡饮用
龄偏年轻
以休闲娱
能更多体
变化。

场地现状

场地发展迅速，交通便利，具有工业发展历史

数字化设计

数字化应该相对于传统物理体系，打破感官上的物理规则，给人营造出新的体验，数字化世界的场景是虚拟现实的。

数字化设计的空间应该是动态的，给人即时反馈的，带有超现实色彩的（一定程度违背物理直觉），高度沉浸式体验→游戏质感的。

数字化设计的空间应该是基于数字化工具生成，通过数字化进行分析，线上线下结合，空间包含的各项内容与人产生即时影响，所产生的一种新时代新体验的多感官交互场景空间。

智慧生活

人的意向是动态变化的。

例如，人们早上花很多时间停留在某个地点，但你永远无法真正理解为什么会这样。那里可能是一个阳光直射、美丽而温暖的地方，也可能有很棒的WIFI。为了得出正确的设计结论，需要理解是什么驱动了这些行为，是什么激发了这些行为。

空间的概念在不断变化，企业的需求也在不断变化，消费者一直在寻找新鲜感，寻找具有冲击性的体验。

动态空间 + 参数化设计 —机械化动态装置 / 数字技术→ 参数化室内设计 ← 交互设计

场地区位

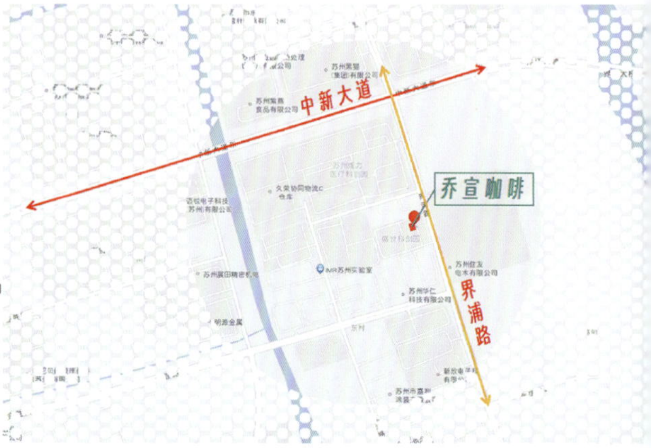

中新大道
界浦路
乔宣咖啡

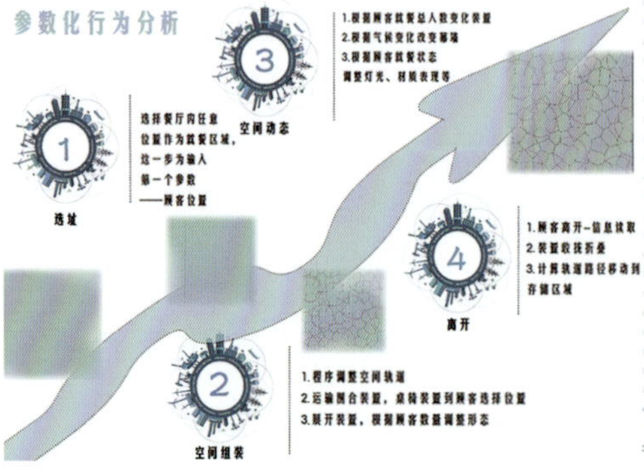

参数化行为分析
1
选址
选择餐厅内任意位置作为就餐区域，这一步为输入第一个参数——顾客位置
2
空间组装
1.程序调整空间轨道
2.运输圆合装置，桌椅装置到顾客选择位置
3.展开装置，根据顾客数量调整形态
3
空间动态
1.根据顾客就餐总人数变化装置
2.根据气候变化改变幕墙
3.根据顾客就餐状态调整灯光、材质表现等
4
离开
1.顾客离开–信息抓取
2.装置收拢折叠
3.计算轨道路径移动到存储区域

化手段

边形：将所有相邻气象站连成三角形，作这些各边的垂直平分线，于是每个气象站周围的若平分线便围成一个多边形。

这样以每位（组）顾客作为“气象站”，保为只有一位（一组）顾客。

沿泰森多边形边生成的交通能够到每相邻两等距。

第一级分割

基于第一层分割布置轨道与板件

↓

第二级分割

顾客选择任意点为活动中心点

↓

构成聚集位置

该位置为顾客聚集中心

↓

生成泡泡

沿活动中心生成泡泡围合空间

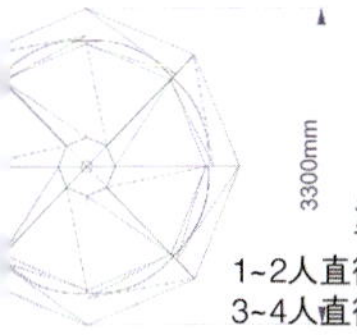
3300mm

泡泡尺度

1~2人直径3300mm；
3~4人直径4200mm。

36组人群就餐时一层咖啡厅区域平面状态模拟（泡泡直径均为4200mm）

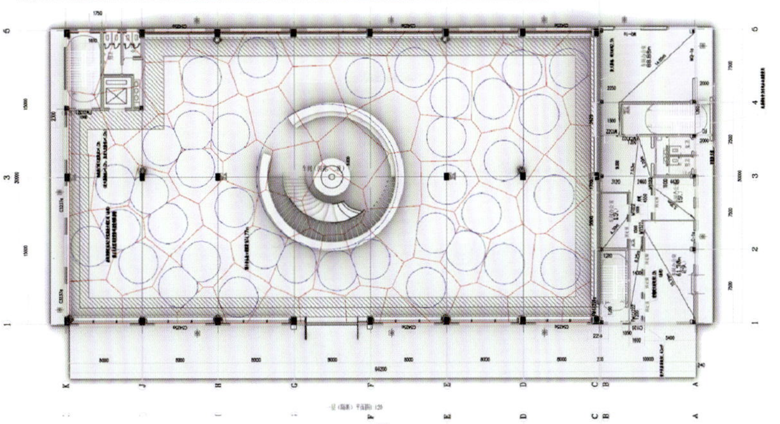

56组人群就餐时一层咖啡厅区域平面状态模拟

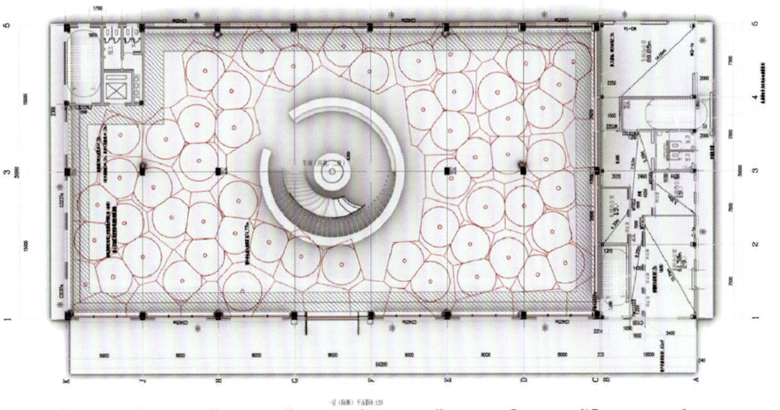

86组人群就餐时一层咖啡厅区域平面状态模拟（满载）

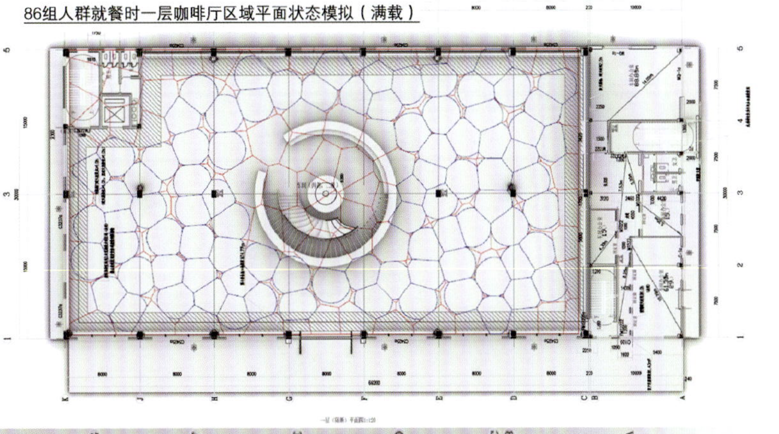

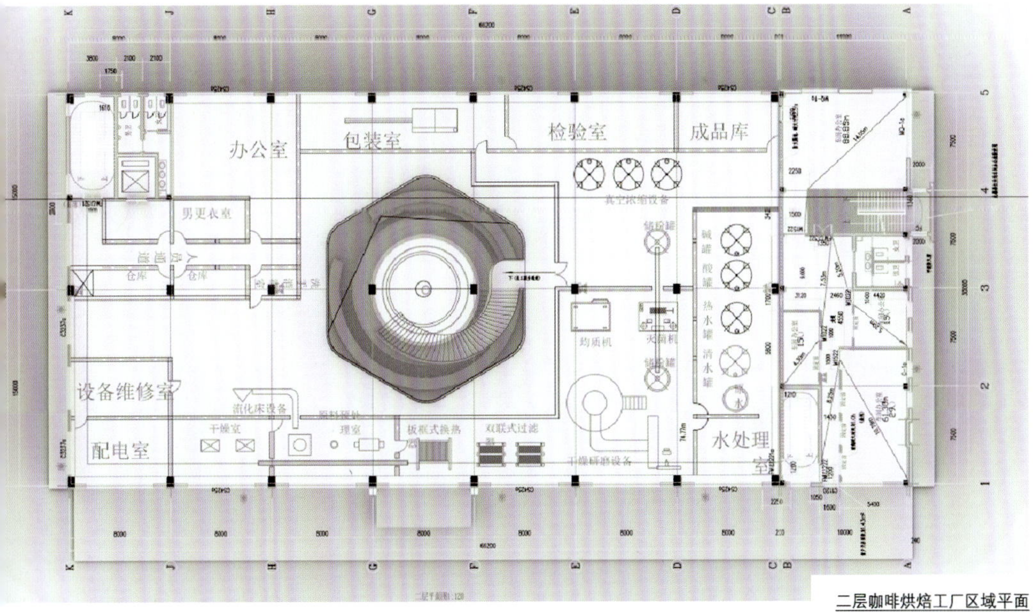
办公室
包装室
检验室
成品库
男更衣室
设备维修室
配电室
水处理室

二层咖啡烘焙工厂区域平面

江南大学

指导教师：姬琳
作者：周杨

空间构成元素

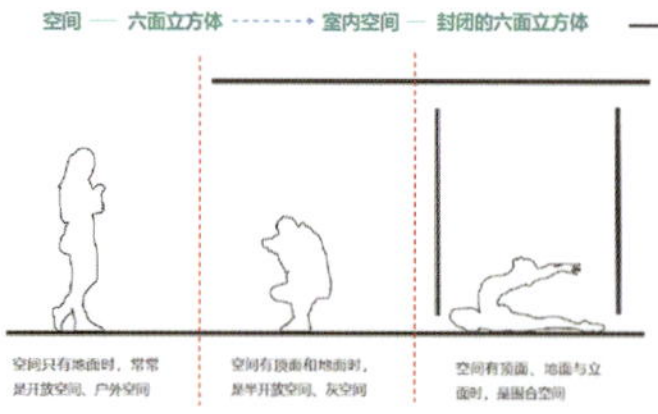
空间
六面立方体
室内空间
封闭的六面立方体
空间只有地面时，常常是开放空间、户外空间
空间有顶面和地面时，是半开放空间、灰空间
空间有顶面、地面与立面时，是围合空间

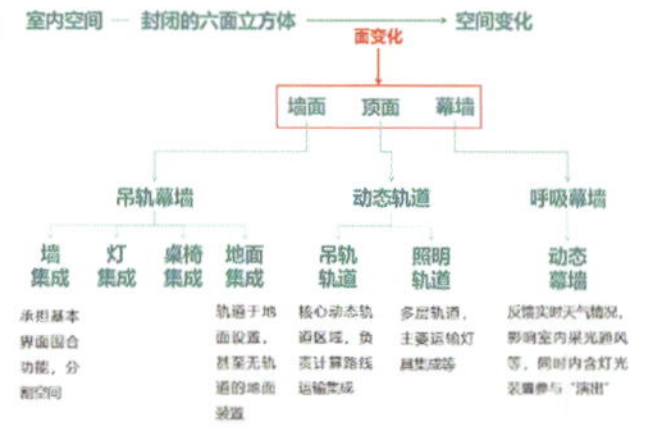
室内空间
封闭的六面立方体
面变化
空间变化
墙面
顶面
幕墙
吊轨幕墙
动态轨道
呼吸幕墙
墙集成
灯集成
桌椅集成
地面集成
吊轨轨道
照明轨道
动态幕墙
承担基本界面围合功能，分割空间
轨道于地面设置，甚至无轨道的地面装置
核心动态轨道区域，负责计算路线运输集成
多层轨道，主要运输灯具集成等
反馈实时天气情况，影响室内采光通风等，同时内含灯光装置参与“演出”

空间围合装置

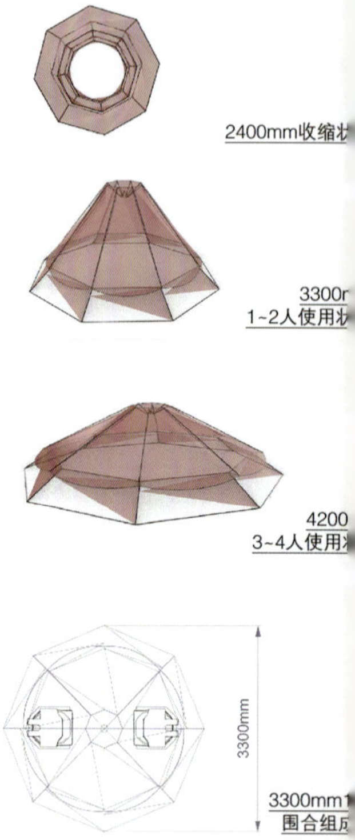
2400mm收缩
3300
1~2人使用
4200
3~4人使用
3300mm
3300mm
围合组

空间组成

建筑剖面

幕墙单元分析

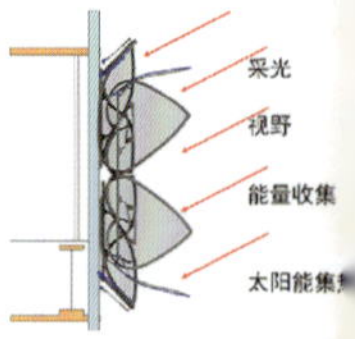
采光
视野
能量收集
太阳能集

呼吸幕墙

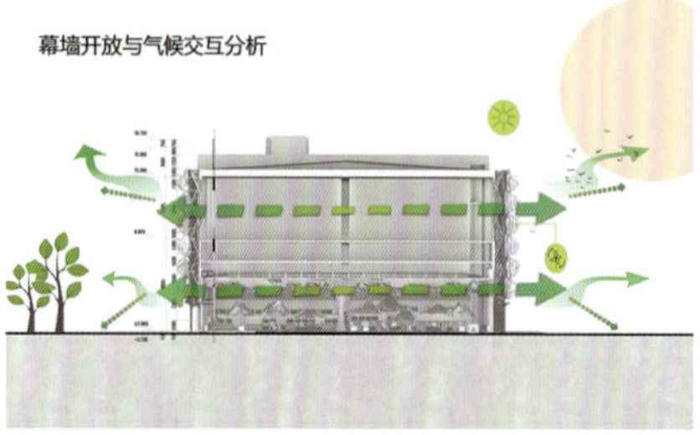
幕墙开放与气候交互分析

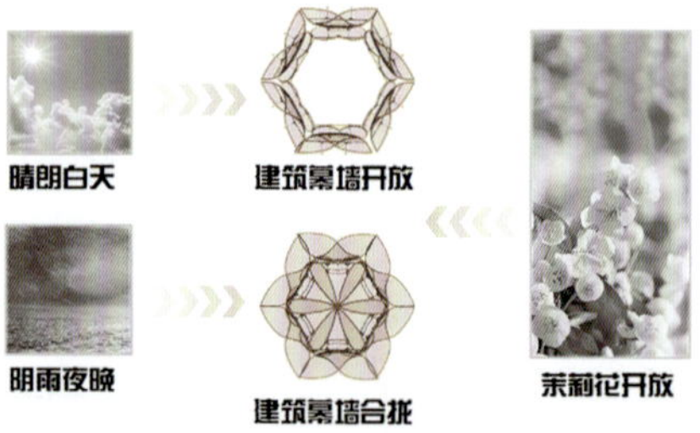
晴朗白天
建筑幕墙开放
阴雨夜晚
建筑幕墙合拢
茉莉花开放

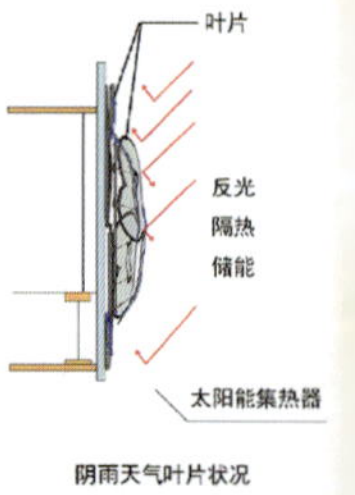
晴朗天气叶片状况
叶片
反光
隔热
储能
太阳能集热器
阴雨天气叶片状况

闭合立面

盛开立面

空间场景模拟

“听说这家咖啡厅可以自定义座位，俺俩去试试吧？”
“很抱歉打扰您，请问可以拼桌吗？”
“请问有什么推荐的咖啡吗？”
“我想要一杯拿铁，谢谢。”
“可以帮我续一下水吗？”
“哇！这朵大花还能升起来！”

数字化设计是一种方法，智慧生活是一种态度。
在参数化咖啡厅里，每个人都是独立的参数，告诉我你想要的就餐地点，空间会移动盛开，围合出接下来一段时间属于你的小天地。
每个人都是一个参数，参数聚集在一起，空间就自然而然地动起来了，像云朵、花朵亦或是深海里的水母，空间如同呼吸一般收缩着，开放着。只因为你作为参数——你设定了那个一生二，二生三，三生万物的“一”的参数起始点。
这就是由你所定义的参数化咖啡空间。

望向潜窗中——东南·邻里茂社区中心智慧型商业空间环境设计

望向潜窗中
东南·邻里茂社区中心智慧型商业空间环境设计

概念阐述

本设计以数字化设计，智慧生活为主题，延续原场地“城市绿洲”的设计理念，分别引“潜望窗”“树的推演”“盆栽参与计划”三个层面概念并置，为打开新型邻里关系提供了潜媒介，既是一个针对商业服务空间公共性的改造，利用视点缔造了一个巨大的DIY盆栽展示成为第三个中庭；也是一个运营模式公益性的优化方案，人们可以进行与盆栽、数字之间的互。力图在场所下与人、商品、空间、社区产生对话，是对“望向打开的视野、有机的潜入里”的思考。人们以此参与到邻里中心去，共同打开智慧的生活窗口。

来源与草图逻辑梳理

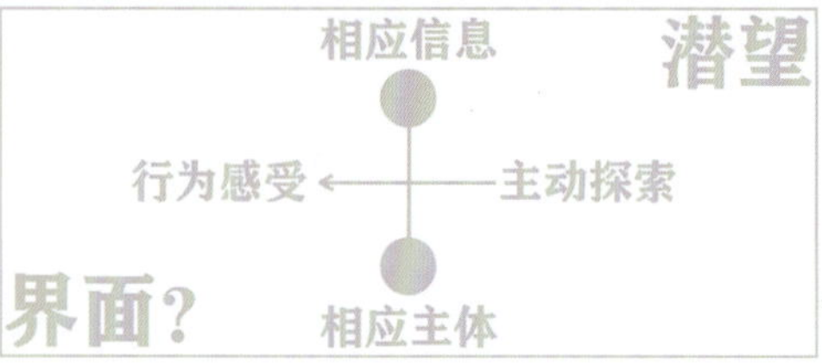
相应信息
潜望
行为感受
主动探索
界面？
相应主体

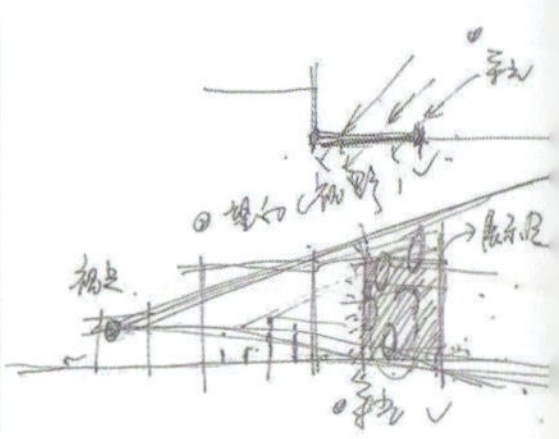

齐鲁工业大学

指导教师：邓琛　李建华　王蓓蓓
作　　者：邹佳润　李明轩

智慧生活协同模型

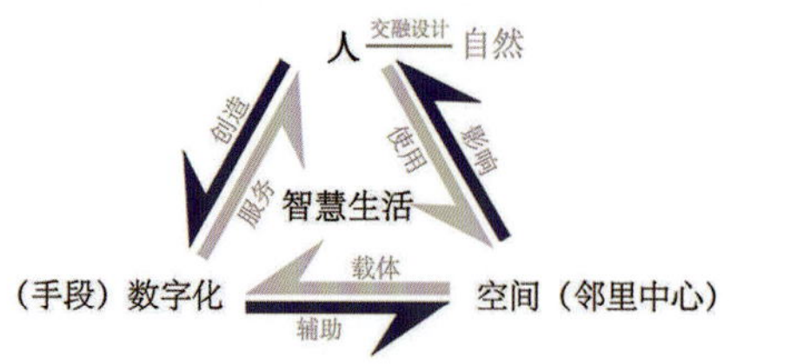
人
交融设计
自然
创造
服务
使用
影响
智慧生活
载体
（手段）数字化
空间（邻里中心）
辅助

邻里中心的发展演变

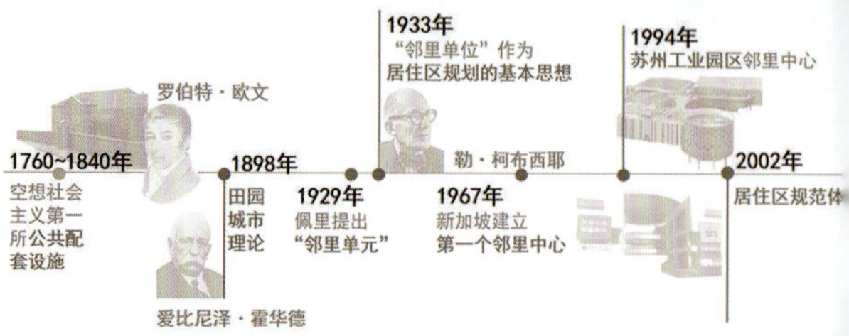
1933年
“邻里单位”作为
居住区规划的基本思想
1994年
苏州工业园区邻里中心
罗伯特·欧文
1760~1840年
空想社会
主义第一
所公共配
套设施
1898年
田园
城市
理论
1929年
佩里提出
“邻里单元”
勒·柯布西耶
1967年
新加坡建立
第一个邻里中心
2002年
居住区规范体
爱比尼泽·霍华德

邻里中心的定位

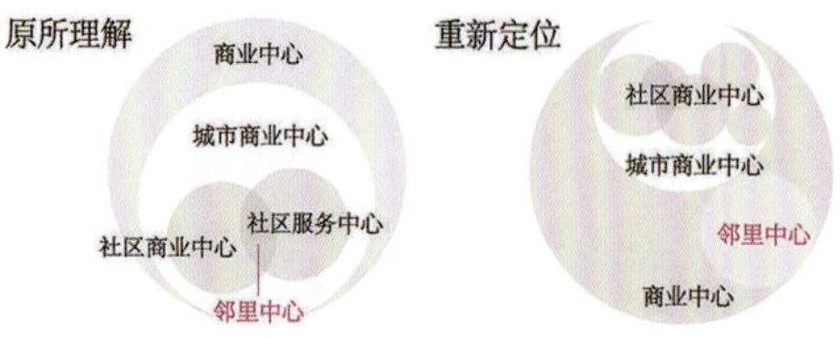
原所理解
商业中心
城市商业中心
社区服务中心
社区商业中心
邻里中心
重新定位
社区商业中心
城市商业中心
邻里中心
商业中心

智慧生活与社区的共同拟合结果

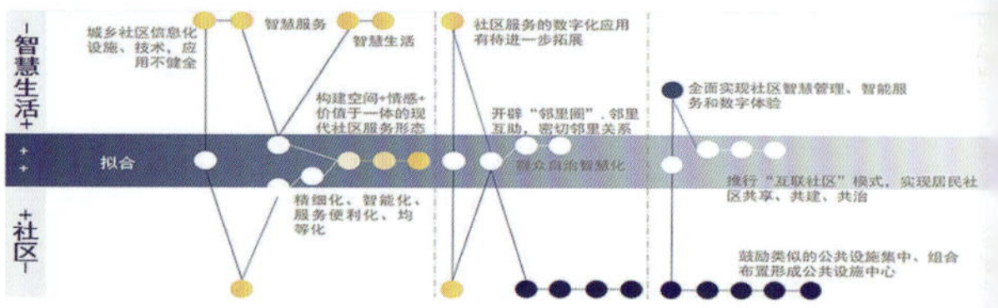
智慧生活
拟合
社区

邻里中心的公共、商业和公益性

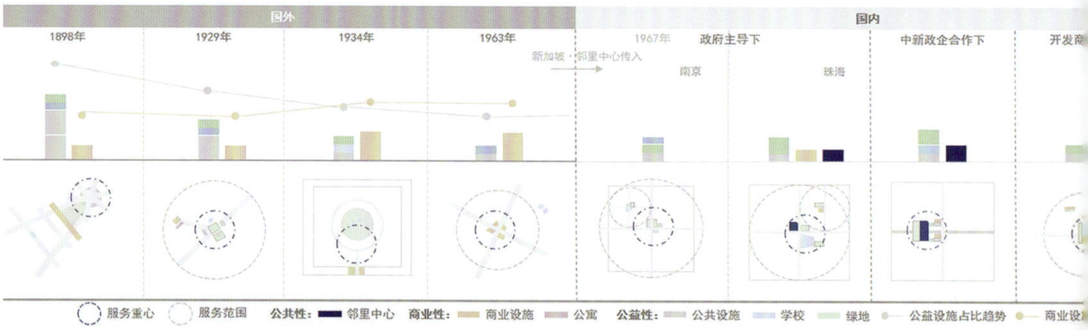
国外
国内
1898年
1929年
1934年
1963年
1967年
政府主导下
中新政企合作下
新加坡·邻里中心传入
南京
珠海
服务重心
服务范围
公共性：
邻里中心
商业性：
商业设施
公寓
公益性：
公共设施
学校
绿地
公益设施占比趋势

平面与新中庭剖面

-1F　　1F

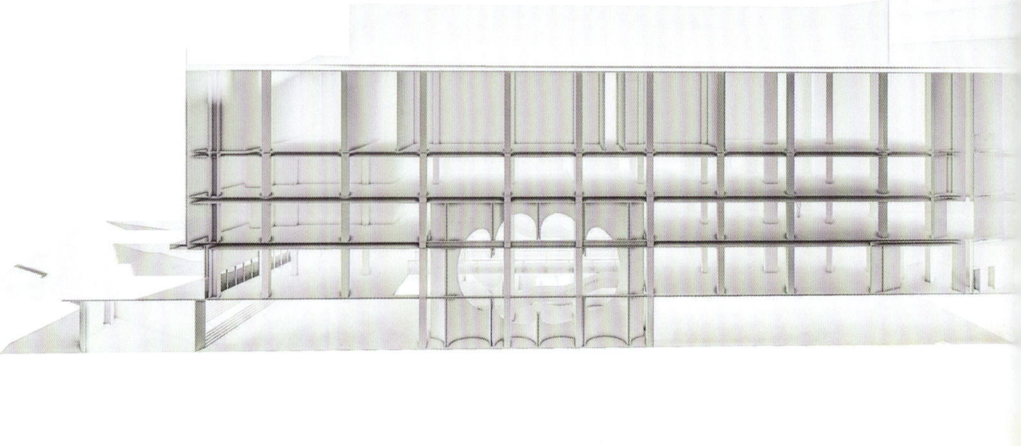

6

华西区

参加院校：西安美术学院、西安交通大学、云南艺术学院、兰州大学、西安工程大学

命题单位：中建华夏国际设计有限公司、云南艺术学院设计学院

支持单位：福尔波地板（上海）有限公司、上海富瑞宝建材科技有限公司

联合主办单位：中国建筑西北设计研究院有限公司、西安交通大学艺术系、西安美术学院

华西区作品

西安美术学院

共鸣——信息时代背景下山地农耕聚落的外放型空间跃迁

西安交通大学

信息时代下元阳哈尼族村寨外向空间设计

西安美术学院

云海精灵——云南省阿者科传统村落风貌环境提升设计

云南艺术学院

智慧时代下大地遗产的响应式单元更新

兰州大学

水痕浮生——无锡慈善博物馆空间设计

西安工程大学

寻找“梦中”的阿者科——构建农旅融合的特色乡宿文化综合体与梯田景观

共鸣——信息时代背景下山地农耕聚落的外放型空间跃迁

共鸣 信息时代背景下山地农耕聚落的外放型空间跃迁

四素同构 物候历法

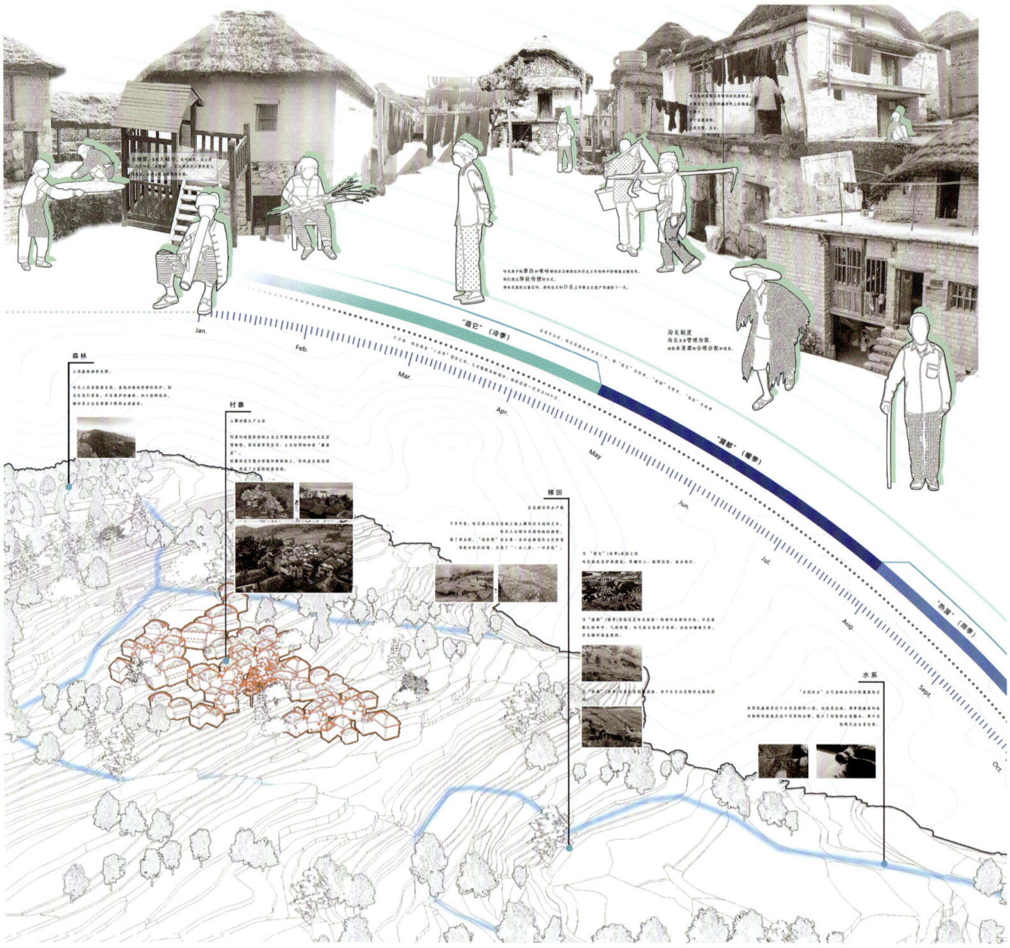
森林
村寨
梯田
水系
Jan.
Feb.
Mar.
Apr.
May
Jun.
Jul.
Aug.
Sept.
Oct.

各地梯田比对分析

老村地图

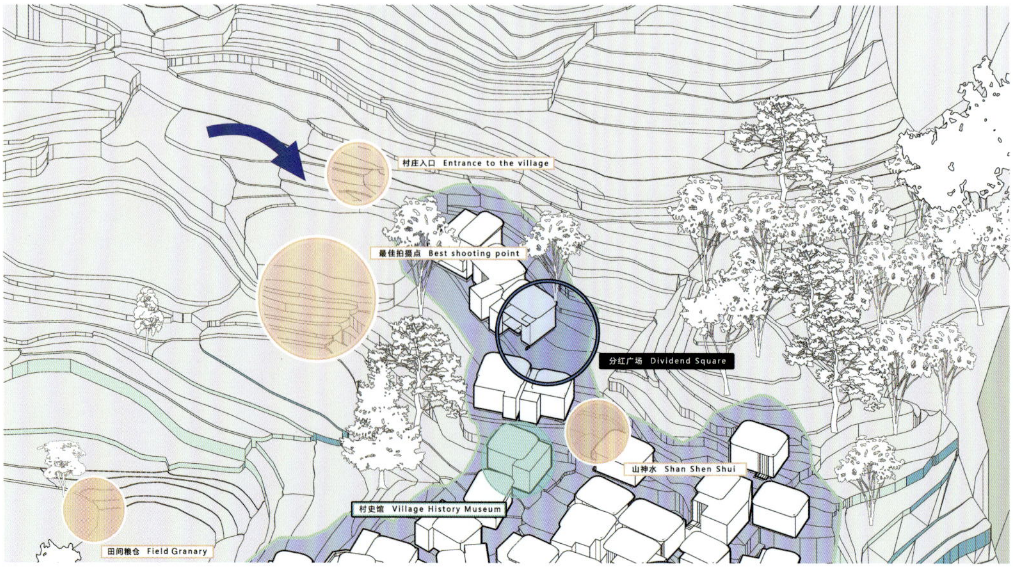
村庄入口 Entrance to the village
最佳拍摄点 Best shooting point
分红广场 Dividend Square
山神水 Shan Shen Shui
村史馆 Village History Museum
田间粮仓 Field Granary

老村现
蘑菇屋
蘑菇屋

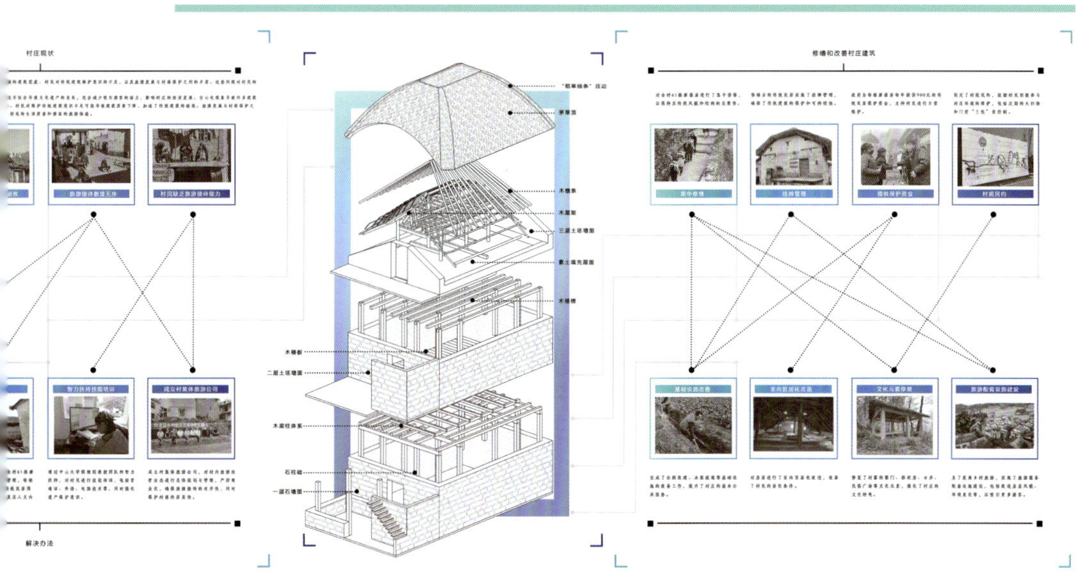

西安美术学院

指导教师：张豪 郭贝贝

作者：陈新野 林金硕 李雨露 张楠

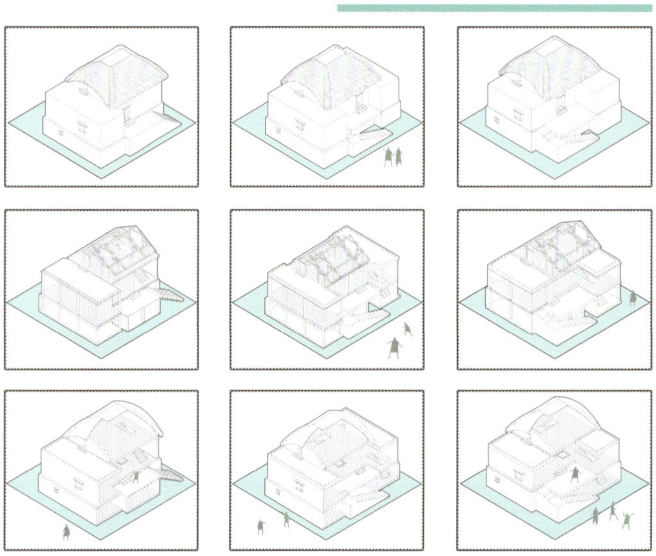

蘑菇屋形态分析

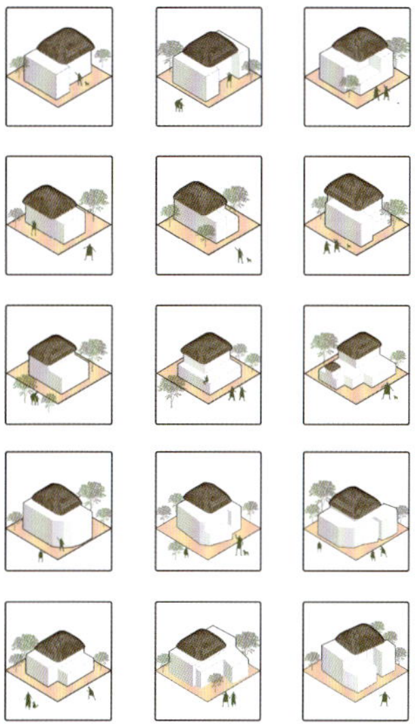

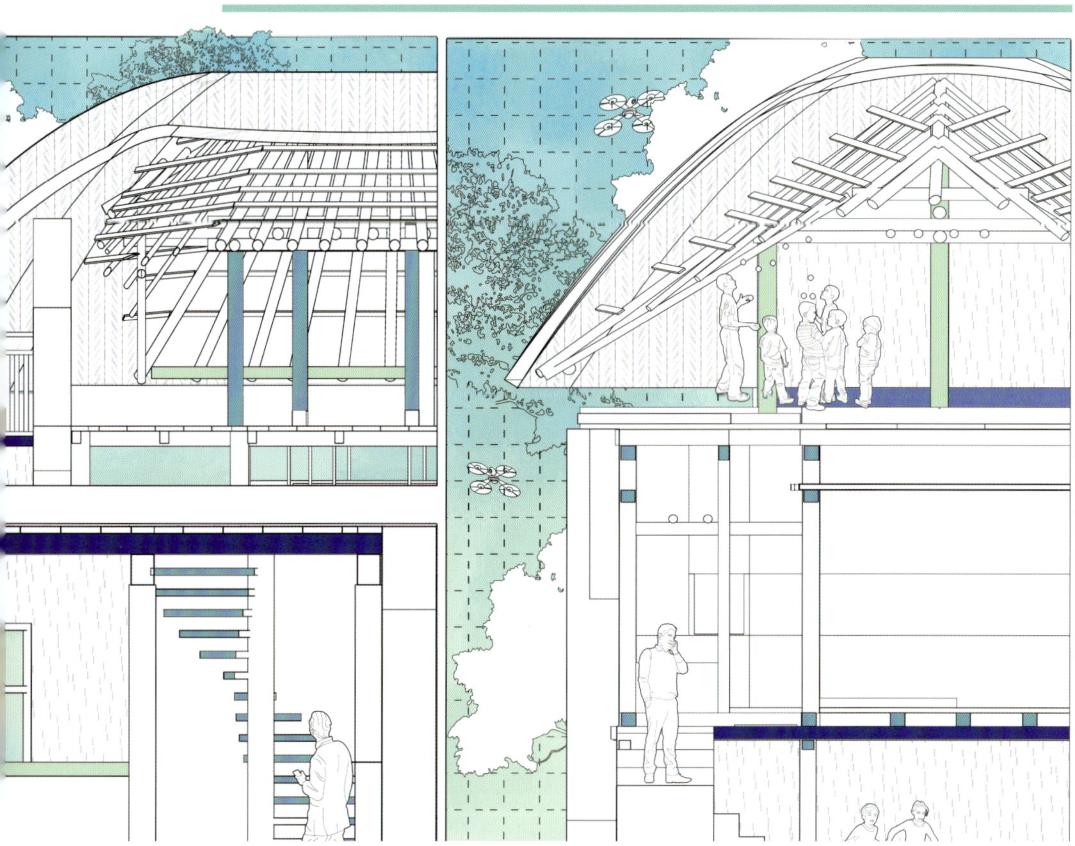

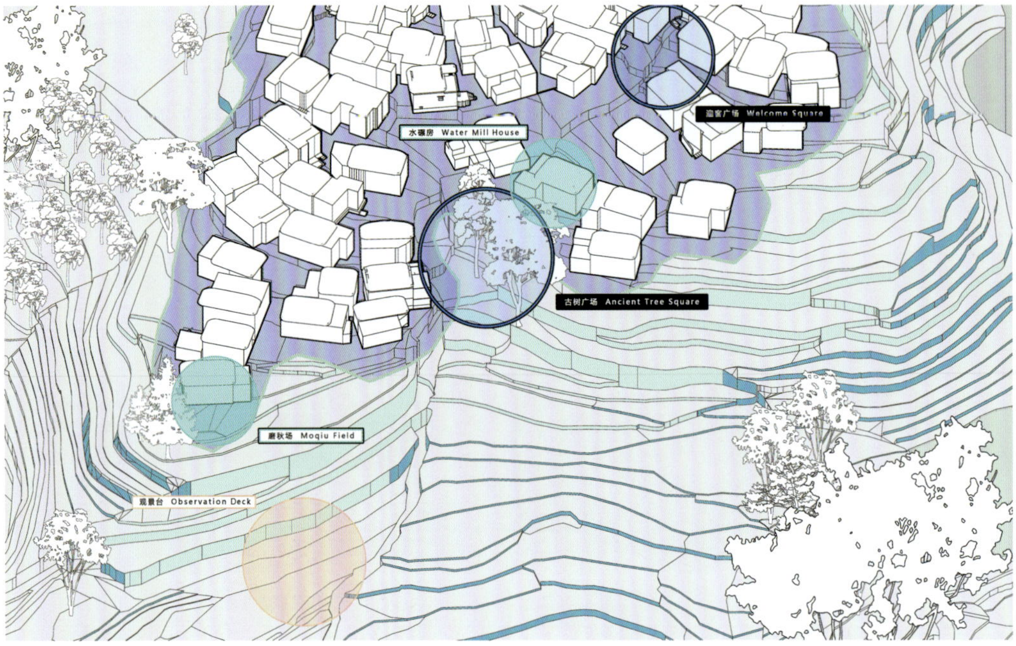
水碾房 Water Mill House
迎客广场 Welcome Square
古树广场 Ancient Tree Square
磨秋场 Moqiu Field
观景台 Observation Deck

阿者科

老村公共场景设计

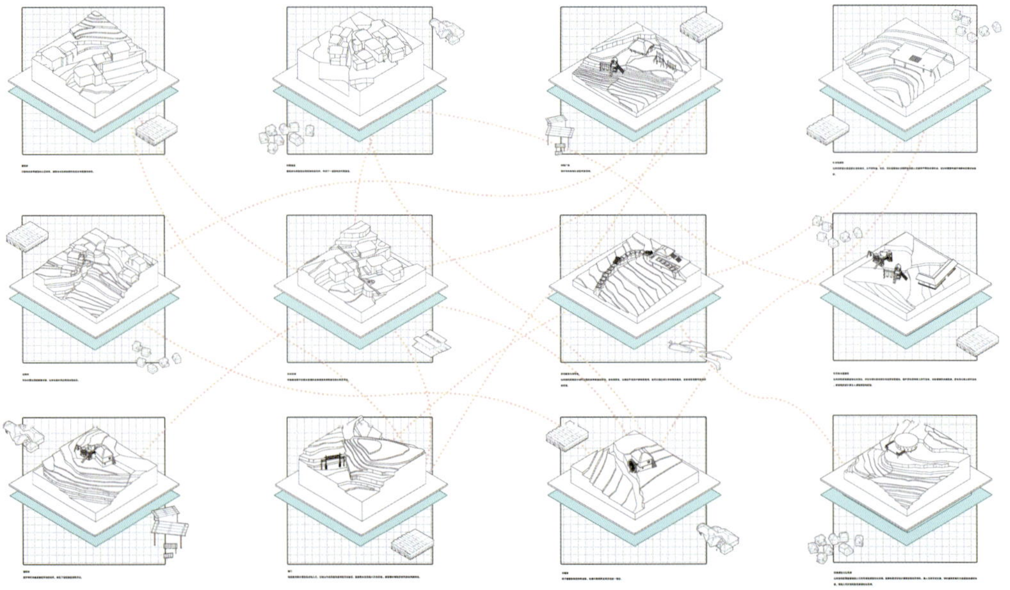

老村场

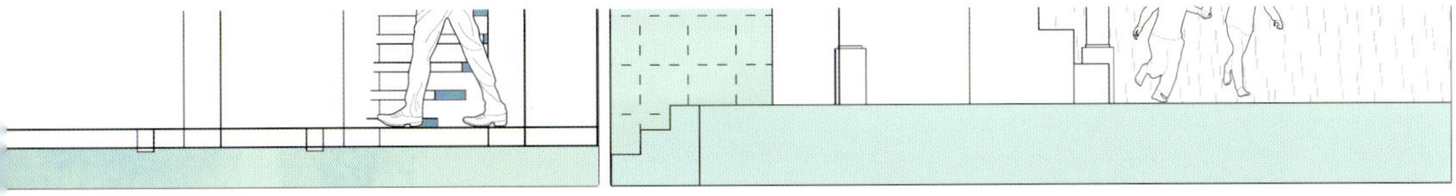

信息时代下元阳哈尼族村寨外向空间设计

信息时代下元阳哈尼族村寨外向
区位分析
功能分区
元阳县
场地现状
寨神林广场
赏景中岛
人群集中
视线通廊

西安交通大学

指导教师：吴　雪　赵一青

作　者：李玉琢　赵怀彬

间设计

总平面图

尼火塘
花园小道
群可达

柴火堆积地点
室内外楼梯
柴火堆积地点
建筑距离近
节点杂乱
堆积大量建筑废料
火塘柴火供应
阿者科村

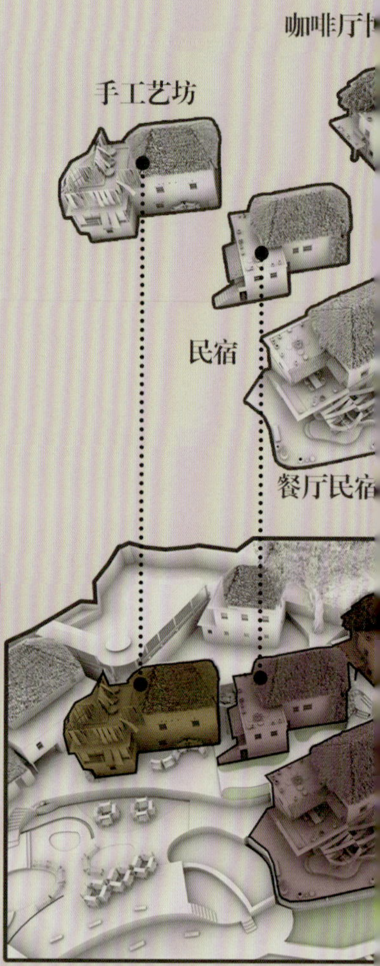
咖啡厅
手工艺坊
民宿
餐厅民宿

文化基因分析

传统建筑
节庆民俗
民族服饰
村寨环境
民族手工艺

类型学分析

一家3、4口人的起居生活需求
晾晒空间缺失，由2层向外延伸出平晒层
房屋重建，生活质量提升，追求现代建筑风格

设计说明

元阳哈尼族阿者科村蕴含深厚的哈尼族文化内涵，为保护其文化传承与发展脉络，政府针对元阳哈尼族村寨现状做出了《元阳阿者科村传统村落保护发展规划》，规划明确标明了阿者科村的建设红线，对挂牌保护建筑进行严格的保护，对异化和需协调建筑进行修缮和恢复处理。我们通过类型学和文化基因两个理论为指导进行设计实践，通过实地调研、问卷调查、文献分析的方式从两个方向出发对哈尼族以及阿者科村展开了研究，根据类型学理论选择了村寨中最具有文化代表性的4栋建筑在尊重原有风貌的基础上进行设计优化，以适应现代社会发展。在这个场地上我们通过文化基因理论把握哈尼族文化脉络，尝试建立一个促进当地文化发展为主题的复合型外向空间。

游客需求分析

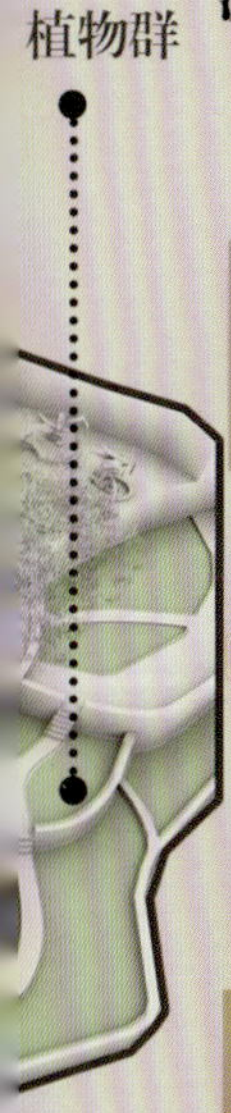
植物群

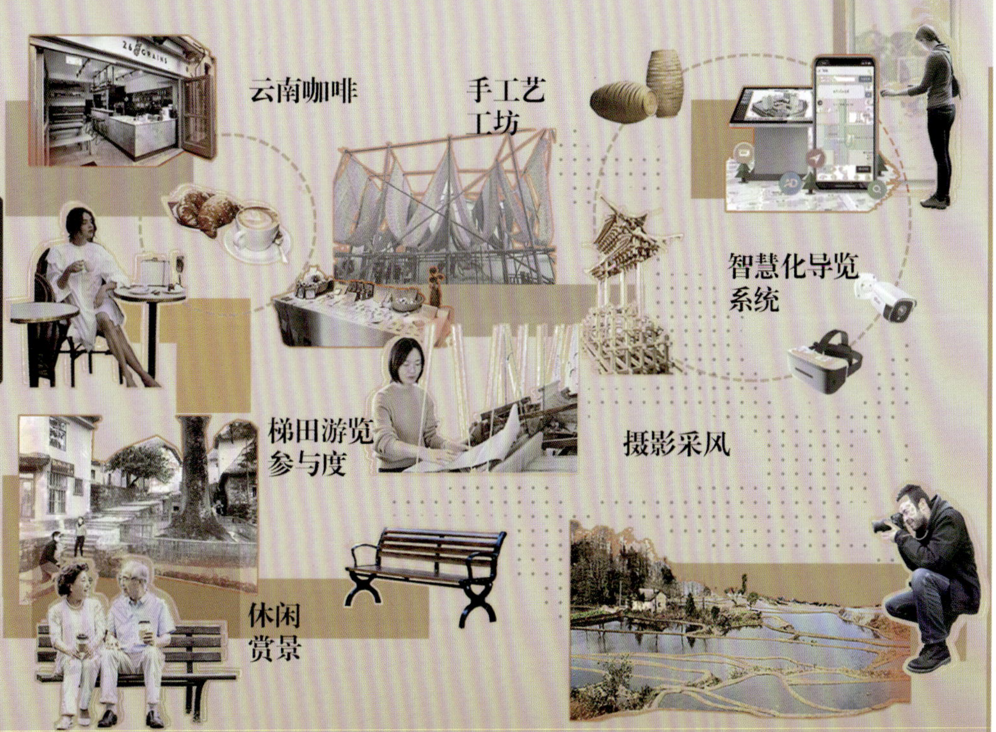
云南咖啡
手工艺
工坊
智慧化导览
系统
梯田游览
参与度
摄影采风
休闲
赏景

居民需求分析

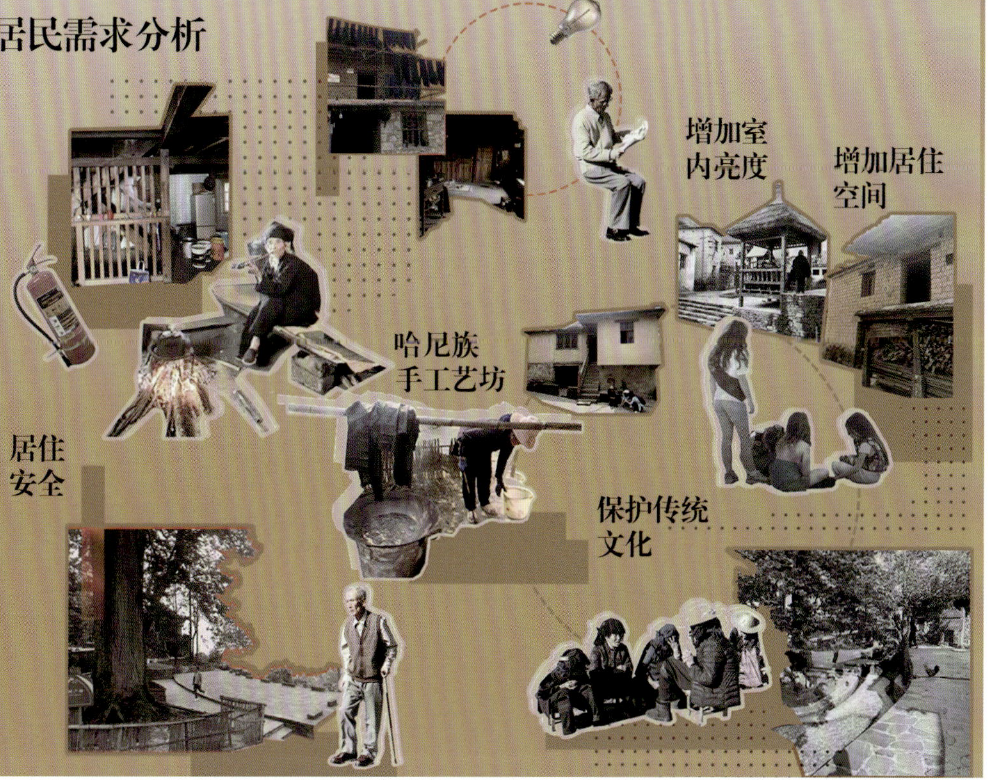
增加室
内亮度
增加居住
空间
哈尼族
手工艺坊
居住
安全
保护传统
文化

6+ 室内·联合毕业设计

云海精灵——云南省阿者科传统村落风貌环境提升设计

竹编材质
梯田形态
樱桃木
栈道
栈道平面图
栈道东立面
水碾房
2750
1650
2580
1950
300
-3.000

观赏功能
观赏功能
休闲娱乐区
栈道南立面
8.930
2750
6.180
1650
4.530
2580
1.950
1950
±0.000
300
-3.000
0 1 2m

西安美术学院

指导教师：郭贝贝 张 豪
作 者：颜 麟 曹李雪洋 马宇航 罗卿予

智慧时代下大地遗产的响应式单元更新

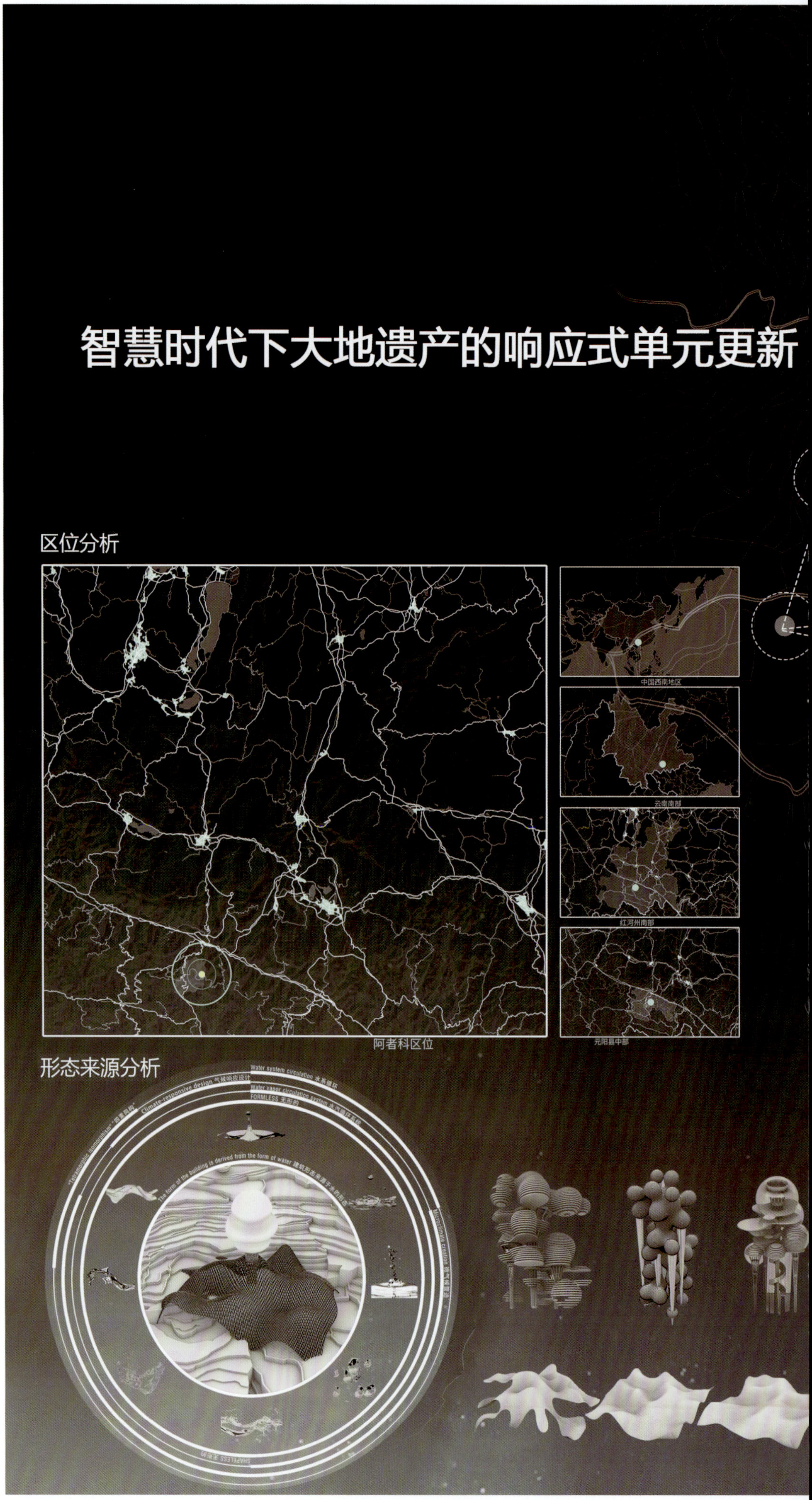

智慧时代下大地遗产的响应式单元更新
区位分析
中国西南地区
云南南部
红河州南部
元阳县中部
阿者科区位
形态来源分析
Water system circulation 水系循环
Climate-responsive design 气候响应设计
Water vapor circulation system 水汽循环系统
FORMLESS 无形的
The form of the building is derived from the form of water 建筑形态来源于水的形态
SHAPELESS 无形的

立式更新的主体空间，在形态与机能上巧妙地嵌入原有村落肌理，坐落于水汽流转的下游地带，如气候的泵站一般，通过精微调控四素同构闭环的关键节点，服务于村落核心区域的永续农业种植。周边次级单体的选点，呈放射状散布于层层梯田，以微功能响应平台的形式针对性布局，由点及网贯穿于田间。

立面功能分析

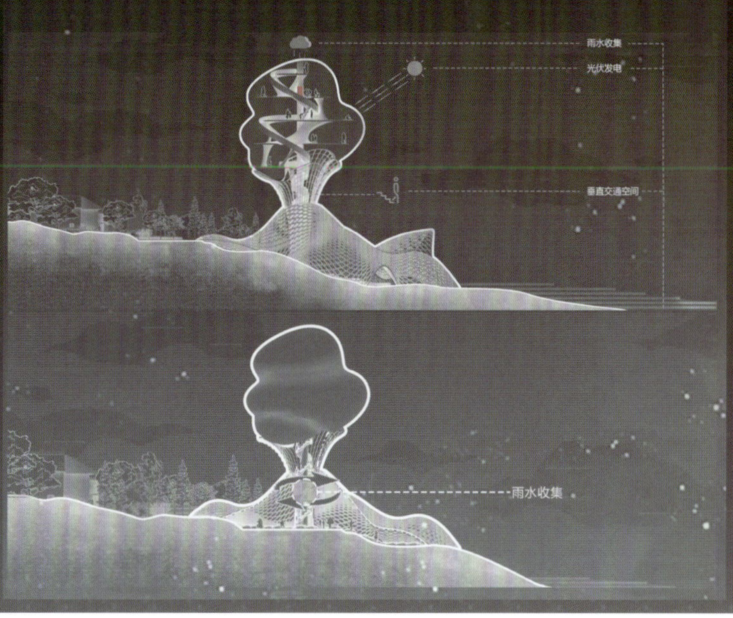
雨水收集
光伏发电
垂直交通空间
雨水收集

云南艺术学院
指导教师：向坤
作者：叶坤翔 叶玉茹 许炯良 覃广辉

以一滴田间水汽逐步开始编织新兴科技与历史遗产的
回应，探寻阿者科永续农业与智慧旅游自适应体系创

雨水收集
支撑柱/收集路径
光伏模板
农忙休息空间
蓄水

水痕浮生——无锡慈善博物馆空间设计

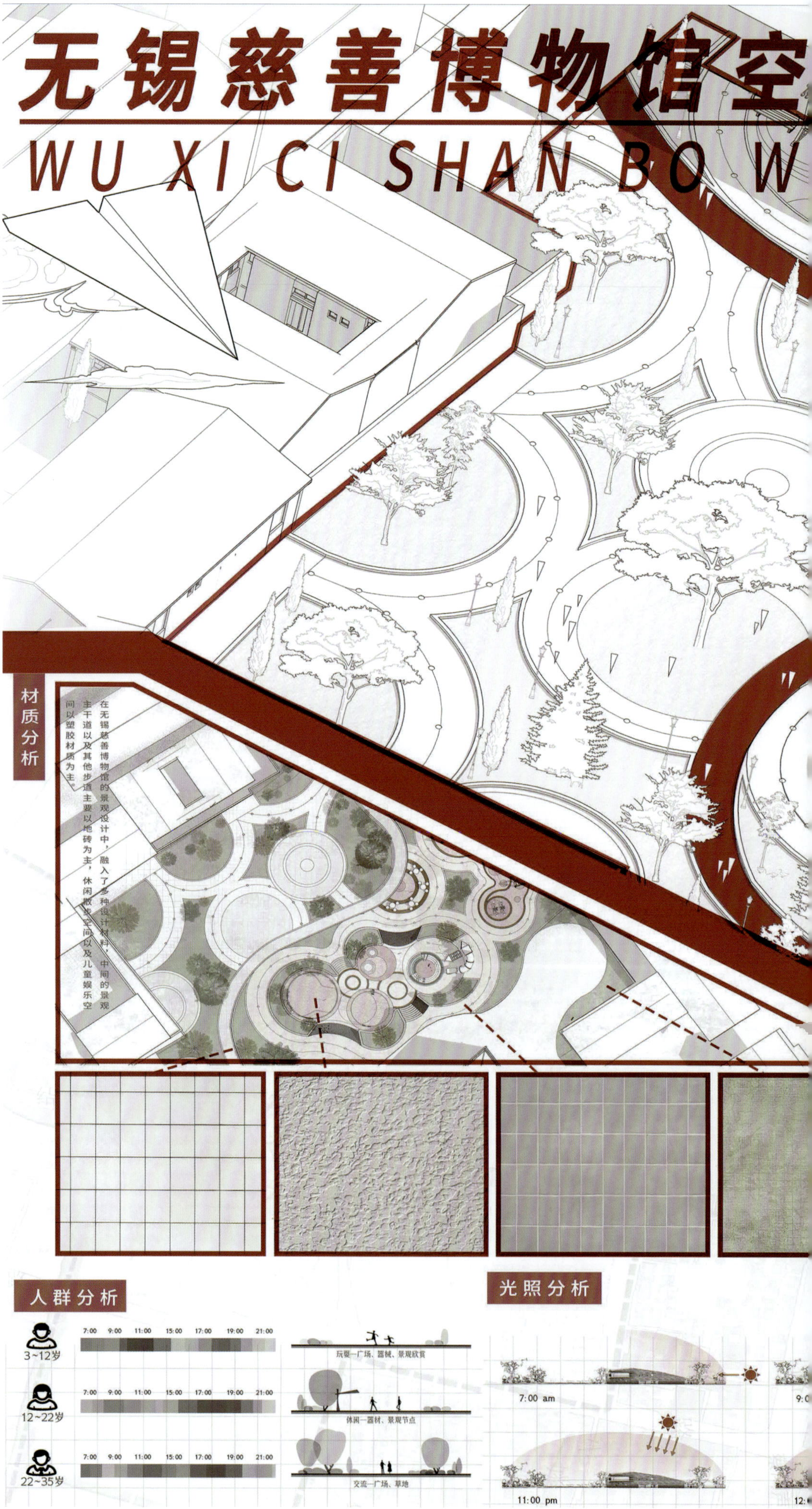
无锡慈善博物馆空
WU XI CI SHAN BO W
材质分析
在无锡慈善博物馆的景观设计中，融入了多种设计材料，中间的景观主干道以及其他步道主要以地砖为主，休闲散步空间以及儿童娱乐空间以塑胶材质为主。
人群分析
3~12岁
12~22岁
22~35岁
7:00 9:00 11:00 15:00 17:00 19:00 21:00
玩耍—广场、器械、景观欣赏
休闲—器材、景观节点
交流—广场、草地
光照分析
7:00 am
11:00 pm

间设计

UAN

兰州大学

指导教师：马若琼 李静

作者：赵家乐 宋宇杰 陈雅娴

效果图

景观节点

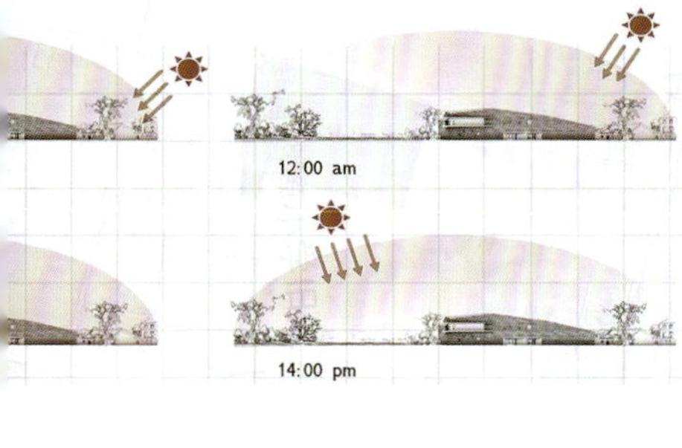
12:00 am
14:00 pm

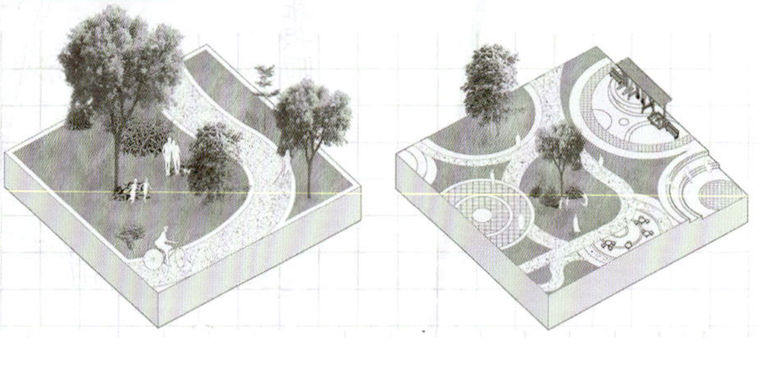

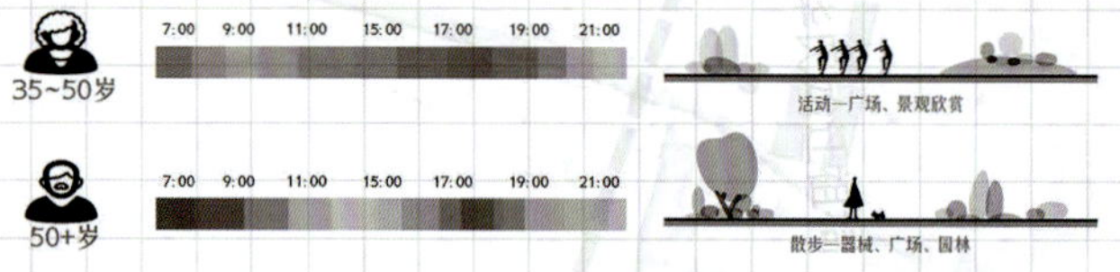
35~50岁
7:00 9:00 11:00 15:00 17:00 19:00 21:00
活动—广场、景观欣赏
50+岁
7:00 9:00 11:00 15:00 17:00 19:00 21:00
散步—器械、广场、园林

17:00 pm
18:0

区位选址

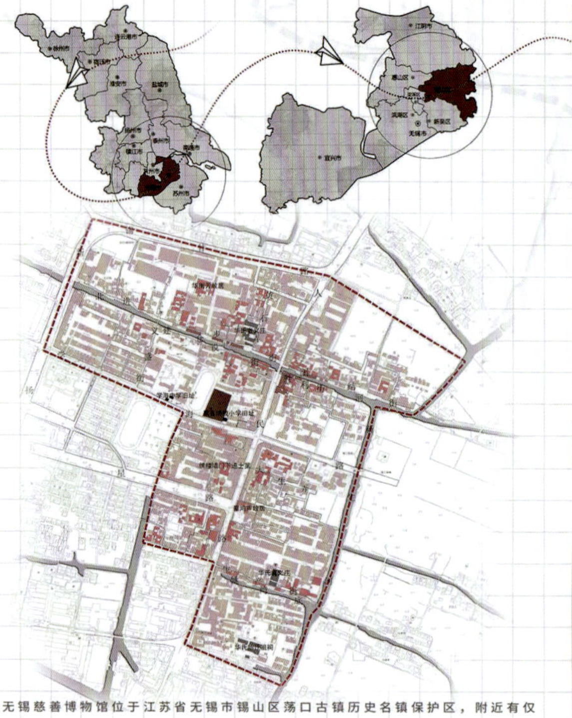

无锡慈善博物馆位于江苏省无锡市锡山区荡口古镇历史名镇保护区，附近有仅一墙之隔的荡口古镇，还有为众多名人开智的鸿模小学旧址。周标还留存了许多明末清初时期的特色建筑

交通动线

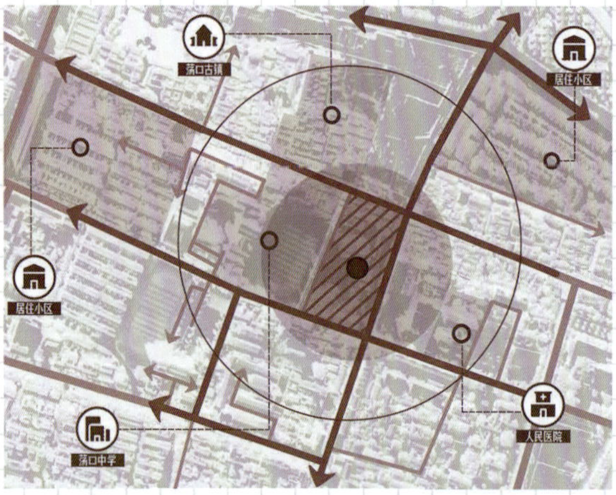
荡口古镇
居住小区
居住小区
人民医院
荡口中学

无锡慈善博物馆位于荡口古镇历史名镇保护区，附近有仅一墙之隔的荡口古镇，还有为众多名人开智的鸿模小学旧址。

人群动线

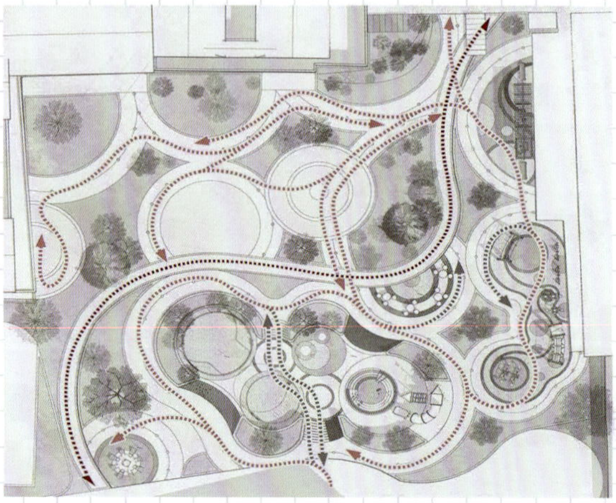

在无锡慈善博物馆的景观设计中，中间的景观主干道将整体空间划分为北侧的休闲散步空间，南侧的儿童娱乐空间。

植被分析

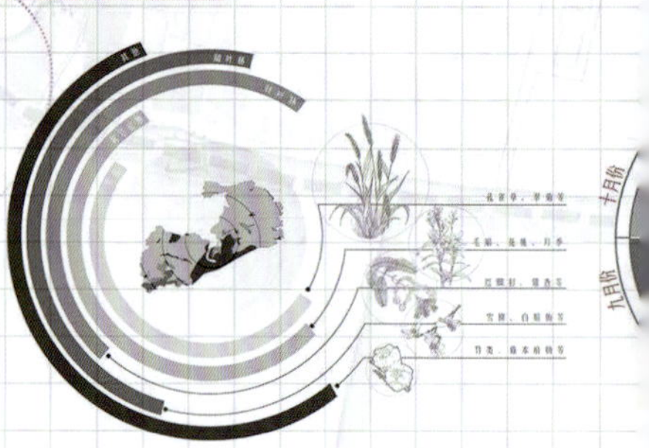

景观布局

文化分析

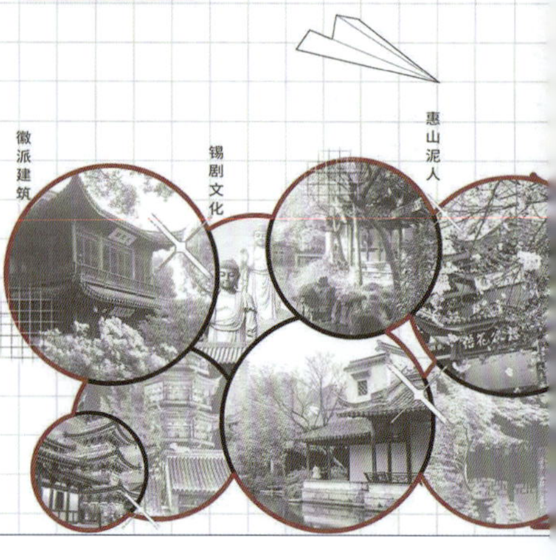
徽派建筑
锡剧文化
惠山泥人

19:00 pm

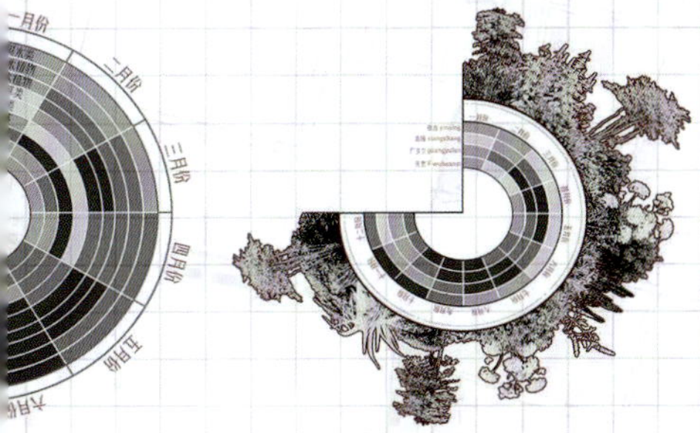
一月份
二月份
三月份
四月份
五月份
六月份

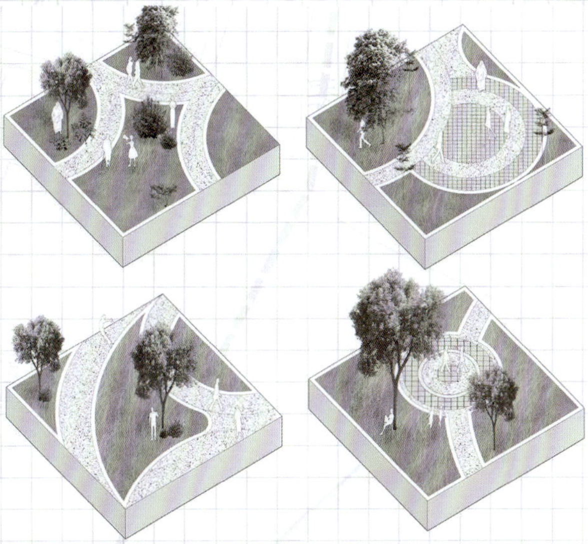

拆解分析

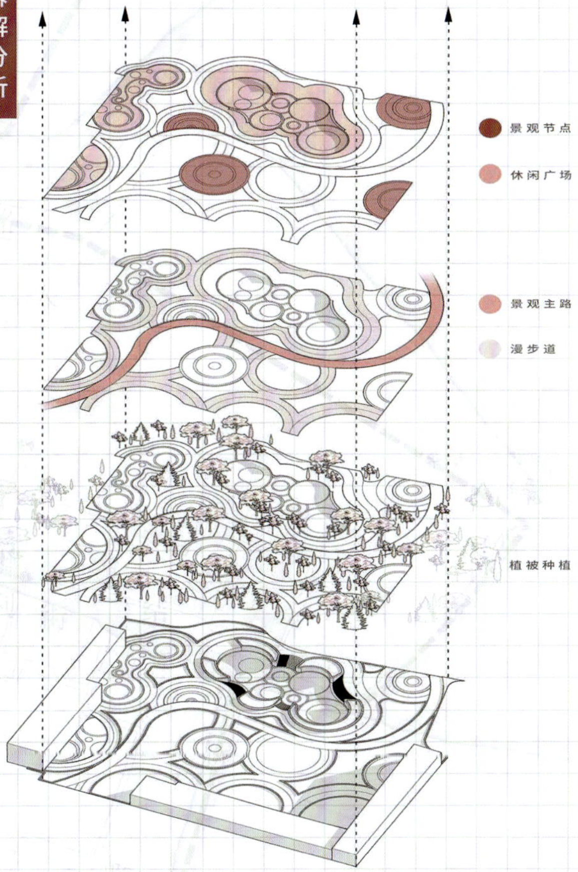
景观节点
休闲广场
景观主路
漫步道
植被种植

清名桥
太湖明珠

寻找『梦中』的阿者科——构建农旅融合的特色乡宿文化综合体与梯田景观

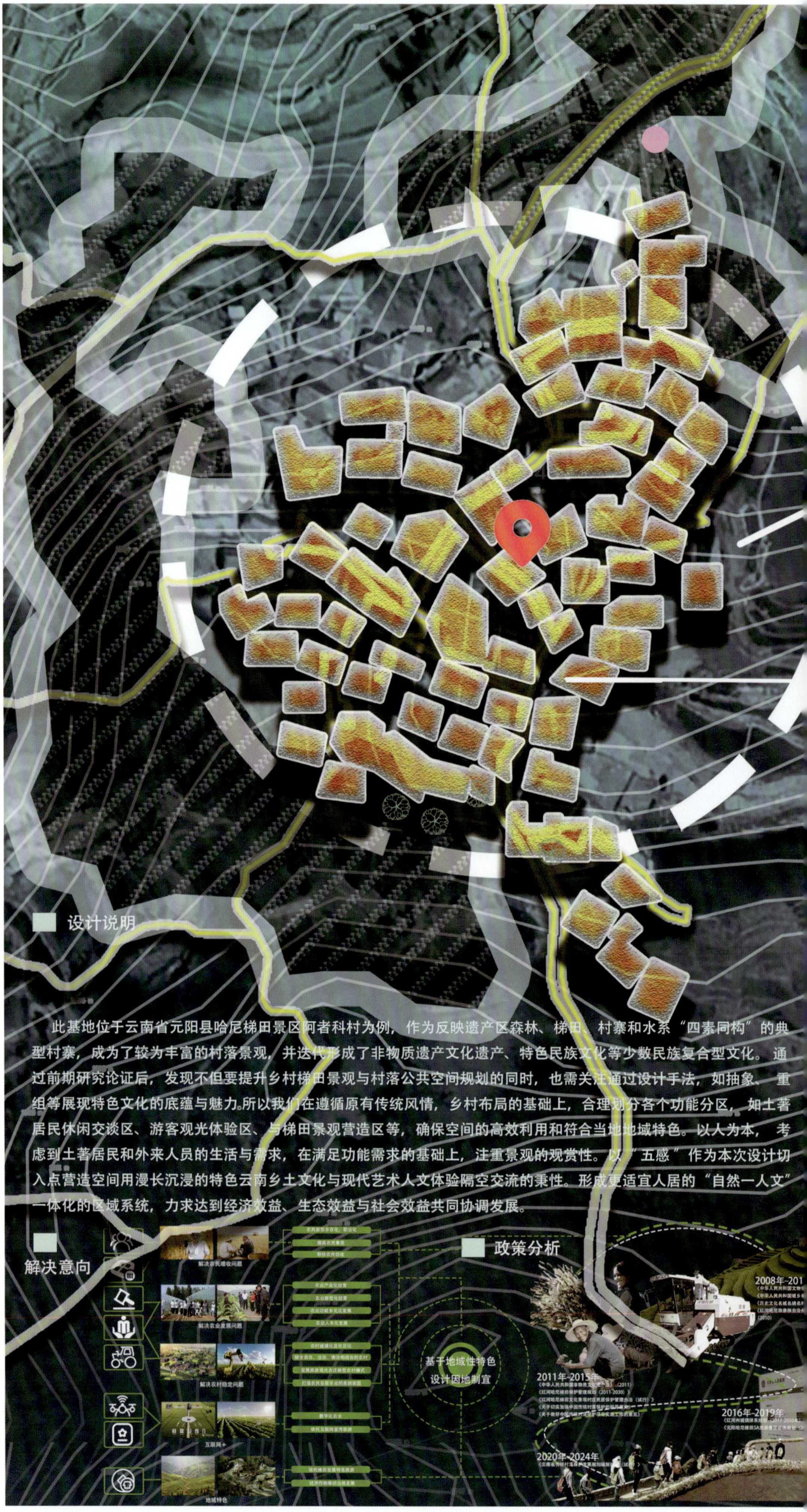
设计说明
此基地位于云南省元阳县哈尼梯田景区阿者科村为例，作为反映遗产区森林、梯田、村寨和水系“四素同构”的典型村寨，成为了较为丰富的村落景观，并迭代形成了非物质遗产文化遗产、特色民族文化等少数民族复合型文化。通过前期研究论证后，发现不但要提升乡村梯田景观与村落公共空间规划的同时，也需关注通过设计手法，如抽象、重组等展现特色文化的底蕴与魅力。所以我们在遵循原有传统风情，乡村布局的基础上，合理划分各个功能分区，如土著居民休闲交谈区、游客观光体验区、与梯田景观营造区等，确保空间的高效利用和符合当地地域特色。以人为本，考虑到土著居民和外来人员的生活与需求，在满足功能需求的基础上，注重景观的观赏性。以“五感”作为本次设计切入点营造空间用漫长沉浸的特色云南乡土文化与现代艺术人文体验隔空交流的秉性。形成更适宜人居的“自然一人文”一体化的区域系统，力求达到经济效益、生态效益与社会效益共同协调发展。
解决意向
解决农民增收问题
解决农业发展问题
解决农村稳定问题
互联网+
地域特色
政策分析
基于地域性特色
设计因地制宜
2008年-201
2011年-2015年
2016年-2019年
2020年-2024年

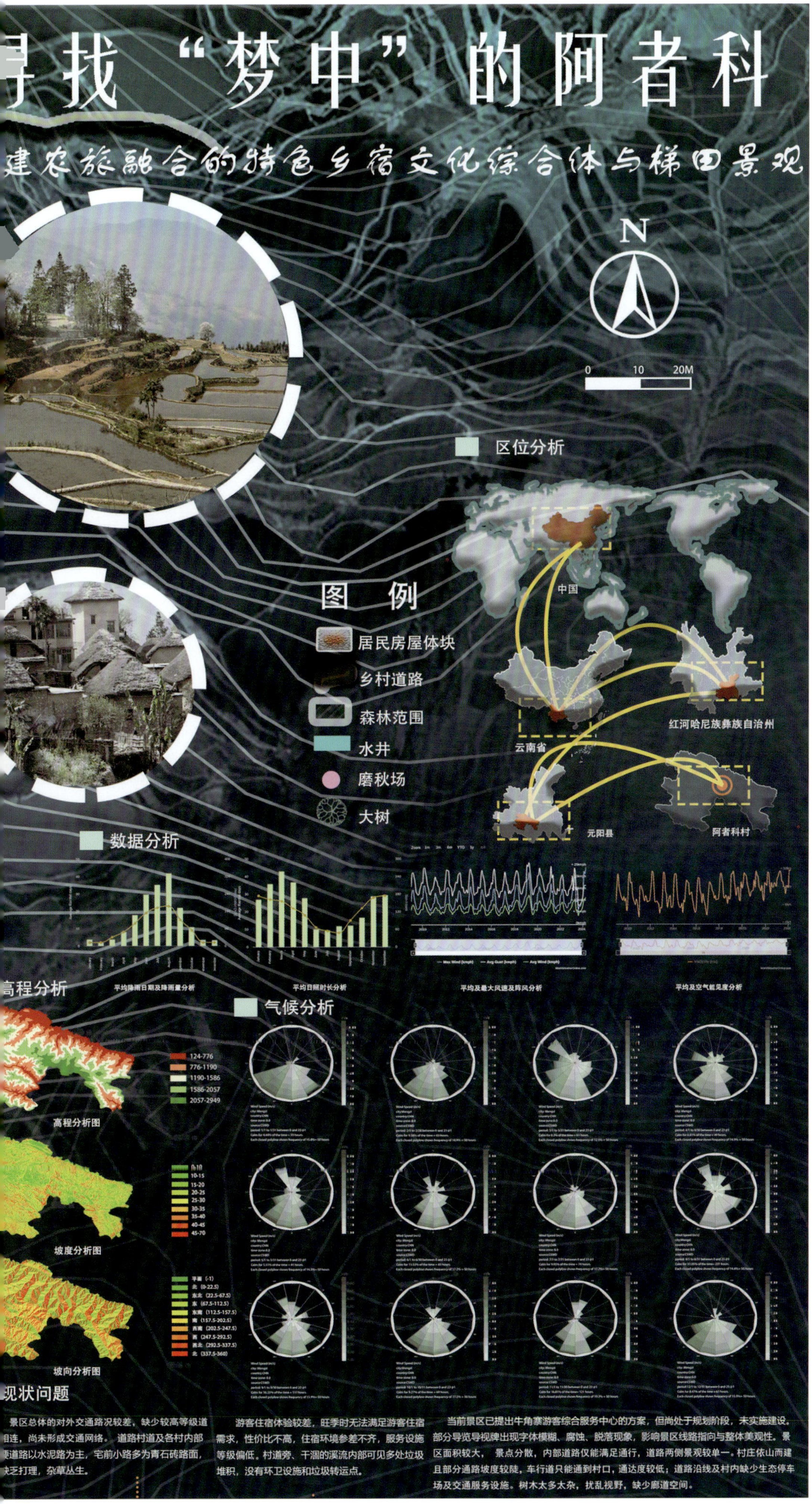
寻找“梦中”的阿者科
建农旅融合的特色乡宿文化综合体与梯田景观
N
0 10 20M
区位分析
中国
云南省
红河哈尼族彝族自治州
元阳县
阿者科村
图 例
居民房屋体块
乡村道路
森林范围
水井
磨秋场
大树
数据分析
平均降雨日期及降雨量分析
平均日照时长分析
平均及最大风速及阵风分析
平均及空气能见度分析
高程分析
124-776
776-1190
1190-1586
1586-2057
2057-2949
高程分析图
坡度分析图
平面 (-1)
北 (0-22.5)
东北 (22.5-67.5)
东 (67.5-112.5)
东南 (112.5-157.5)
南 (157.5-202.5)
西南 (202.5-247.5)
西 (247.5-292.5)
西北 (292.5-337.5)
北 (337.5-360)
坡向分析图
气候分析
现状问题
景区总体的对外交通路况较差，缺少较高等级道相连，尚未形成交通网络。道路村道及各村内部道路以水泥路为主，宅前小路多为青石砖路面，缺乏打理，杂草丛生。
游客住宿体验较差，旺季时无法满足游客住宿需求，性价比不高，住宿环境参差不齐，服务设施等级偏低。村道旁、干涸的溪流内部可见多处垃圾堆积，没有环卫设施和垃圾转运点。
当前景区已提出牛角寨游客综合服务中心的方案，但尚处于规划阶段，未实施建设。部分导览导视牌出现字体模糊、腐蚀、脱落现象，影响景区线路指向与整体美观性。景区面积较大，景点分散，内部道路仅能满足通行，道路两侧景观较单一。村庄依山而建且部分通路坡度较陡，车行道只能通到村口，通达度较低；道路沿线及村内缺少生态停车场及交通服务设施。树木太多太杂，扰乱视野，缺少廊道空间。

西安工程大学

指导教师：郑君芝 马 云
作 者：张晓楠 李奕飞 赵心怡 高俊杰

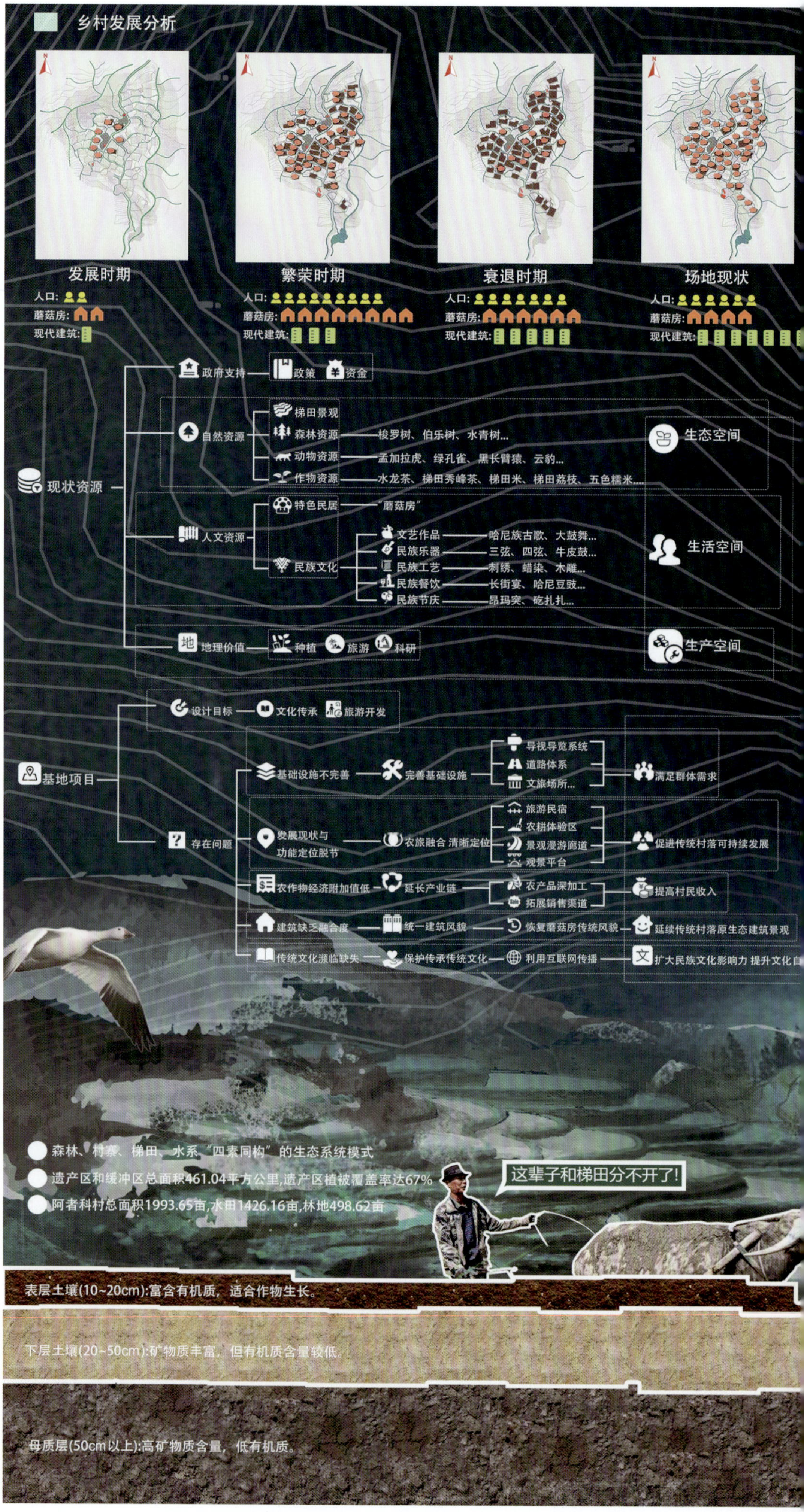
乡村发展分析
发展时期
繁荣时期
衰退时期
场地现状
人口:
蘑菇房:
现代建筑:
政府支持
政策
资金
现状资源
自然资源
梯田景观
森林资源——桉罗树、伯乐树、水青树...
动物资源——孟加拉虎、绿孔雀、黑长臂猿、云豹...
作物资源——水龙茶、梯田秀峰茶、梯田米、梯田荔枝、五色糯米...
生态空间
人文资源
特色民居——"蘑菇房"
民族文化
文艺作品——哈尼族古歌、大鼓舞...
民族乐器——三弦、四弦、牛皮鼓...
民族工艺——刺绣、蜡染、木雕...
民族餐饮——长街宴、哈尼豆豉...
民族节庆——昂玛突、矻扎扎...
生活空间
地理价值
种植
旅游
科研
生产空间
基地项目
设计目标——文化传承 旅游开发
存在问题
基础设施不完善——完善基础设施——导视导览系统、道路体系、文旅场所...——满足群体需求
发展现状与功能定位脱节——农旅融合 清晰定位——旅游民宿、农耕体验区、景观漫游廊道、观景平台——促进传统村落可持续发展
农作物经济附加值低——延长产业链——农产品深加工、拓展销售渠道——提高村民收入
建筑缺乏融合度——统一建筑风貌——恢复蘑菇房传统风貌——延续传统村落原生态建筑景观
传统文化濒临缺失——保护传承传统文化——利用互联网传播——扩大民族文化影响力 提升文化自
森林、村寨、梯田、水系"四素同构"的生态系统模式
遗产区和缓冲区总面积461.04平方公里,遗产区植被覆盖率达67%
阿者科村总面积1993.65亩,水田1426.16亩,林地498.62亩
这辈子和梯田分不开了!
表层土壤(10~20cm):富含有机质,适合作物生长。
下层土壤(20~50cm):矿物质丰富,但有机质含量较低。
母质层(50cm以上):高矿物质含量,低有机质。

数字化设计与智慧生活

历史文脉分析
1400年
宋代 距今 1000年
元末 距今 600年
清代 距今 300年
2007年
2013年
2014年
族的先民们利用
的山地地形，通
坡为梯田，用以
这种农业活动
有雏形。
哈尼梯田的灌溉系统主要依靠山区丰富的自然水源包括雨水、地下水、以及山泉水的合理分配和引导通过精细的水渠系统将水引入每一级梯田确保稻作供水均匀持续。
在农业灌溉技术和作物栽任分面有显普进步。毛的元1000年左右，哈尼梯的稻作灌溉技术已经较为成熟，这一时期的技术革新对哈尼梯田的发展尤为关键。
梯田的建设活动得到了加强，梯田从原有的基础上向周围更广的地区扩展尤其是元阳、红河等地，梯田面积大幅增加。增加了可耕种的土地面积，且提高了整体的粮食产量。
国家湿地公园名录，标志着对其独特生态系统和文化价值的国家级认可。哈尼梯田不仅是农业生产的重要场所，更是生物多样性的宝地和水土保持的典范。
世界文化景观遗产名录、突显了哈尼梯田的独特价值，包括其古老的灌理系统、生物多样性哈尼族的传统知识以及与自然和谐相处的生活方式。
国家4A级旅游景区，是对其文化和历史重要性的肯定。这一评级推际及团内的旅游市场地它同时为当地社区带元经济益处并促进了文化的保护和可持续旅游的实践。
场景生成
态模式
民宿区植物配置
排水走向
民宿区鸟瞰
元素提取
元素提取
元素演变
元素应用
梯田元素
基础元素演变
高差应用--景观营造
蘑菇屋元素
造型元素保留
模型应用--景观节点
特色服饰元素元素
特色元素应用
元素应用--景观提升
西黑冠长臂猿
倭蜂猴
圆鼻巨蜥
白颊长臂猿
蜂猴
国家重点保护野生动物
国家重点保护野生植物
多歧苏铁
桫椤
长果姜
长蕊木兰
东京龙脑香
红河苏铁
分布着长蕊木兰、桫椤、长果姜等92种国家重点保护野生植物
栖脊椎野生动物690种，占全国兽类总数的22%、全省的41%
分布着西黑冠长臂猿、白颊长臂猿、圆鼻巨蜥等102种国家重点保护野生动物
我来给你们抓鱼吧!

7

华中区

参加院校：南昌大学、湖北美术学院、武汉理工大学、中南大学

命题单位：宁都县人民政府

支持单位：宁都县长胜镇人民政府、欧普照明股份有限公司

联合主办单位：南昌大学、湖北美术学院

华中区作品

南昌大学

陶引力工坊——基于情绪价值的陶窑“社区”设计

湖北美术学院

埏埴之器

长胜窑——非遗窑址项目改造设计研究

武汉理工大学

“淘气”元素城——江西省赣州市宁都县长胜镇非遗陶场改造设计

南昌大学

寻——宁都县长胜镇非遗陶窑基地空间设计

中南大学

穿越幻象——宁都县长胜非遗陶窑乡村整合设计

陶引力工坊——基于情绪价值的陶窑『社区』设计

陶引力工坊
基于情绪价值的陶窑"社区"设计

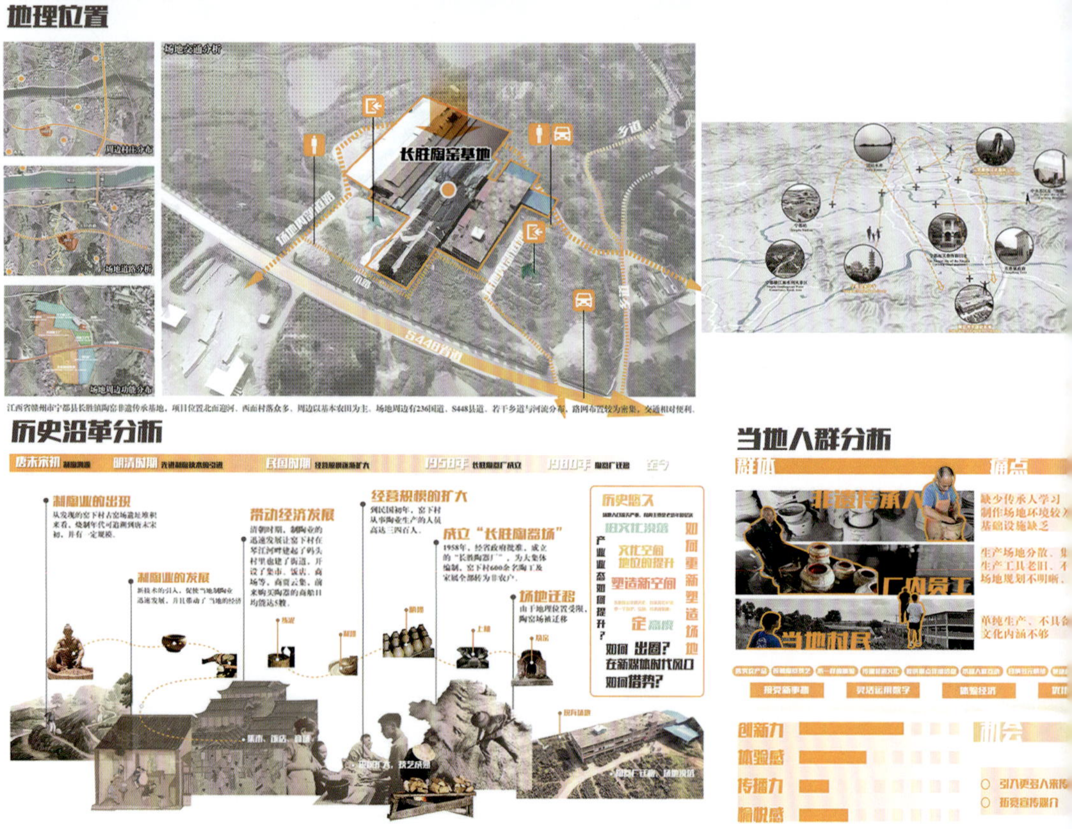

地理位置
场地交通分析
长胜陶窑基地
乡道
S448省道
周边村庄分布
场地周边功能分布
江西省赣州市宁都县长胜镇陶窑非遗传承基地，项目位置北面迎河、西面村落众多，周边以苗木农田为主。场地周边有236国道、S448县道、若干乡道与河流分布，路网布置较为密集，交通相对便利。
历史沿革分析
唐末宋初 明清时期 民国时期 1958年 1980年 至今
制陶业的出现
从发现的窑下村古窑场遗址堆积来看，烧制年代可追溯到唐末宋初，并有一定规模。
制陶业的发展
新技术的引入，促使当地制陶业迅速发展，并且带动了当地的经济
带动经济发展
清朝时期，制陶业的迅速发展让窑下村在琴江河畔建起了码头村里也建了街道，开设了集市、饭店、商场等，商贾云集，前来购买陶器的商船日均能达5艘。
经营规模的扩大
到民国初年，窑下村从事陶业生产的人员高达三四百人。
成立"长胜陶器场"
1958年，经省政府批准，成立的"长胜陶器厂"，为大集体编制，窑下村600余名陶工及家属全部转为非农户。
场地迁移
由于地理位置受限，陶窑场被迁移
历史陷入
旧文化没落
文化空间地位的提升
塑造新空间
产业业态如何提升？
如何重新塑造场地
如何出圈？
在新媒体时代风口
如何借势？
集市、饭店、商场
现有场地
当地人群分析
群体
痛点
非遗传承人
缺少传承人学习
制作场地环境较差
基础设施缺乏
厂内员工
生产场地分散
生产工具老旧
场地规划不明晰
当地村民
单纯生产、不具备
文化内涵不够
探索新事物
灵活运用数字
体验经济
创新力
体验感
传播力
愉悦感
机会
引入更多人来传
拓宽宣传媒介

南昌大学

指导教师：刘锡睿 熊淑辉 王譞

作者：邱智华 蔡瑞瑞 任婷婷 沈学旗

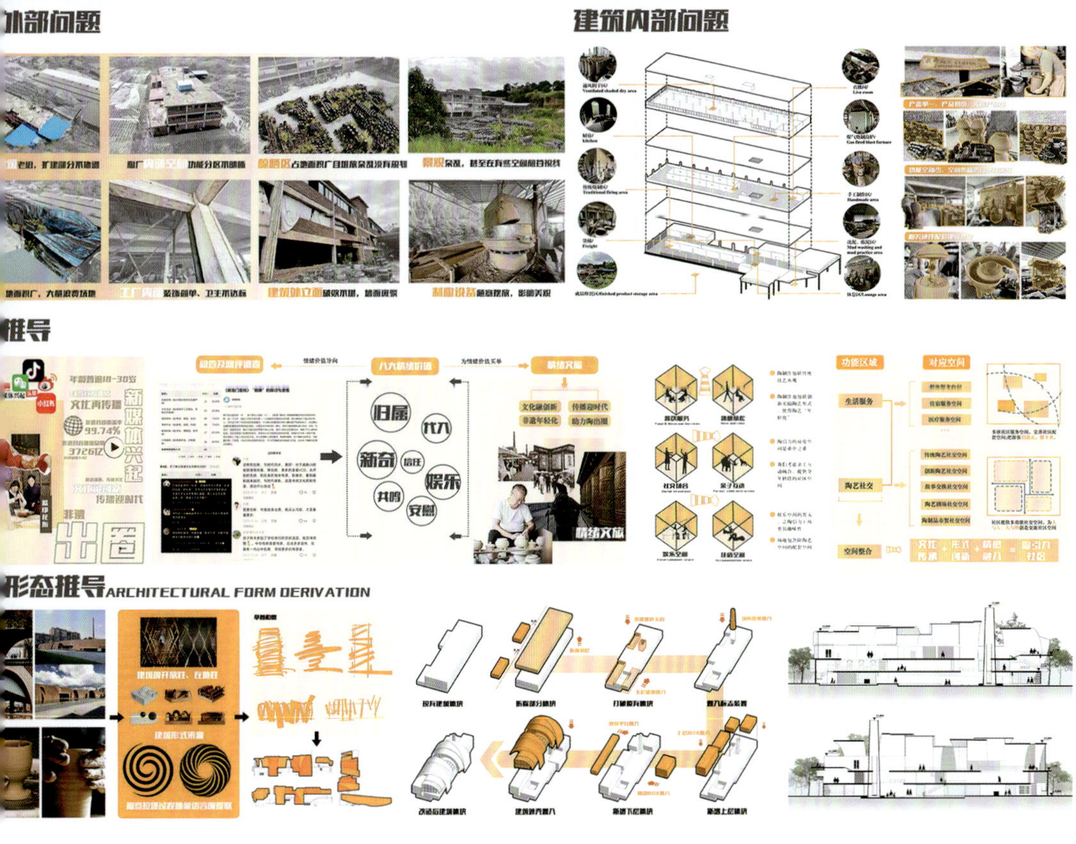
建筑内部问题
ARCHITECTURAL FORM DERIVATION

总平图
S448省道
N
1 入口装置
2 主停车场
3 "土与水"广场
4 汇享集市
5 智能晾晒控制台
6 智能晾晒区
7 陶引力工坊
8 下沉主题广场
9 陶艺剧场
10 原厂回溯
11 陶土特展区
12 堆料区
13 主题民宿区
14 次停车场

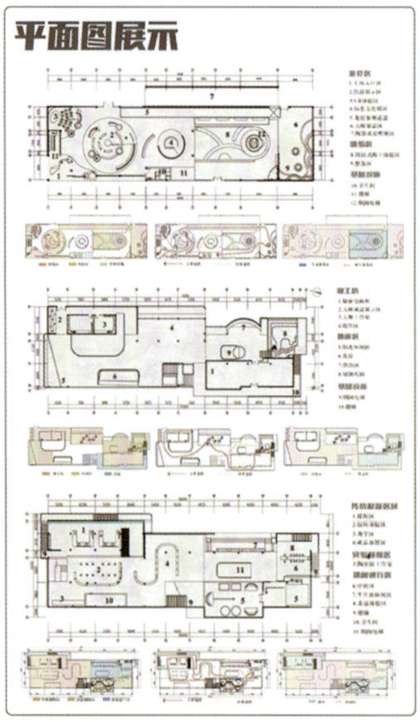
平面图展示

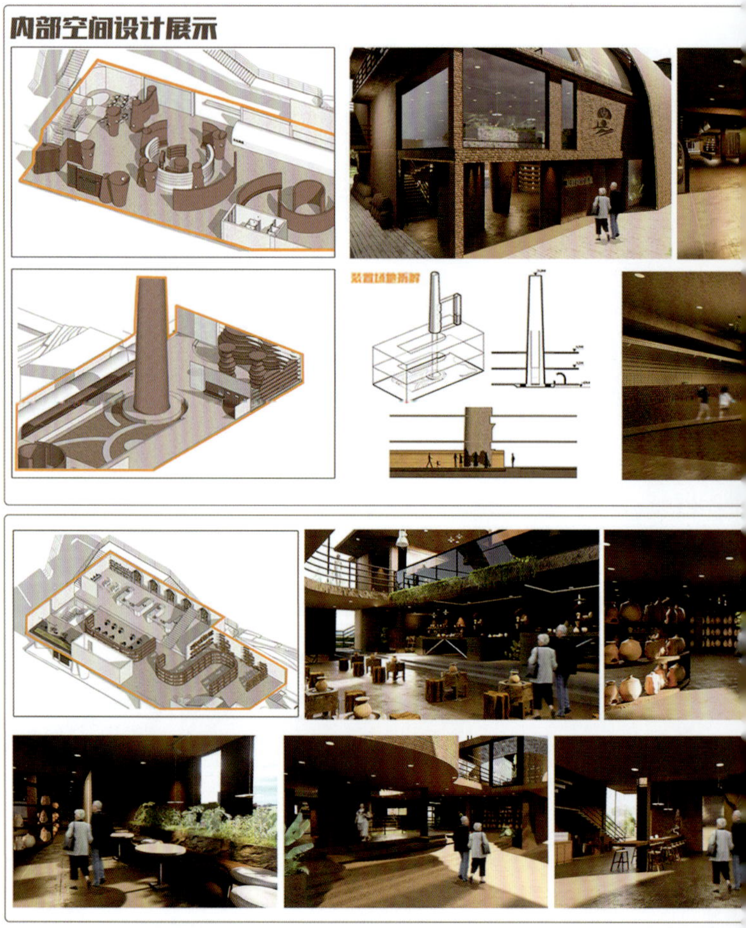
内部空间设计展示
装置墙拆解

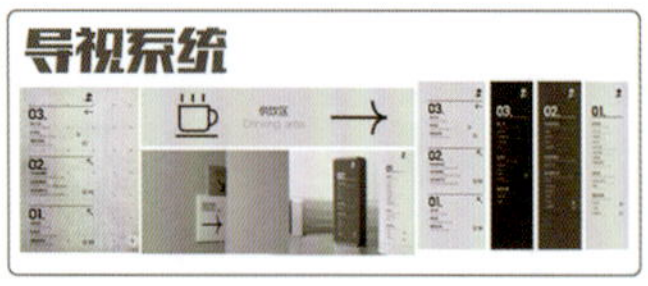
导视系统

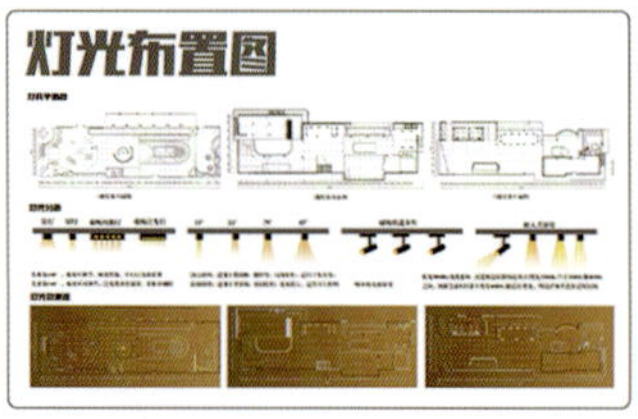
灯光布置图

市集空间

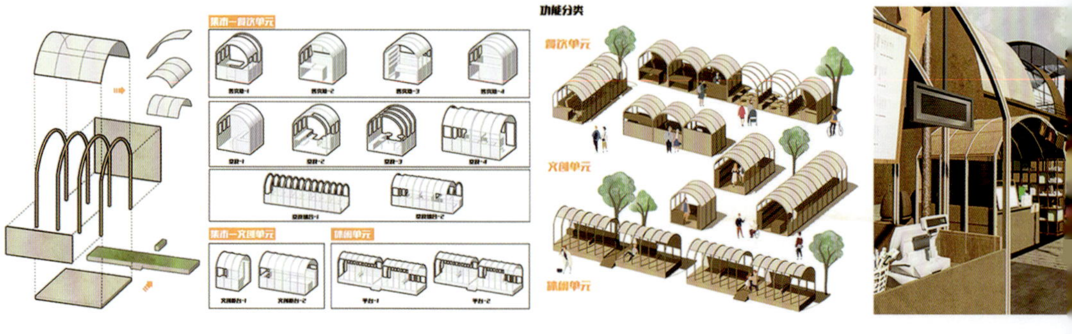
功能分类
餐饮单元
文创单元
休闲单元

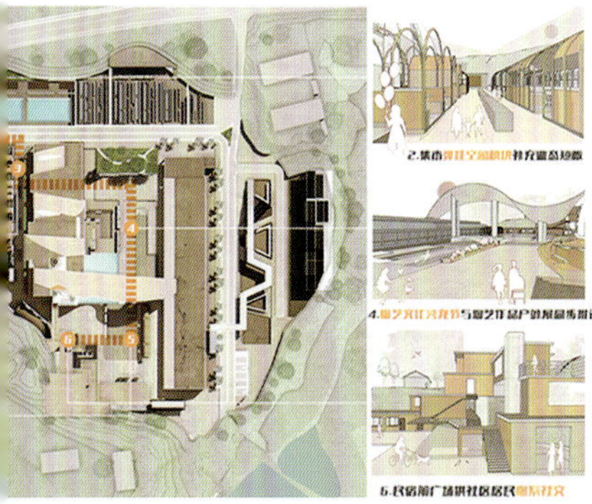

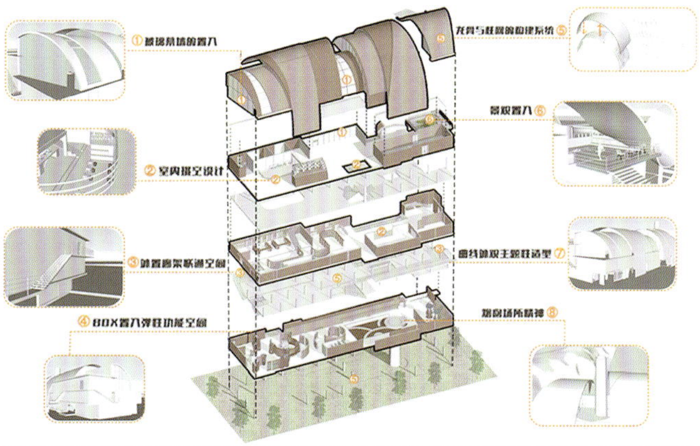

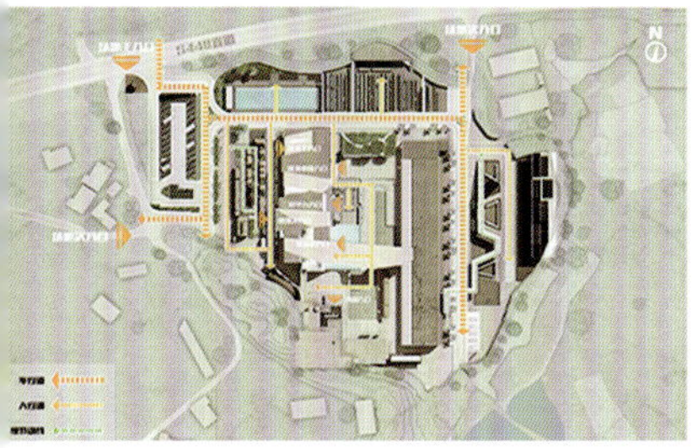

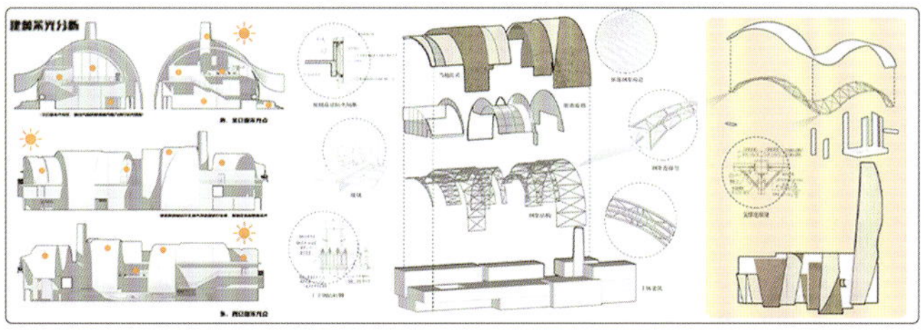

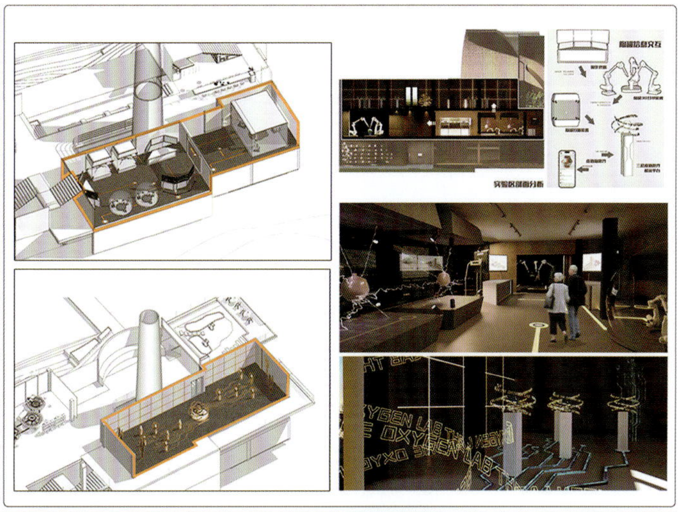

民宿空间

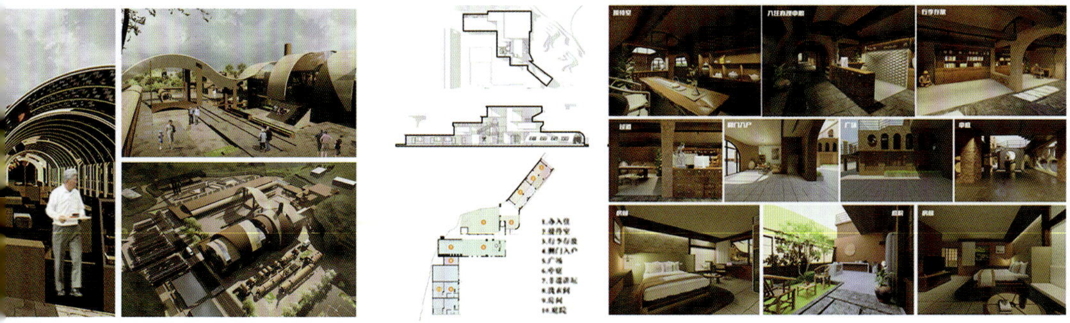

埏埴之器

埏埴之
shan zhi
埏埴之器
shan zhi zhi qi
埏埴以为器当其无有器之用
凿户以为室当其无有室之用
故有之以为利无之以为用
体块分析
区位分析
居民区Residential area
道路road
铁路road
水域waters
江西·赣州
宁都县
细节大样
阶梯式
坡道
休息
设计说明：
项目基地蕴含着深厚的制陶文化底蕴，但随着时代的变迁，传统的陶器面临着全球化贸易与自动化生产厂商带来的冲击难以在当今社会中存活下来，为了振兴长胜传统制陶工艺盘活产业链，我们对当地一座制陶厂进行了重新规划和设计。经过充分的实地调研，我们从当地村民以及游客、艺术家、学生三个群体的需求设计了一整套综合的空间，并植入前沿的元宇宙概念，将区块链与传统陶器相结合打造数字化艺术藏品，为传统手工艺产品赋能，使长胜的陶器能走出江西，走出中国。在建筑设计方面，我们采用了当地原有龙窑所采用的建筑材料，将退台、拱形等传统陶窑元素融入设计之中，打造了一座既传统又现代的新时代艺术文化综合体，同时加入 ESG 绿色建筑设计理念，使整座建筑能达到零碳排放，与当地自然生态和谐共处的效果。该设计方案能够真正地将长胜陶窑文化与技艺打造成一张闪亮的名片，传播非遗文化的同时带动经济的发展，实现真正意义上的乡村振兴。
陶瓷广场
带状绿化
景观梯田
景观站台
景观池
总平面图
0 10 20
2 入口广场
3 流水线工厂
4 书吧
7 艺术家工坊
8 游客停车场
9 酒店

湖北美术学院

指导教师：张　进　黄学军　梁竞云
作　者：田毅涵　李超然　刘心怡　田万兴

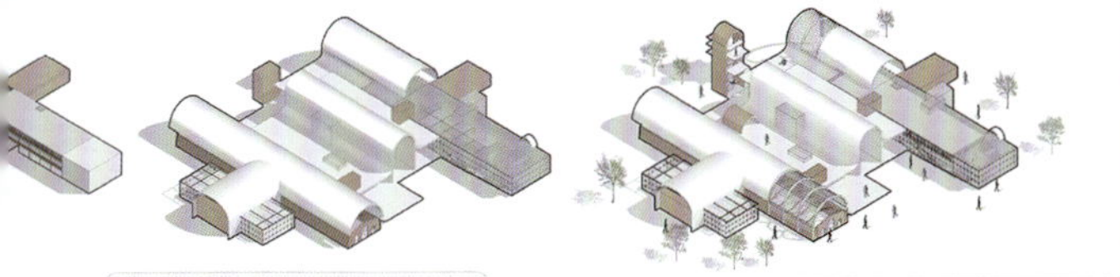

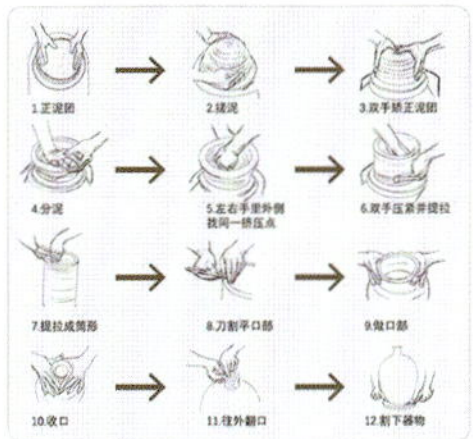

数字藏品被统称为NFT. 即非同质化代币(Non-Fungible Token), 是指使用区块链技术, 对应特定的作品、艺术品生成的唯一数字凭证, 在保护其数字版权的基础上, 实现真实可信的数字化发行、购买收藏和使用。

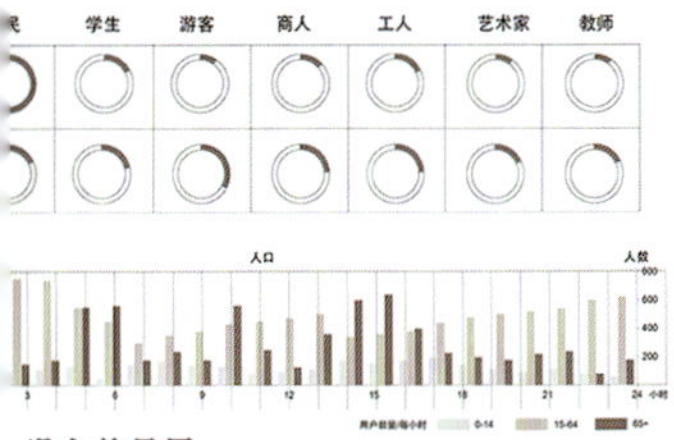
学生
游客
商人
工人
艺术家
教师
人口
人数

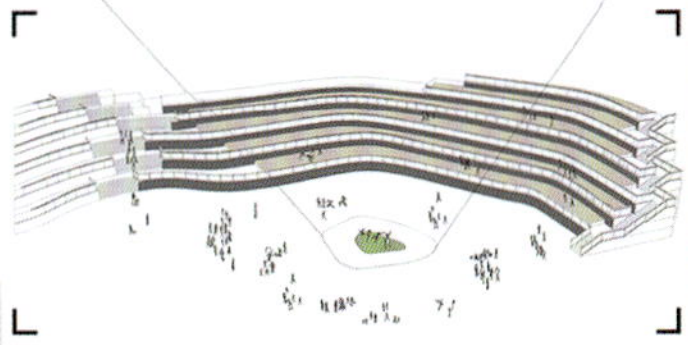

当下数字藏品成为很多行业的热点, 包括但不限于文物、数字图片、音乐、视频、3D模型、电子票证、数字纪念品等各种形式。甚至音乐、门票、潮玩、卡牌、画作、摄影作品、GIF动图、表情包等等都可以做数字藏品。不同的数字藏品有着不同的玩法, 例如, 音乐类的可以听歌、门票出入通行证、画作长久保存欣赏等。

退台效果图

室内效果图

室内·联合毕业设计 6+

四时效果图

寅時
午時
戌時
酉時

瞭望塔爆炸图

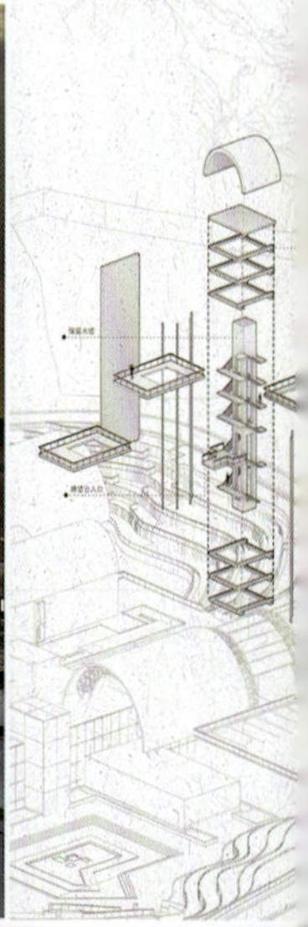

餐厅

手工作坊

陶艺教室

酒店

剖透视图

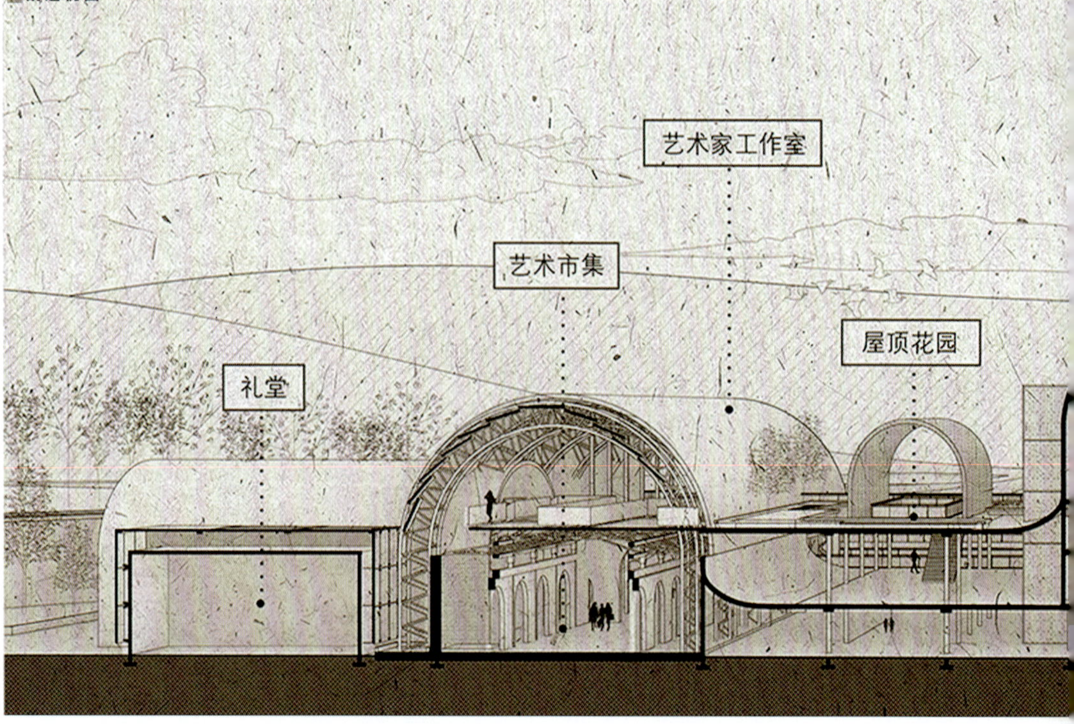

艺术家工作室
艺术市集
屋顶花园
礼堂

分析

auditorium
fair

平面图

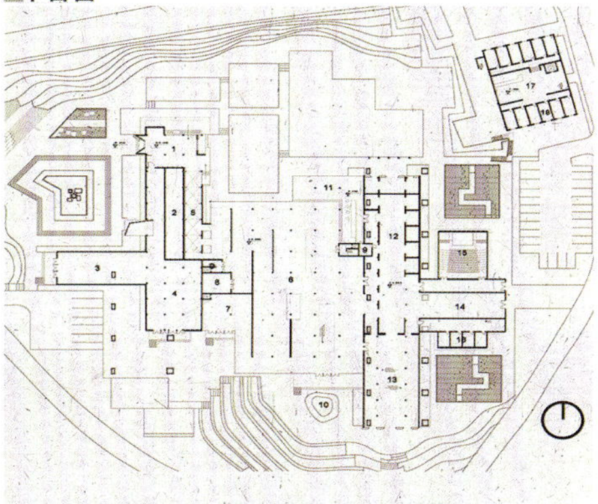

1. 门厅
2. 保留窑址
3. 流水线入口
4. 流水线工坊
5. 展廊
6. 展厅
7. 餐厅后厨
8. 卫生间
9. 楼梯间
10. 室外剧场
11. 休息区
12. 集市
13. 艺术家工坊
14. 出口走廊
15. 礼堂
16. 办公室
17. 酒店中庭
18. 酒店客房

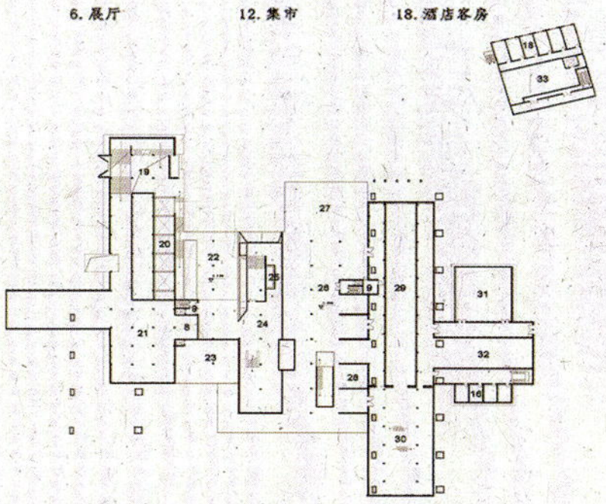

19. 门厅上空
20. 展廊上空
21. 流水线二层
22. 休息厅
23. 餐厅
24. 书吧一层
25. 吧台
26. 中庭平台
27. 观景台
28. 直播间
29. 集市上空
30. 艺术家工坊二层
31. 礼堂上空
32. 出口上空
33. 酒店中庭上空

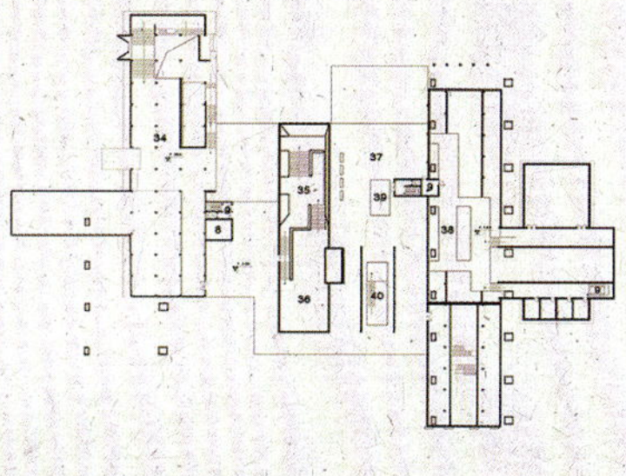

34. 创意工坊
35. 书吧二层
36. 书吧夹层
37. 屋顶花园
38. 集市上空走廊
39. 采光井
40. 屋顶花园楼梯

剧场 展厅

屋顶花园

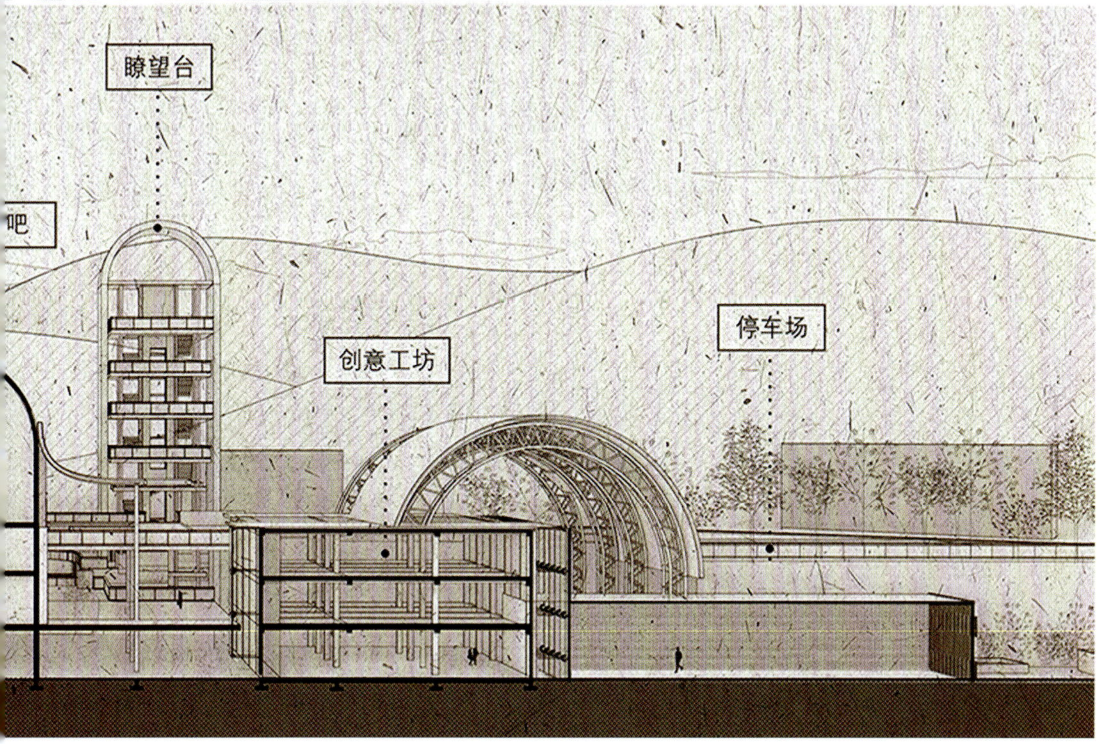
瞭望台
吧
创意工坊
停车场

长胜窑——非遗窑址项目改造设计研究

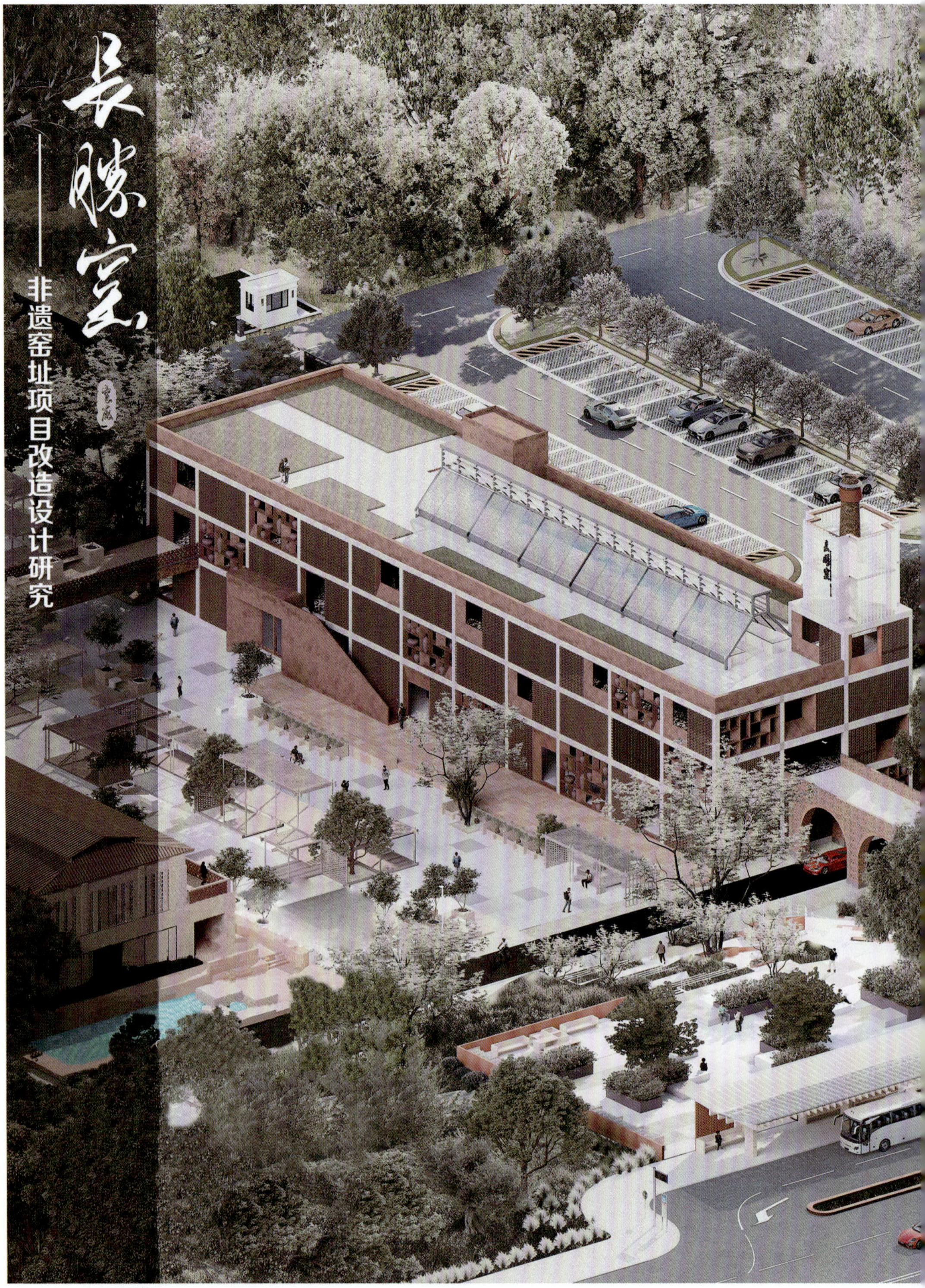
長勝窑
非遗窑址项目改造设计研究

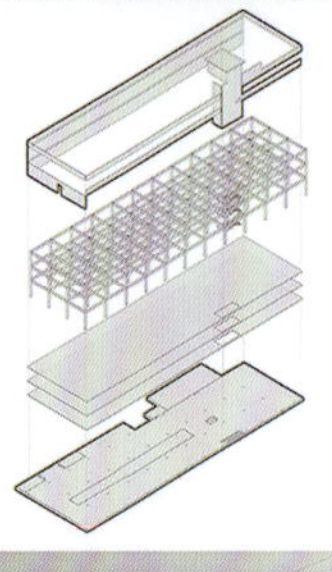

原有建筑结构

原建筑功能单一，无法满足现阶段的功能需求，需对其整体的功能、尺度及氛围进行重塑。

叙事图

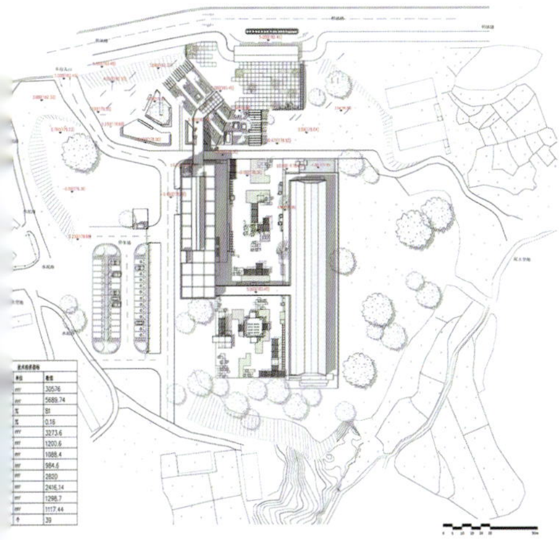

、剖面图

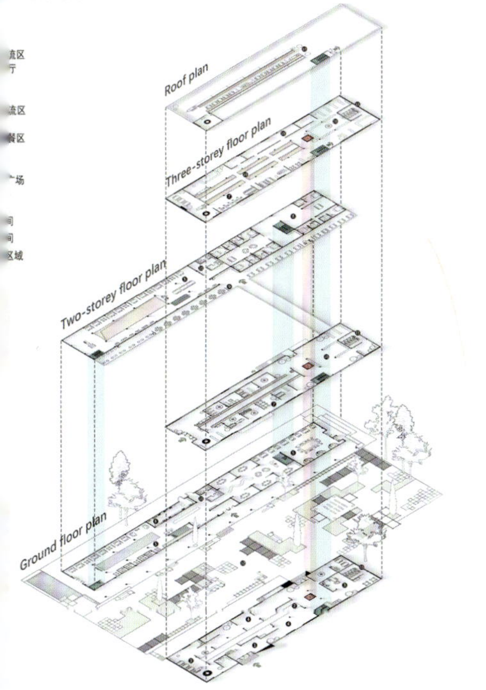
Roof plan
Three-storey floor plan
Two-storey floor plan
Ground floor plan

背景

非遗技艺虽作为非遗文化得到了保护和传承，但仍然面临以下问题，如传承人老龄化、少子化，非遗技艺面临丧失和流失以及市场需求和商业化对传统技艺的冲击等。

基地位于赣州市宁都县长胜镇窑下村，具有厚重的文化底蕴，文化与陶窑非遗文化旅游产业相互契合。经由实地探访，用地的旅游发展产业不协调、不充分的困境亟待打破。

对于陶窑建筑的数字化设计，陶窑基地典型符号的转译与未来非遗基地社区，关注传统园区，为解决公共空间不足，基础设施等问题，以此来多维度提高非遗陶窑基地空间的生命力，激发陶艺传承，赋能智慧生活，成为未来非遗陶窑社区更新的重点。

湖北美术学院

指导教师：梁竞云　黄学军　张　进

作　者：邓文迅　王天宇　唐　晴　雷盼盼

建筑立面图

广场分析图

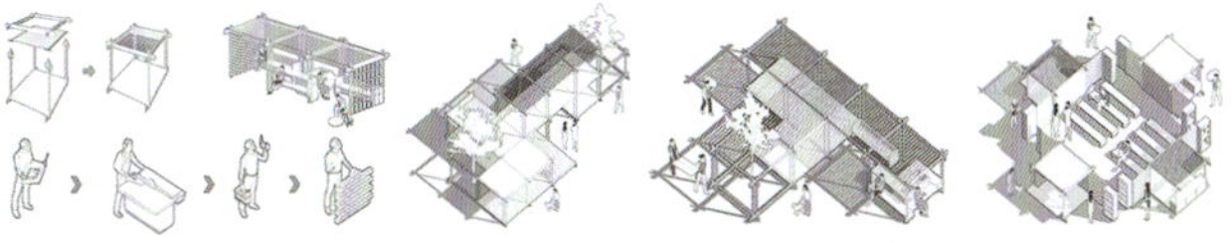

不同场景广场示意图

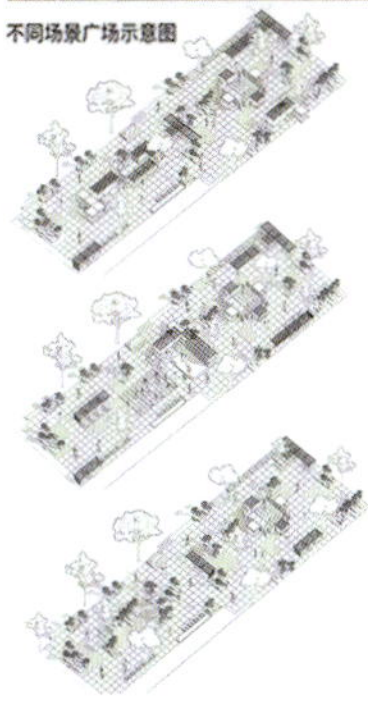

广场体量较大，为了突出主建筑的尺度与地标性，广场做模块化处理，装置中每个模块都是独立的单元，制作为可调整的灵活模块化多功能组合，供人们休憩，孩童玩耍，还可作为陶窑文化的传播窗口，承办陶艺相关活动，涉及到展陈、售卖、交流等多种功能。

剖面分析图

室内部分进行了挑空处理，视野开阔。顶部未封闭，空气自然流通效果佳，整体透亮。同时原场地砖原料丰富，能够有效减轻成本，绿色环保。建筑保留原有结构，混凝土裸露在外。同时采用镂空花砖和耐候钢板进行处理，保留原有基础设施，注重通风，少封闭立面，对空间进行模块化处理。

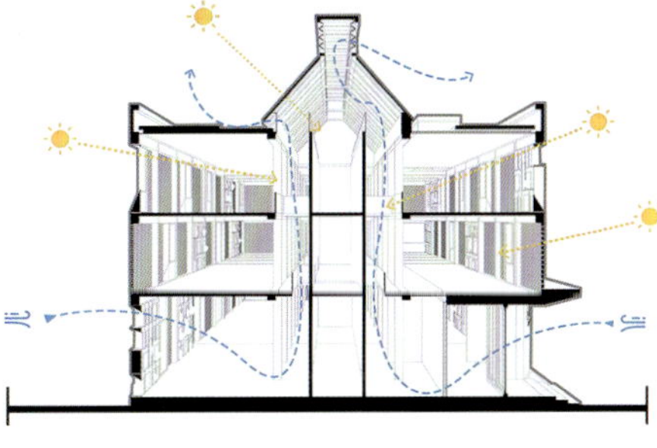

历史

·01
·02
·03
·04
·05

预期

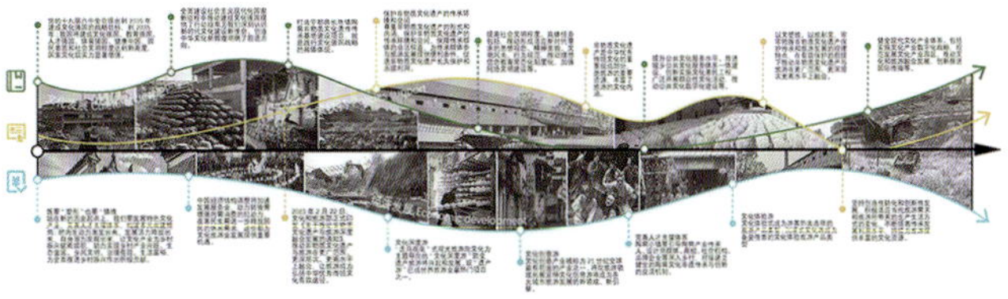

智慧营销体系建设

政府需求
非遗文化传承
低建造成本及可操作性
商业需求
经济收益
品牌集合性
游客居民需求
文化体验
差异性文化享受
智慧导览讲解系统
①导览系统
②景点语音讲解
③实时定位导航，规划推荐最佳行走路线

OFFEE & BRUNCH

分析图

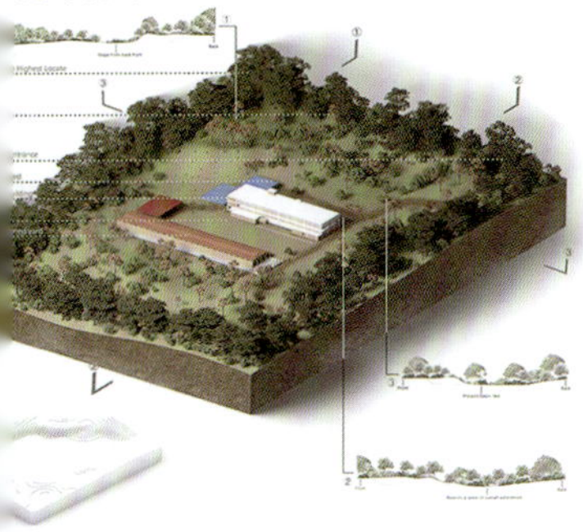

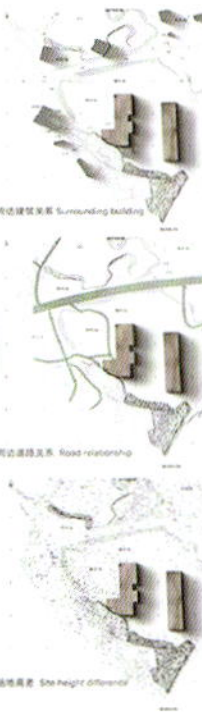

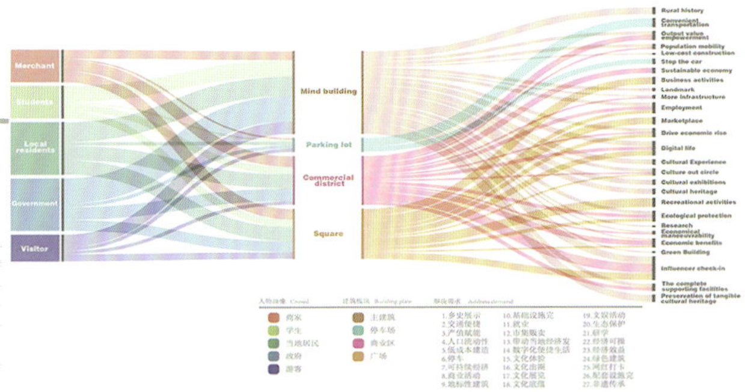

Merchant
Students
Local residents
Government
Visitor
Mind building
Parking lot
Commercial district
Square
Rural history
Convenient transportation
Output value empowerment
Population mobility
Low-cost construction
Stop the car
Sustainable economy
Business activities
Landmark
More infrastructure
Employment
Marketplace
Drive economic rise
Digital life
Cultural Experience
Culture out circle
Cultural exhibitions
Cultural heritage
Recreational activities
Ecological protection
Research
Economical maneuverability
Economic benefits
Green Building
Influencer check-in
The complete supporting facilities
Preservation of tangible cultural heritage
人物画像 Crowd
建筑板块 Building plate
解决需求 Address demand
商家
学生
当地居民
政府
游客
主建筑
停车场
商业区
广场
1.乡史展示
2.交通便捷
3.产值赋能
4.人口流动性
5.低成本建造
6.停车
7.可持续经济
8.商业活动
9.地标性建筑
10.基础设施完
11.就业
12.市集贩卖
13.带动当地经济发
14.数字化便捷生活
15.文化体验
16.文化出圈
17.文化展览
18.文化底蕴
19.文娱活动
20.生态保护
21.研学
22.经济可操
23.经济效益
24.绿色建筑
25.网红打卡
26.配套设施完
27.非遗传承

『淘气』元素城——江西省赣州市宁都县长胜镇非遗陶场改造设计

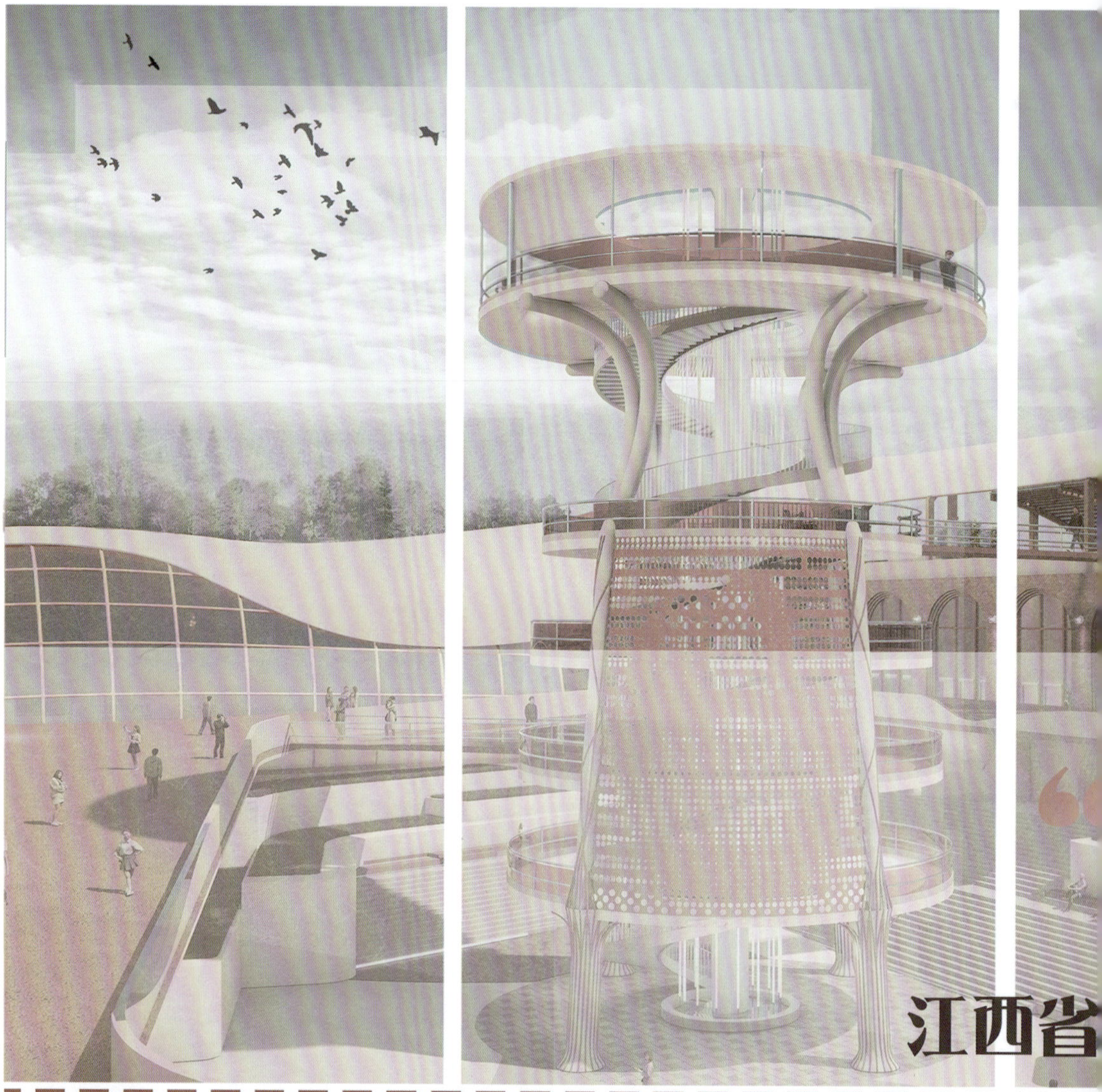
江西省

项目
取名
处，
最大
说是

区位分析

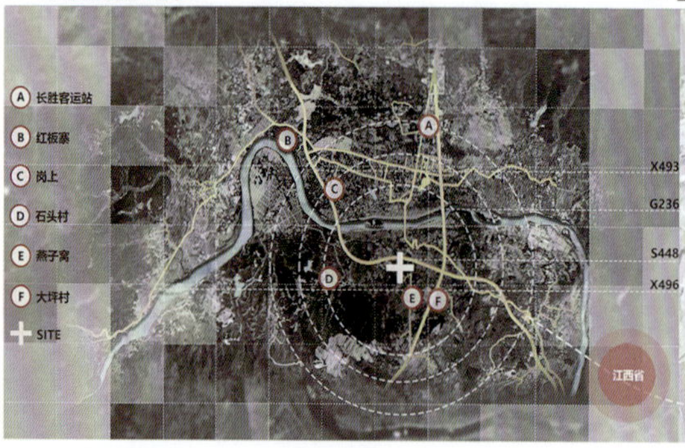
A 长胜客运站
B 红板寨
C 岗上
D 石头村
E 燕子窝
F 大坪村
SITE
X493
G236
S448
X496
江西省
赣州市

卫星平面

S448
长胜镇
窑下村

场地周

文化分析

田埠东龙村
田埠乡形成了以白莲、席草、蘑菇、茶叶为主的农业产业

石上曾坊桥帮灯
它是宁都县的一项古老的传统民俗文化活动，有200多年历史

竹篙火龙节
竹篙火龙节是江西省赣州市独特的地方传统民俗活动

宁都刘坑竹马灯舞
赣州市宁都县民俗，江西省省级非物质文化遗产之一

长胜龙窑
我国窑炉的一种形式。多建筑在江南地区坡地上。最早发现于浙江上虞，为商代窑址

宁都鼓子曲
鼓子曲，又名鼓文、话文、渔鼓、道情，属曲艺曲种，宁都鼓子曲是全国275个独立曲种之一

赣南采茶戏
江西省赣州市地方传统戏剧，国家级非物质文化遗产之一

赣南客家文化
赣南客家文化是客家文化的典型代表之一，是赣闽粤毗邻三角地带历史族群的文化基因库，是客家民系迁移历史见证

宁都中村傩戏
江西省赣州市宁都县地方传统戏剧，江西省省级非物质文化遗产之一，被称为“戏曲活化石”

宁都长胜陶窑
始于明末年间，兴于清朝康乾时期，解放后至1958年，长胜陶器再度兴盛，到上世纪90年代，长胜陶器制造工艺达到鼎盛

场地位
村落居

武汉理工大学

指导教师：王刚 雷鑫 谢华

作者：马昕一 孙疆丽 胡译文 方子一

宁都县长胜镇陶窑
非物质文化遗产
传承基地建设项目

气”元素城

市宁都县长胜镇非遗陶场改造设计

都县长胜镇窑下村，上靠S448省道，北邻琴江。这里的居民以窑为生，与土结缘，居住在窑厂下，所以作为省级非物质文化遗产项目的长胜陶器，在质地、造型、色泽、文化品味等方面，都有其独特之水承载着百年陶器制作传统。清朝康乾时期为繁盛时期，至上世纪九十年代已成为江西制陶业中规模工人最多时达600多人，光陶瓷龙窑就可以烧130多窑。长达86m的长胜古窑，据说是全国第二长窑。古老艺术的文明缩影也毫不为过。

区

长胜林业站
SITE
农田
湖泊
学校
其他
林地
工商业区
村委部门
大型住宅区

场地功能与道路

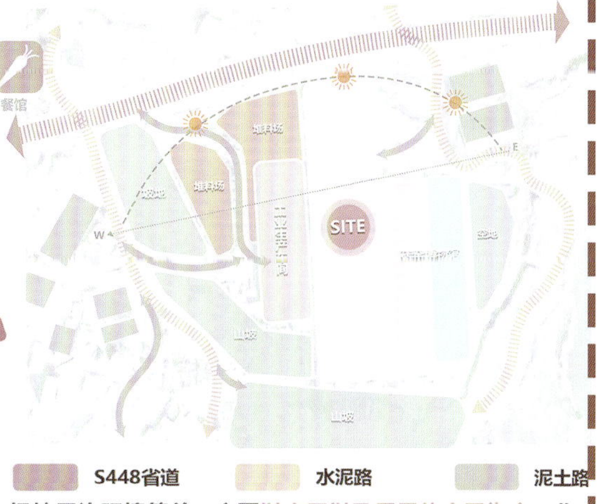
餐馆
SITE
S448省道
水泥路
泥土路

场地周边环境简单，主要以农田以及居民住宅区为主，业态分布零碎，没有明显娱乐设施。场地交通较为便利，但道路修建不完善，内部多为泥土路。整个目标地共有两个出入口，北靠S448省道后靠有一座断面山坡，给整个场地设计带来了很大挑战。

五行核心

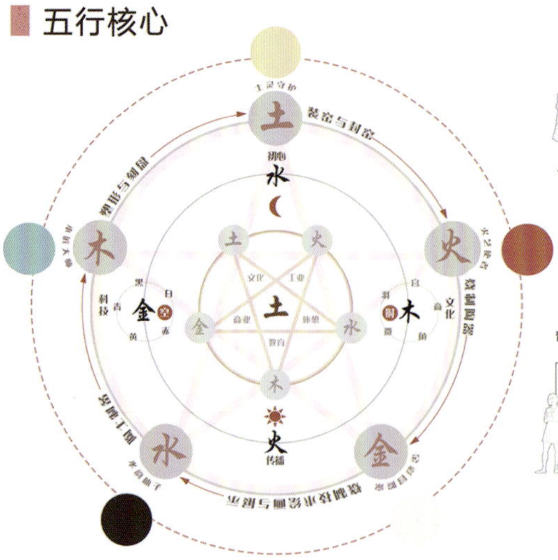
土
水
木
火
金
水
火
土
金
木
水
火
土
金
木

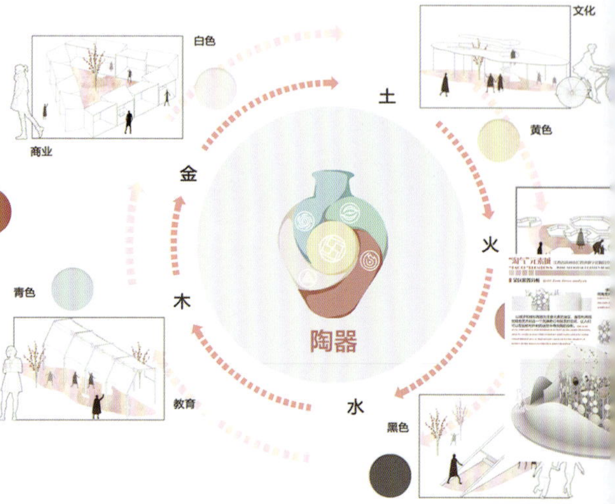
白色
文化
商业
土
金
黄色
火
青色
木
陶器
教育
水
黑色

场地总平面图

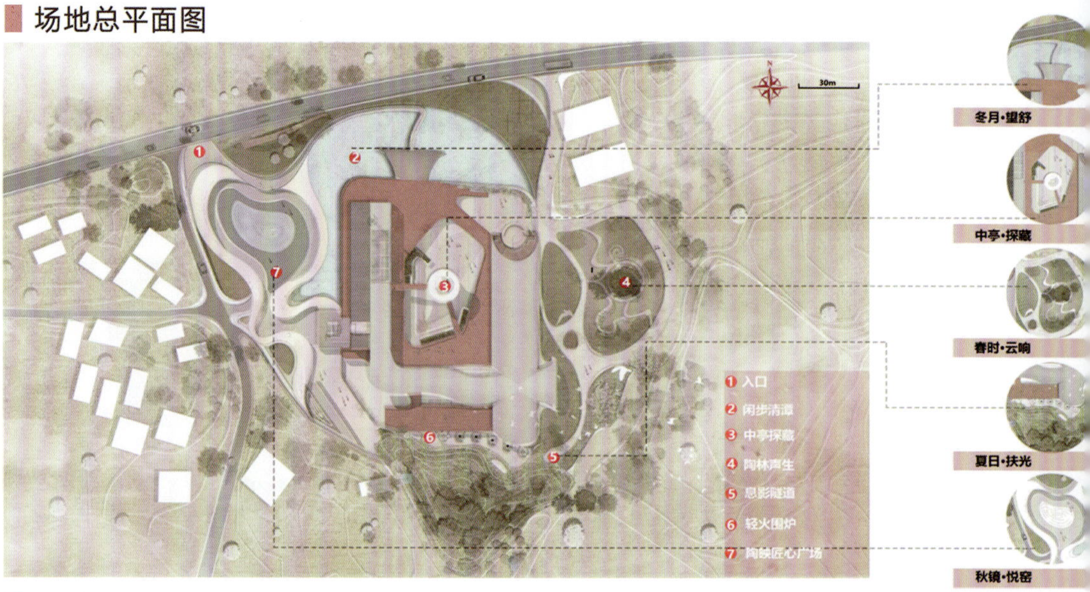
30m
冬月·望舒
中亭·探藏
春时·云响
夏日·扶光
秋镜·悦窑
1 入口
2 闲步清潭
3 中亭探藏
4 陶林声生
5 息影隧道
6 轻火围炉
7 陶艺匠心广场

细节设计

使用镜子创造无限延伸的视觉效果，通过不同角度的摆放，形成多视角的立体迷宫。

以镜子和模拟陶器为主要元素的金区，旨在利用视觉错觉艺术创造一个充满奇幻与探索的空间，让人们可以在反射与折射的迷宫中寻找陶的身影。

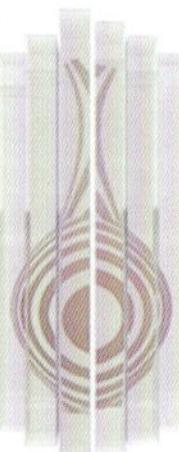

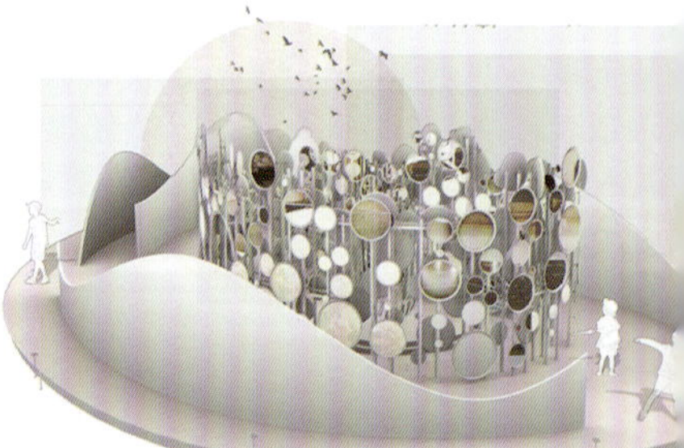

效果图

间体块

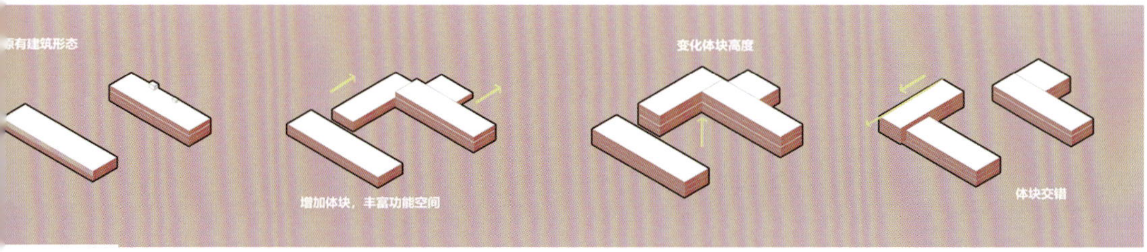
有建筑形态
变化体块高度
增加体块，丰富功能空间
体块交错

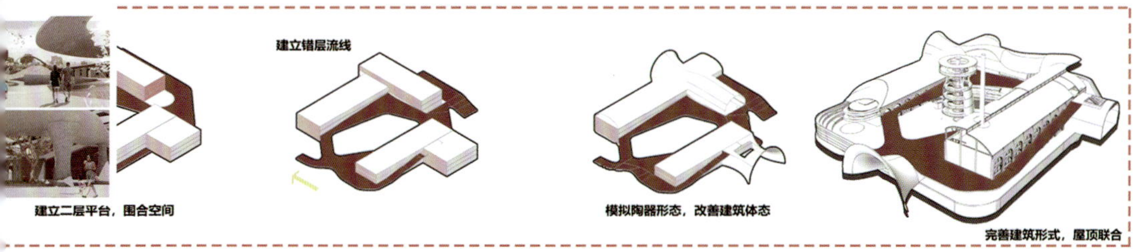
建立错层流线
建立二层平台，围合空间
模拟陶器形态，改善建筑体态
完善建筑形式，屋顶联合

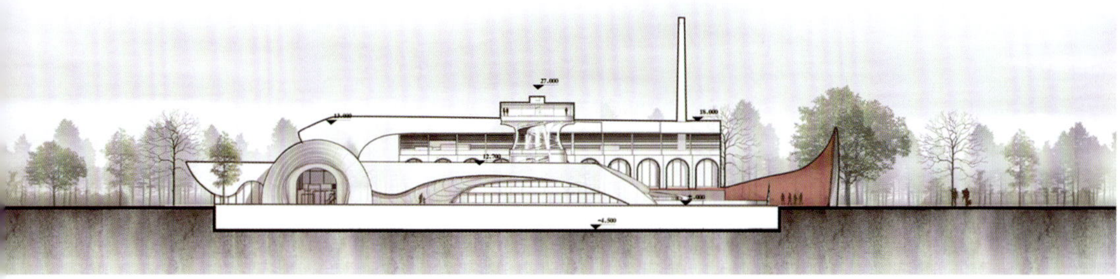

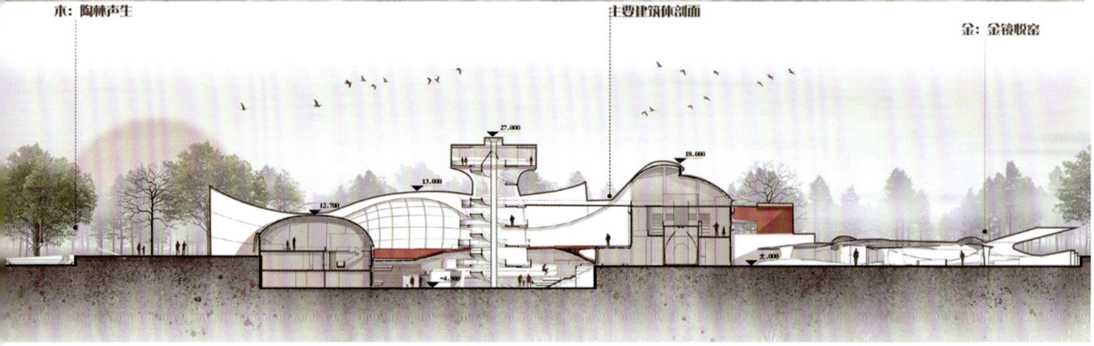
木：陶林声生
主要建筑体剖面
金：金镜脱窗

7

华中区作品

寻——宁都县长胜镇非遗陶窑基地空间设计

场地分析

田地
项目场地
居民区
省道
旧址

项目用地位于宁都县长胜镇陶窑非遗传承基地，设计范围包括基地外环境提升、建筑改造以及室内空间设计，目标是希望通过对长胜陶窑非物质文化传承基地设计改造，将非遗与数字化创新、传统文化与智慧生活进行融合，从保护、弘扬、传承到创新多维度推行文旅融合，打造宁都乡村振兴发展新模式。

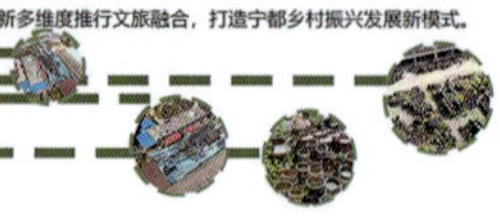

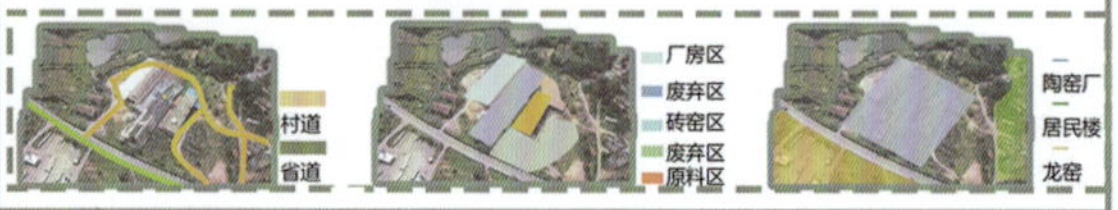
村道
省道
厂房区
废弃区
砖窑区
废弃区
原料区
陶窑厂
居民楼
龙窑

历史文化分析

民俗文化

宁都石上火老虎
田埠东龙茶篮灯（市级非遗）
黄石中村傩戏（省级非遗）
洛口南云竹篙火龙（省级非遗）
宁都道情（省级非遗）
桥帮灯（省级非遗）
田头妆古史（市级非遗）
宁都采茶戏（省级非遗）
石上担灯（省级非遗）

唐末宋初
从发现的窑下古窑场堆积来看，专家们推测其烧制年代亦在唐末宋初。

明朝
张罗明带来了先进的制陶技术。

清朝康乾时期
长胜制陶进入繁盛时期。

1958年窑场在不断萎缩。
长胜正式成立了"长胜陶器厂"。

20世纪90年代末
人们对生活用陶需求减少，经济效益不高;窑下的陶器的市场在不断萎缩。

2004~
现在想学制陶的年轻人越来越少，目前在工厂工作的人不到20人面临着后继乏人的状况。

室内现状分析

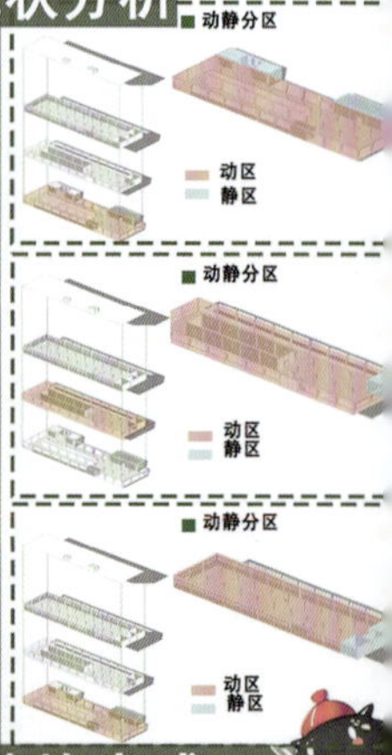
动静分区
动区
静区
动静分区
动区
静区
动静分区
动区
静区

设计思路

文化自信+国潮文化="寻非遗热"

体块生成

寻——宁都县长胜镇
非遗陶窑基地空间设计
长胜陶 千年窑 万世传
人群分析
人群活动
我想要去一个有趣又好玩的地方，跟我们平时看到的不一样的地方
我们更注重居住的环境跟可以参与度的偏向
想去一个舒服，优美的环境感受一下慢节奏的风土人情呀
我们希望可以促进我们当地的发展，让我们这里变得越来越好
我们想传承我们的技术引进更多的消费
良好居住环境
收入来源
便利的生活
交往空间
休闲娱乐空间
文化艺术展示
研学空间
丰富游玩体验
问题分析
问题与痛点
解决途径
设计目标
非遗文化的传承
建筑问题
旧墟割裂
空间割裂
人流割裂
空间优化
业态规划
非遗传播
建筑风格化，特色化
数字化等兴新技术
非遗文化植入
沉浸式寻找、倾听、感受非遗的故事
平面图
人行入口
集散广场
传承景墙
展厅主建筑
公共厕所
休闲广场
民宿
集市
砖窑厂
停车场
集中堆放区
车辆入口
陶罐景观
景观节点
动线
现状：一楼部分区域为工人们的生活区，大部分空间是一些材料的堆放区，还有一些区域为工作区
问题：基础设施不完善；各个功能混在一起，空间功能混乱；行走动线动线不杂乱，有的得跨杂物才能过去
现状：二楼的空间基本上都用来堆放陶罐，其中还有一个烧窑箱，其中上釉的步骤也会在二楼
问题：堆积物混乱，各个空间堆积在一起，没有合理规划；使用的线路播排外露，安全性问题严重
现状：三楼主要功能为堆放区
问题：堆放空间杂乱，空间利用率低；结构外露，缺乏美观

南昌大学

指导教师：刘锡睿 熊淑辉 王譞

作者：姚明希 王锴 李鑫鑫 刘馨月

打铁花
马面裙
福建游神
福建泉州簪花
哈尔滨冰雕

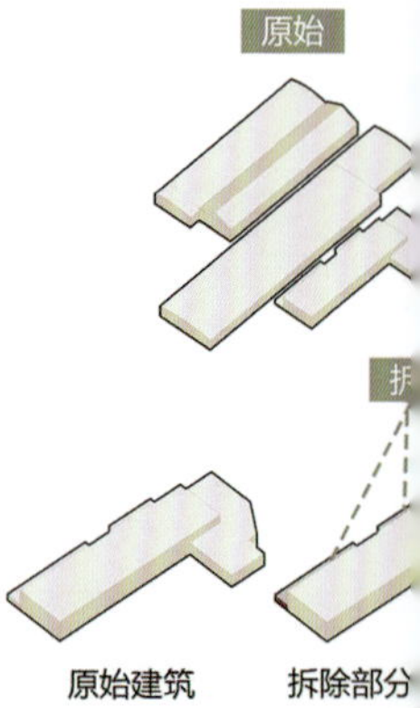
原始
原始建筑
拆除部分

室外场景

剖面图

主建筑爆炸图

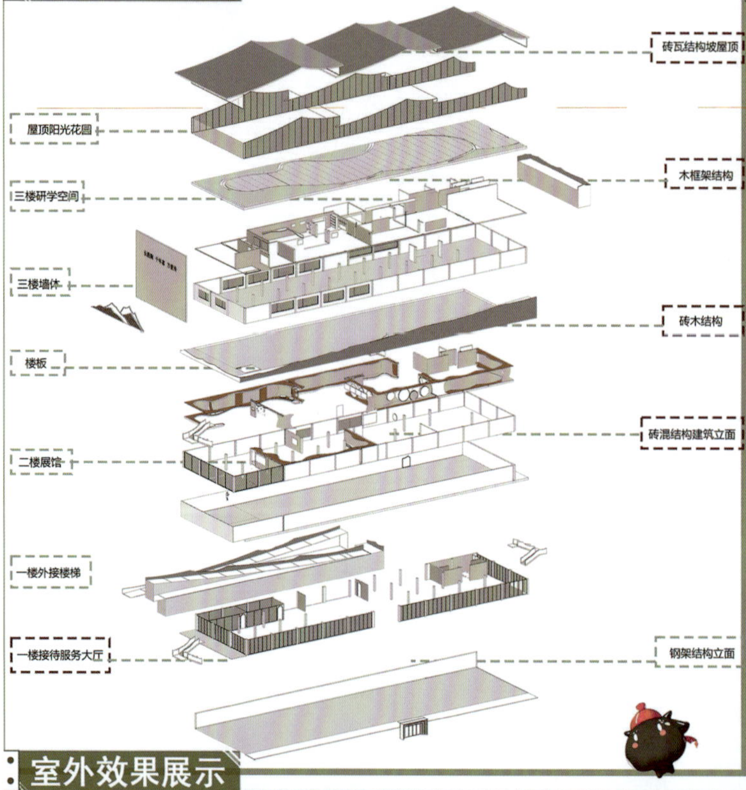
砖瓦结构坡屋顶
屋顶阳光花园
木框架结构
三楼研学空间
三楼墙体
砖木结构
楼板
砖混结构建筑立面
二楼展馆
一楼外接楼梯
一楼接待服务大厅
钢架结构立面

部分室外效果图

室外效果展示

长胜陶 千年窑 万世传

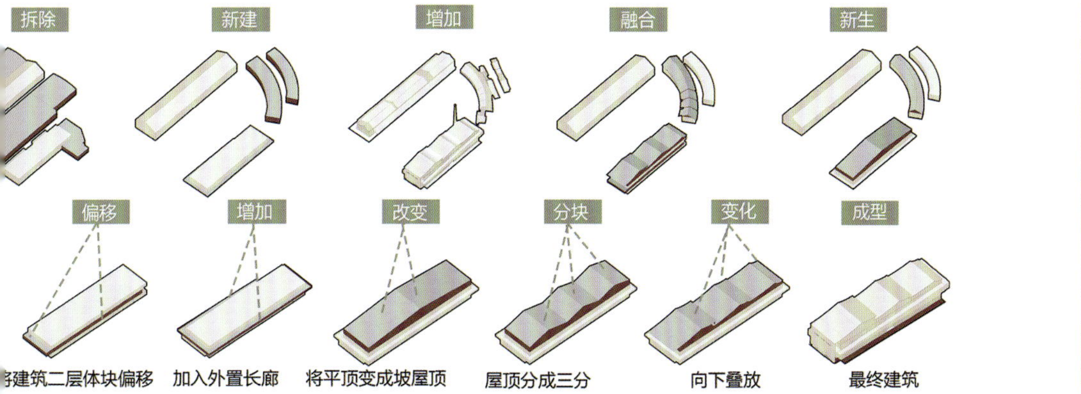
拆除
新建
增加
融合
新生
偏移
增加
改变
分块
变化
成型
建筑二层体块偏移
加入外置长廊
将平顶变成坡屋顶
屋顶分成三分
向下叠放
最终建筑

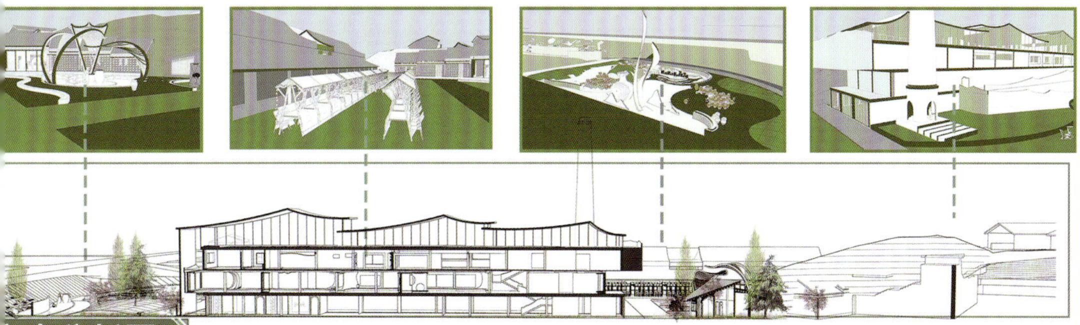

室内分析图

一楼室内规划
一楼灯光分布
一楼平面
一楼室内规划
一楼室内规划
一楼灯光分布
一楼平面
二楼室内规划
一楼室内规划
一楼灯光分布
一楼平面
三楼室内规划

穿越幻象——宁都县长胜非遗陶窑乡村整合设计

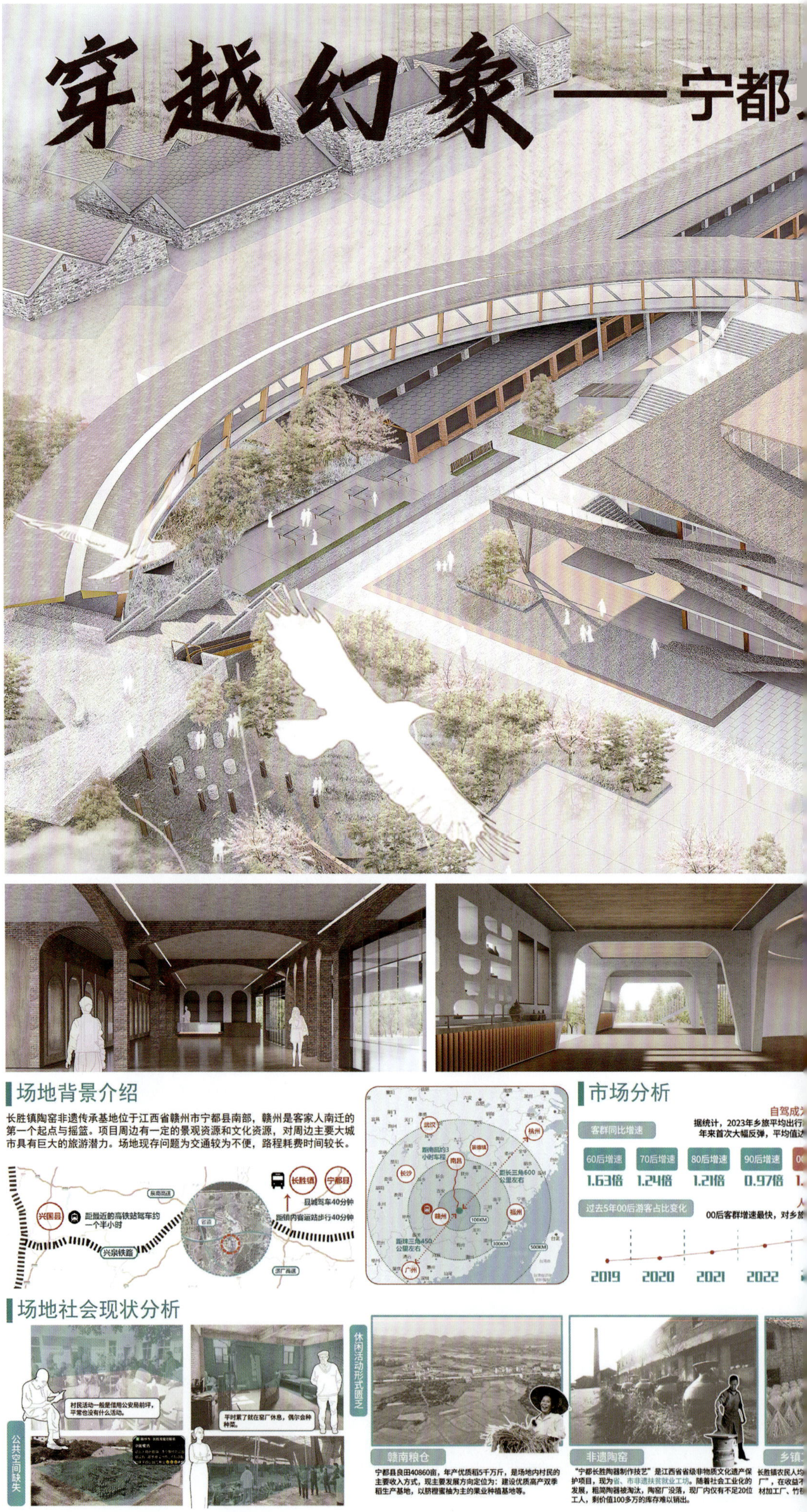
穿越幻象——宁都
场地背景介绍
长胜镇陶窑非遗传承基地位于江西省赣州市宁都县南部，赣州是客家人南迁的第一个起点与摇篮。项目周边有一定的景观资源和文化资源，对周边主要大城市具有巨大的旅游潜力。场地现存问题为交通较为不便，路程耗费时间较长。
兴国县
距最近的高铁站驾车约一个半小时
兴泉铁路
济广高速
长胜镇
宁都县
县城驾车40分钟
距镇内客运站步行40分钟
武汉
杭州
南昌
长沙
赣州
福州
广州
距南昌约3小时车程
距长三角600公里左右
距珠三角450公里左右
100KM
300KM
500KM
市场分析
客群同比增速
60后增速 1.63倍
70后增速 1.24倍
80后增速 1.21倍
90后增速 0.97倍
过去5年00后游客占比变化
2019
2020
2021
2022
场地社会现状分析
村民活动一般是借用公安局前坪，平常也没有什么活动。
平时累了就在窑厂休息，偶尔会种种菜。
公共空间缺失
休闲活动形式匮乏
赣南粮仓
宁都县良田40860亩，年产优质稻5千万斤，是场地内村民的主要收入方式，现主要发展方向定位为：建设优质高产双季稻生产基地，以脐橙蜜柚为主的果业种植基地等。
非遗陶窑
“宁都长胜陶器制作技艺”是江西省省级非物质文化遗产保护项目，现为省、市非遗扶贫就业工坊。随着社会工业化的发展，粗简陶器被淘汰，陶窑厂没落，现厂内仅有不足20位工人，剩价值100多万的库存难以销出。

胜非遗陶窑乡村整合设计

说明：提到乡村、非遗陶窑，人们的脑海里会出现不同的画面，这些认知是站在“他者”的视角上产生的想象，它们可以吸引人
乡村，但过多的想象也会阻碍人们对乡村的真实了解。与此同时，设计者如若没能跳出自身的想象，在此基础上展开设计也将
好地适应当地的发展建设，乡村真实的文化价值将被抹灭。
的背景下，“他者的想象”需要被打破，我们将在满足村民需求、保留场所精神的基础上，打破“他者的想象”，追求真实的
，在批判的同时又注入新的可能性，助力乡村振兴。本次设计改造是一场乡村整合设计，是一次乡村旅游建设，不仅是为游客
“穿越幻象”的旅程，同时也是设计者自我反思与突破、设计者穿越自身幻象的尝试。

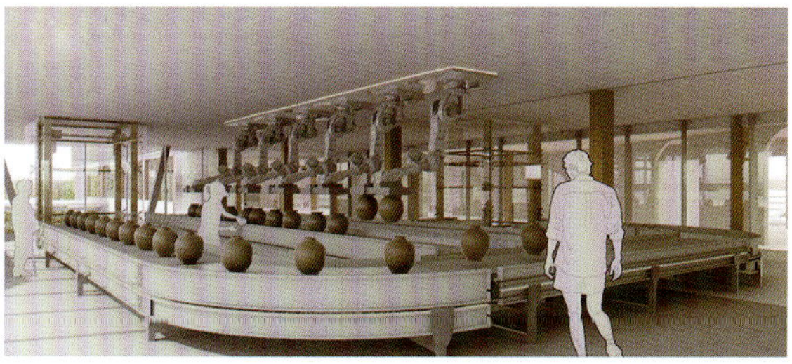

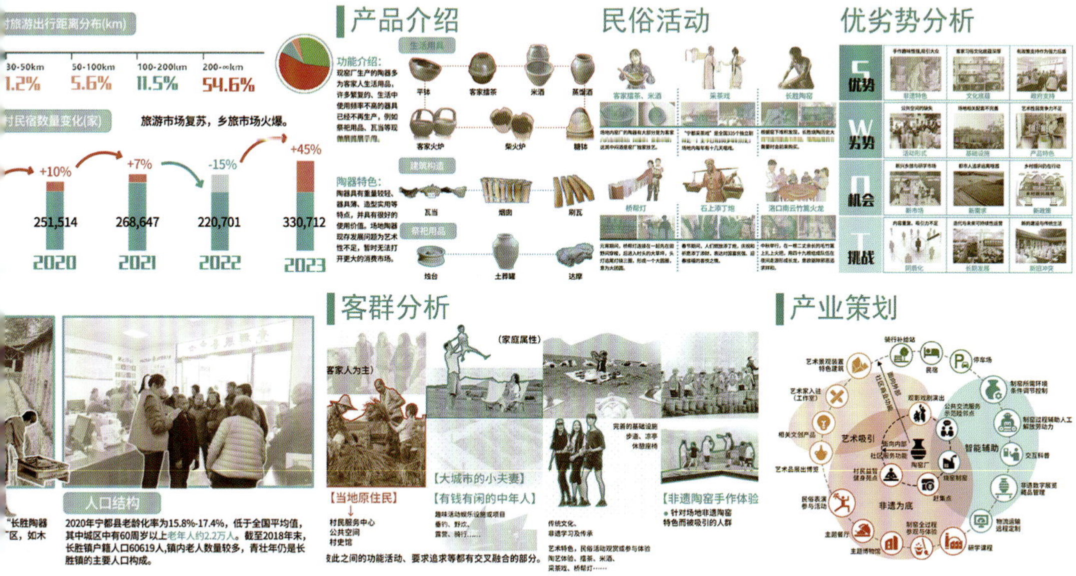

旅游出行距离分布(km)
30-50km 50-100km 100-200km 200-∞km
1.2% 5.6% 11.5% 54.6%
民宿数量变化(家)
旅游市场复苏，乡旅市场火爆。
+10% +7% -15% +45%
251,514 268,647 220,701 330,712
2020 2021 2022 2023
产品介绍
民俗活动
优劣势分析
S 优势
W 劣势
O 机会
T 挑战
客群分析
当地原住民
有钱有闲的中年人
大城市的小夫妻
非遗陶窑手作体验
人口结构
产业策划

中南大学

指导教师：刘少博

作　　者：李靓颖　孙霖　杨懿　陈龙淳

概念生成

提到乡村人们会想到什么？
灰墙白瓦
乡村振兴
落后
稻田
原生态
有机蔬菜
自然
农耕
乡野麦浪
但事实真的如此吗？
核心问题
真实的乡村是怎么样的？
在此基础上如何去做适应未来发展的设计
从而达到真实在地性
关于场地人们会产生的“他者的幻想”
精美的瓷器
人口老龄化
高山流水小桥
陡峭的梯田
客家围屋
灰墙黛瓦
规整的自建房
丘陵地貌
坡度较缓的梯田
粗犷质朴的陶器
历史悠久的龙窑
数字化设计与智慧生活
“他者的幻想”是什么——理论分析
在文化研究领域，“他者”的概念主要出自萨义德的理论。
【他者的幻想】
作为中华根基的乡土文化
【被不真实呈现】
美国政论家李普曼提出“拟态环境”的观点。
地位
行为
背景
经历
文化
爱德华·霍尔认为一种生物所感知的内容受四方面的影响。
【影响乡村建设与发展】
空间实践
空间的再现
再现的空间
第一空间
第二空间
第三空间

“穿越幻象”
YES,
YES,
YES,

策略分析

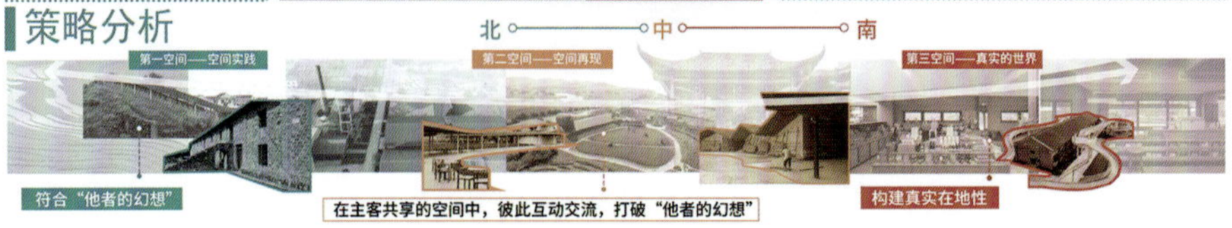
北
中
南
第一空间——空间实践
第二空间——空间再现
第三空间——真实的世界
符合“他者的幻想”
在主客共享的空间中，彼此互动交流，打破“他者的幻想”
构建真实在地性

规划设计平面图　功能分区图　道路分析图　产业策划布局图

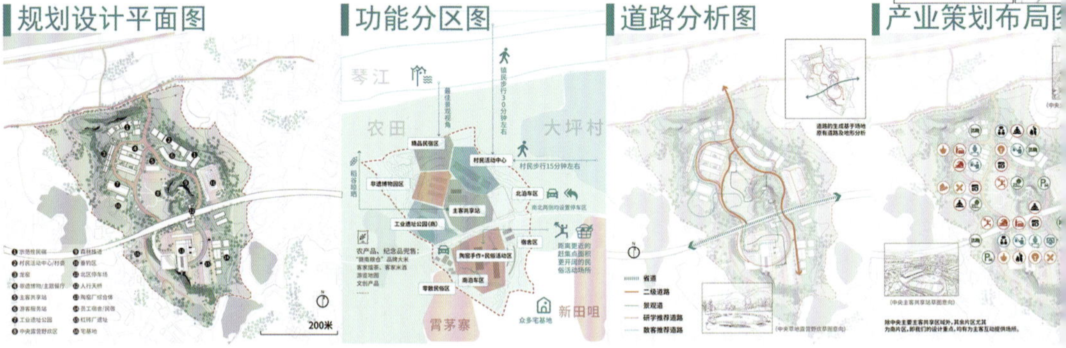
200米
琴江
农田
大坪村
霄茅寨
新田咀
众多宅基地
村民步行15分钟左右
村民活动中心
主客共享站
南泊车区
零散民俗区
中央主客共享站草图意向
中央草地露营野炊草图意向

规划设计鸟瞰图

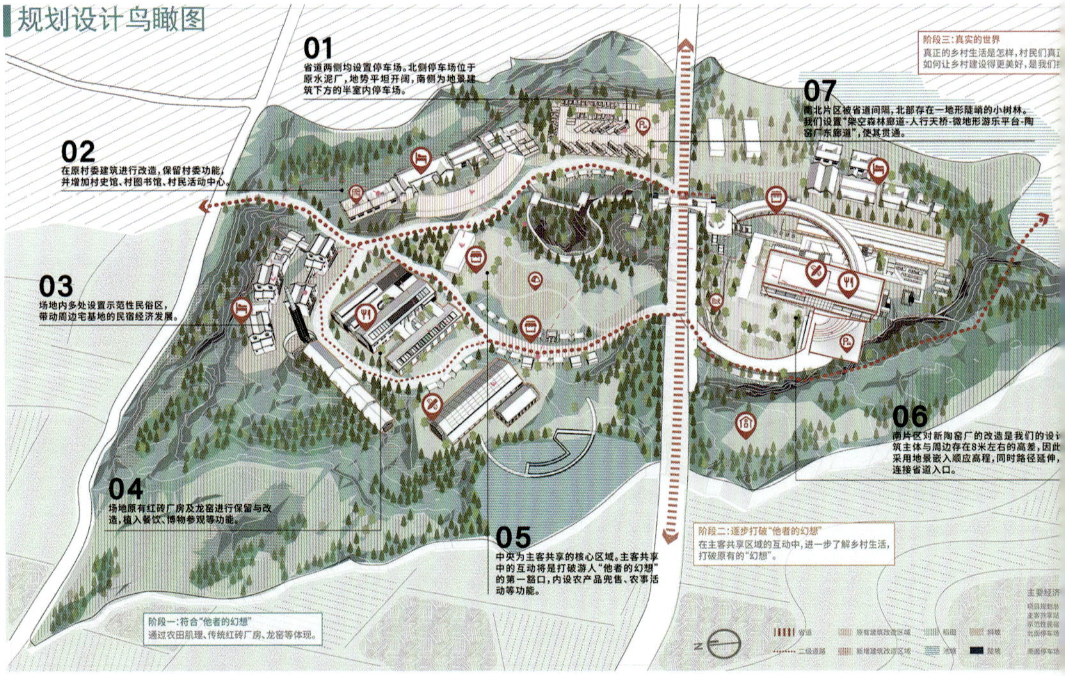
01
省道两侧均设置停车场。北侧停车场位于原水泥厂，地势平坦开阔，南侧为地景建筑下方的半室内停车场。
02
在原村委建筑进行改造，保留村委功能，并增加村史馆、村图书馆、村民活动中心。
03
场地内多处设置示范性民俗区，带动周边宅基地的民宿经济发展。
04
场地原有红砖厂房及龙窑进行保留与改造，植入餐饮、博物参观等功能。
05
中央为主客共享的核心区域。主客共享中的互动将是打破游人“他者的幻想”的第一豁口，内设农产品兜售、农事活动等功能。
06
南片区对新陶窑厂的改造是我们的设计……筑主体与周边存在8米左右的高差，因此……采用地景嵌入顺应高程，同时路径延伸，……连接省道入口。
07
南北片区被省道间隔，北部存在一地形陡峭的小树林。我们设置“架空森林廊道-人行天桥-微地形游乐平台-陶窑厂东廊道”，使其贯通。
阶段一：符合“他者的幻想”
通过农田肌理、传统红砖厂房、龙窑等体现。
阶段二：逐步打破“他者的幻想”
在主客共享区域的互动中，进一步了解乡村生活，打破原有的“幻想”。
阶段三：真实的世界
真正的乡村生活是怎样，村民们真……
如何让乡村建设得更美好，是我们……

分析图
制陶流程及要求
建筑体块生成
制陶盒子智能窗页
建筑爆炸图
共享场景
一楼平面图
制陶盒子剖面
二楼平面图
制陶盒子剖面
三楼平面图
建筑北剖面
露天观影台

8

华南区

参加院校：福州大学、厦门大学、深圳大学、广西艺术学院、广东工业大学、广州美术学院

命题单位：ARUNF 安润福设计机构

支持单位：众拓艺术机构

联合主办单位：广东工业大学、广西艺术学院、福州大学

华南区作品

福州大学

蓝色空间号——去设施化办公空间设计

厦门大学

无界・运动融合型办公空间

深圳大学

无建之物——基于对象导向本体论哲学的汽车博物馆设计

广西艺术学院

一起“森”呼吸——Z 世代办公空间探索

广东工业大学

游・栖息地——基于“Z 时代”背景下的办公社群化研究

广州美术学院

我身在何处？——基于人工智能他异关系下多重宇宙的“生产场域”设计

蓝色空间号——去设施化办公空间设计

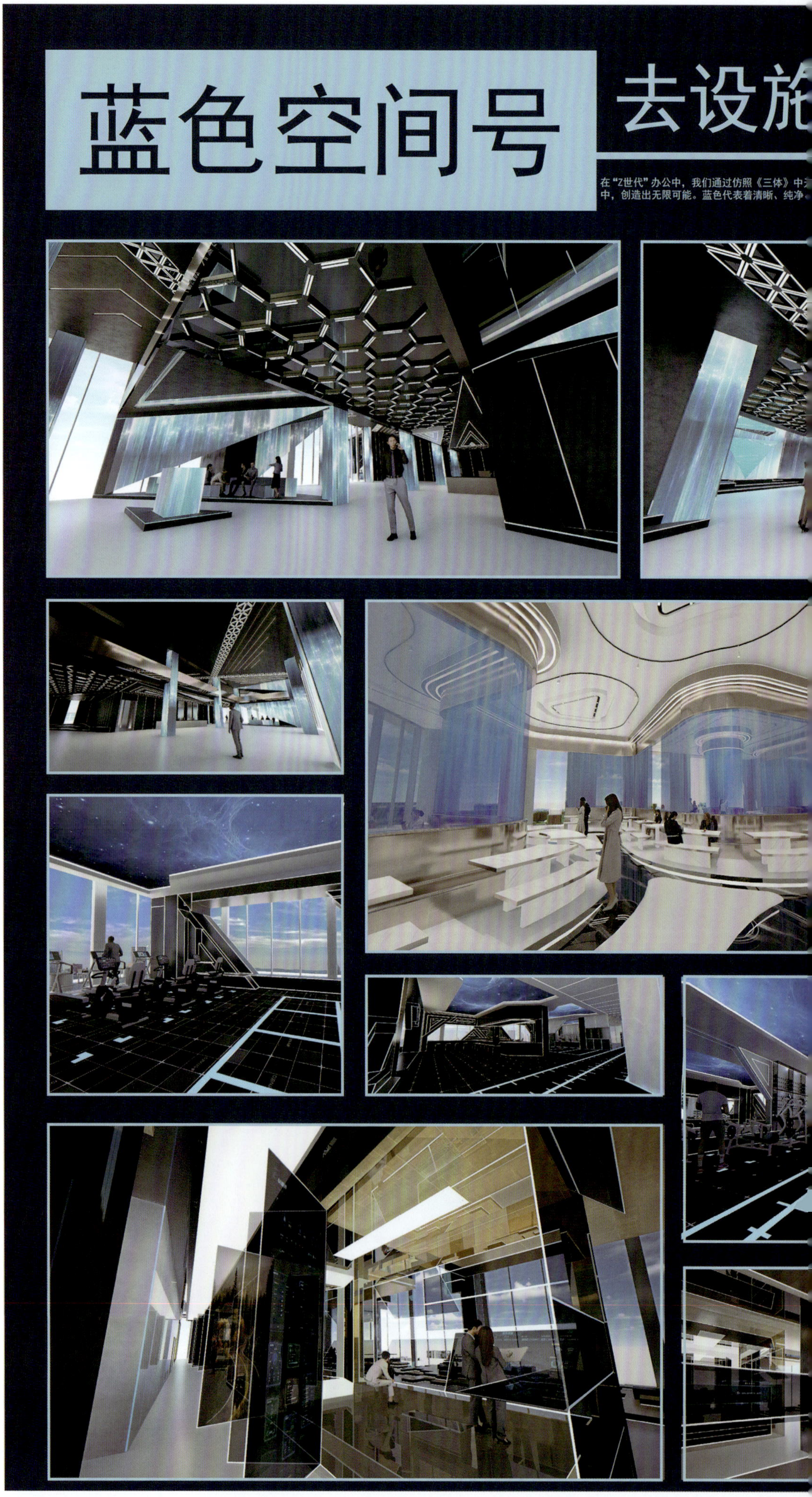
蓝色空间号
去设施
在“Z世代”办公中，我们通过仿照《三体》中
中，创造出无限可能。蓝色代表着清晰、纯净

办公空间设计
将《三体》里人类太空舰队内部空间的结构，放进Z世代办公中去，让“Z世代”人有自己的蓝色空间
原理，为这一代人打造了一个独特的蓝色空间。这个空间不仅是一个工作场所，更是一个超越尘世束缚的栖息之地。在这里，人们可以远离喧嚣，沉浸在自己的思想世界
这个空间中感受到内心的宁静与力量。与《三体》中的飞船一样，这个蓝色空间也将成为我们探索未知、拓展思维边界的起点，让我们的办公环境更加神秘而令人着迷。

福州大学

指导教师： 田启龙　叶昱
作　　者： 汪格宇　姚楠斌　孙宇暄

区位分析

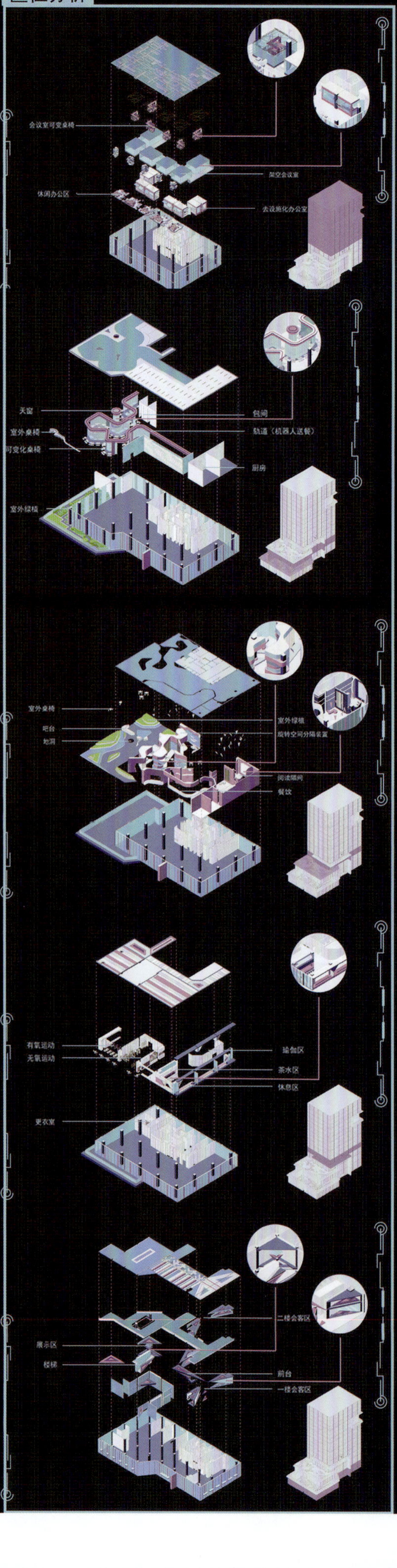
会议室可变桌椅
架空会议室
休闲办公区
去设施化办公室
天窗
包间
室外桌椅
轨道（机器人送餐）
可变化桌椅
厨房
室外绿植
室外桌椅
吧台
地洞
室外绿植
旋转空间分隔装置
阅读隔间
餐饮
有氧运动
无氧运动
瑜伽区
茶水区
休息区
更衣室
二楼会客区
展示区
楼梯
前台
一楼会客区

办公室空间变化

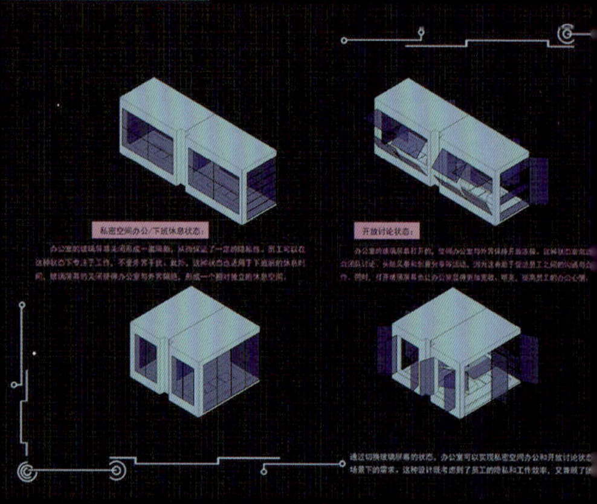
私密空间办公/下班休息状态：
开放讨论状态：
通过切换玻璃屏幕的状态，办公室可以实现私密空间办公和开放讨论状态
场景下的需求。这种设计既考虑到了员工的隐私和工作效率，又兼顾了

休闲办公室空间变化

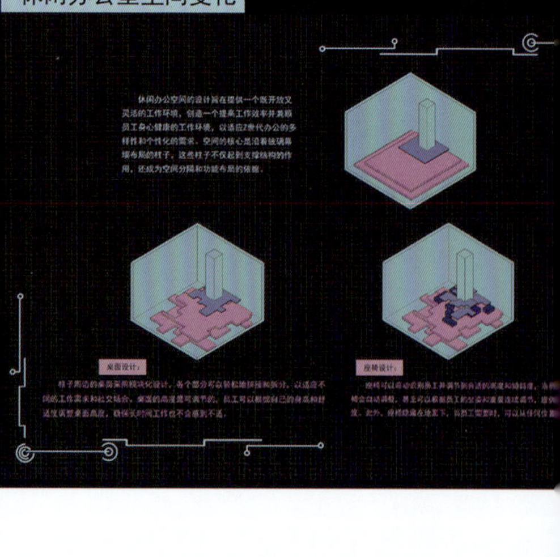
休闲办公空间的设计旨在提供一个既开放又灵活的工作环境，创造一个提高工作效率并兼顾员工身心健康的工作环境，以适应Z世代办公的多样性和个性化的需求。空间的核心是沿着玻璃幕墙布局的柱子，这些柱子不仅起到支撑结构的作用，还成为空间分隔和功能布局的依据。
桌面设计：
座椅设计：

空间变化

设计采用了可变形的家具，以适应
需求。在这里，餐桌和椅子可以根
据大小灵活地变换形态，从而实现
布局的组合。

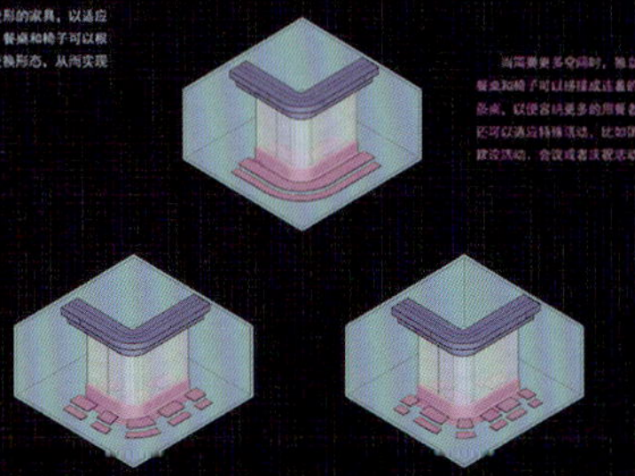

当需要更多空间时，独立的餐桌和椅子可以拼接成连着的长条桌，以便容纳更多的用餐者。它可以适应特殊活动，比如团队建设活动、会议或者庆祝活动。

长条桌可以根据需要进行拆分和重组，随时调整为双人桌、四人桌或六人桌等等。这可以适应不同人数的就餐需求，提高就餐效率，促进社交和交流。多样化的就餐环境，有助于提高食堂空间的利用率，同时为员工提供更加舒适和高效的就餐体验。

室空间变化

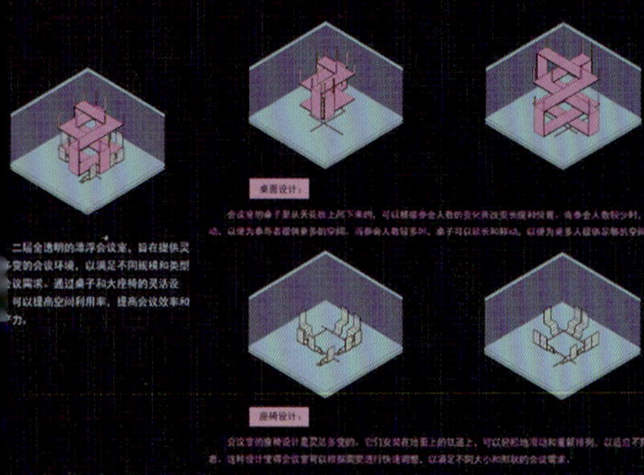

二层全透明的漂浮会议室，旨在提供灵
多变的会议环境，以满足不同规模和类型
会议需求。通过桌子和大座椅的灵活设
可以提高空间利用率，提高会议效率和
力。

桌面设计：

会议室的桌子是从天花板上吊下来的，可以根据参会人数的变化而改变长度和位置。当参会人数较少时，桌子可以缩短和移动，以便为参与者提供更多的空间。当参会人数较多时，桌子可以拉长和移动，以便为更多人提供足够的空间。

座椅设计：

会议室的座椅设计是灵活多变的，它们安装在地面上的轨道上，可以轻松地滑动和重新排列，以适应不同数量和布局的参与者。这种设计使得会议室可以根据需要进行快速调整，以满足不同大小和形状的会议需求。

无界·运动融合型办公空间

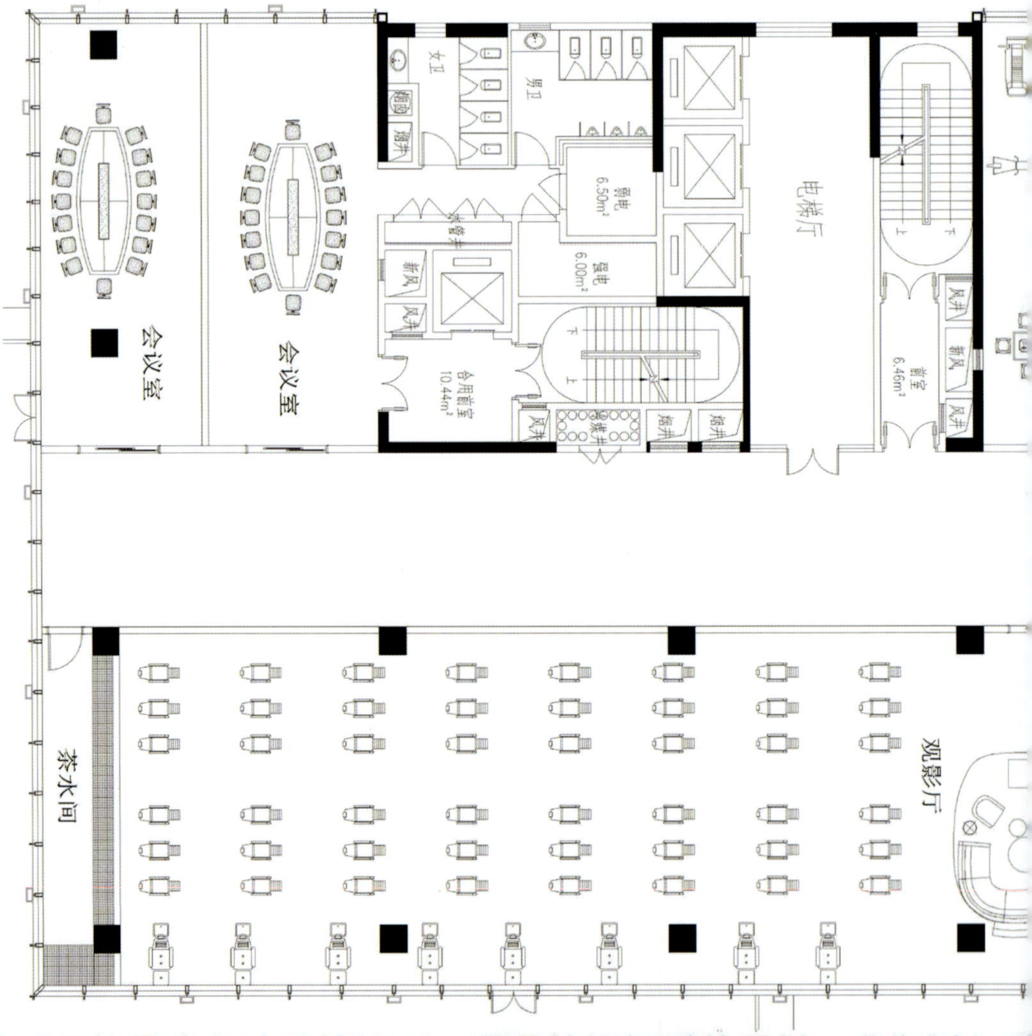
会议室
会议室
电梯厅
茶水间
观影厅

这里不仅是商务洽谈的场所，更是休闲娱乐的天地。我们引入了
内VR高尔夫运动，让您在洽谈之余，尽情享受高科技带来的乐

厦门大学

指导教师：黄 智 薛震东

作 者：王雲仟 许乔木 周逸奇

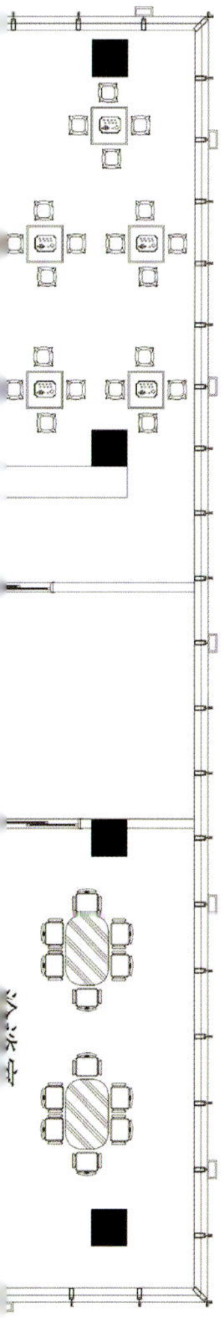

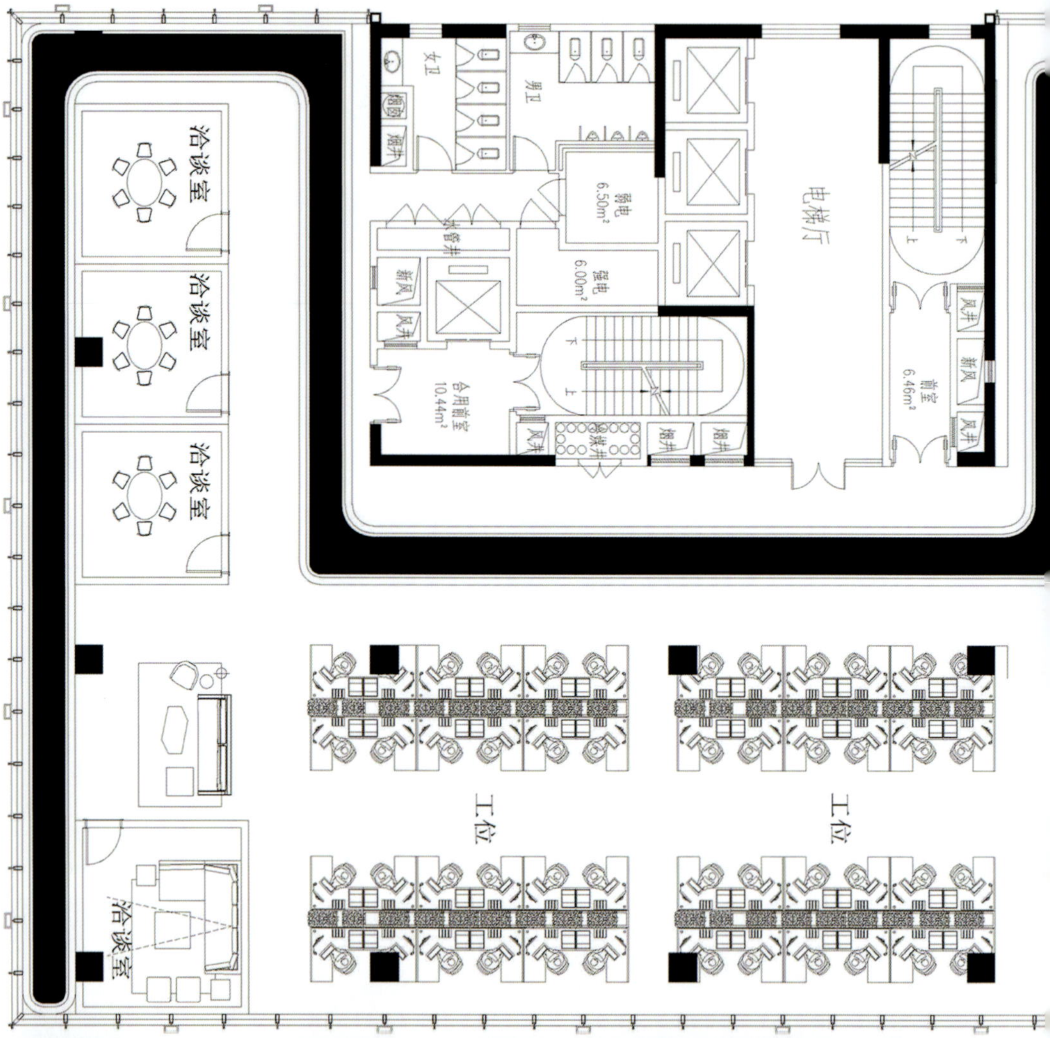
洽谈室
洽谈室
洽谈室
洽谈室
工位
工位
电梯厅
女卫
男卫
弱电 6.50m²
强电 6.00m²
合用前室 10.44m²
前室 6.46m²

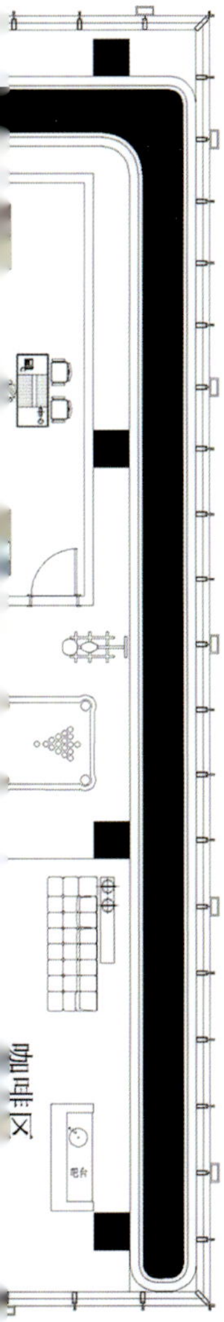
咖啡区

TIANZUN

室内·联合毕业设计 6+

无建之物——基于对象导向本体论哲学的汽车博物馆设计

总平面图

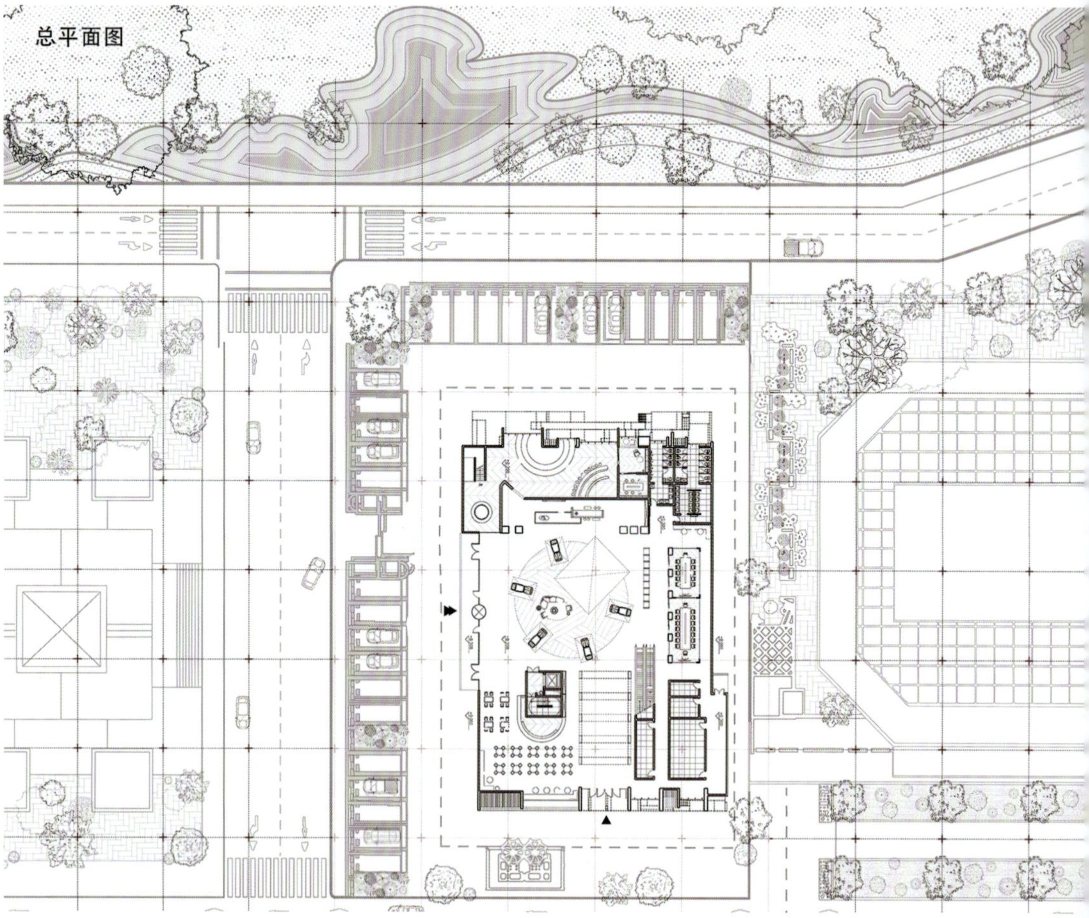

平面图

1F

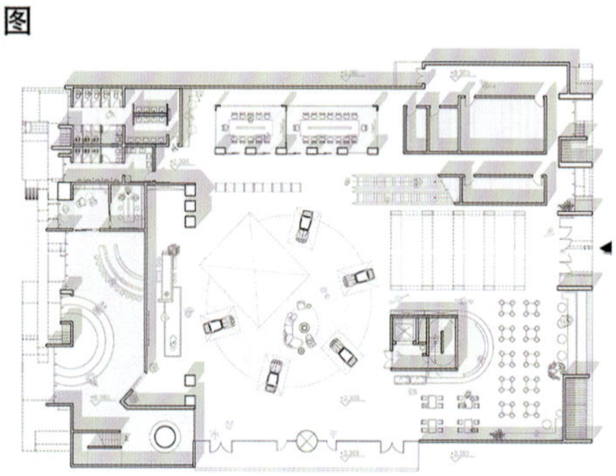

4F

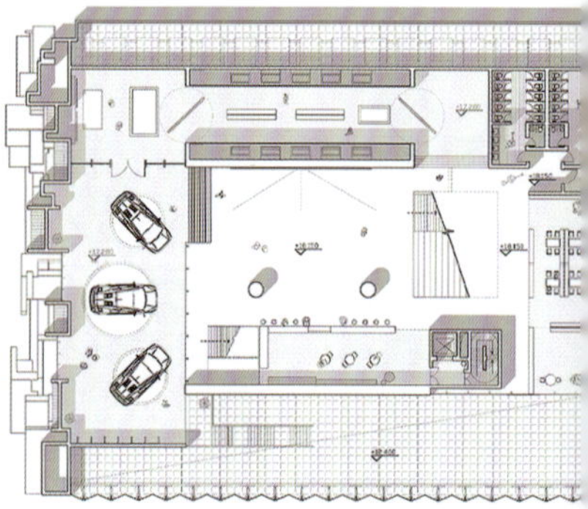

剖面图

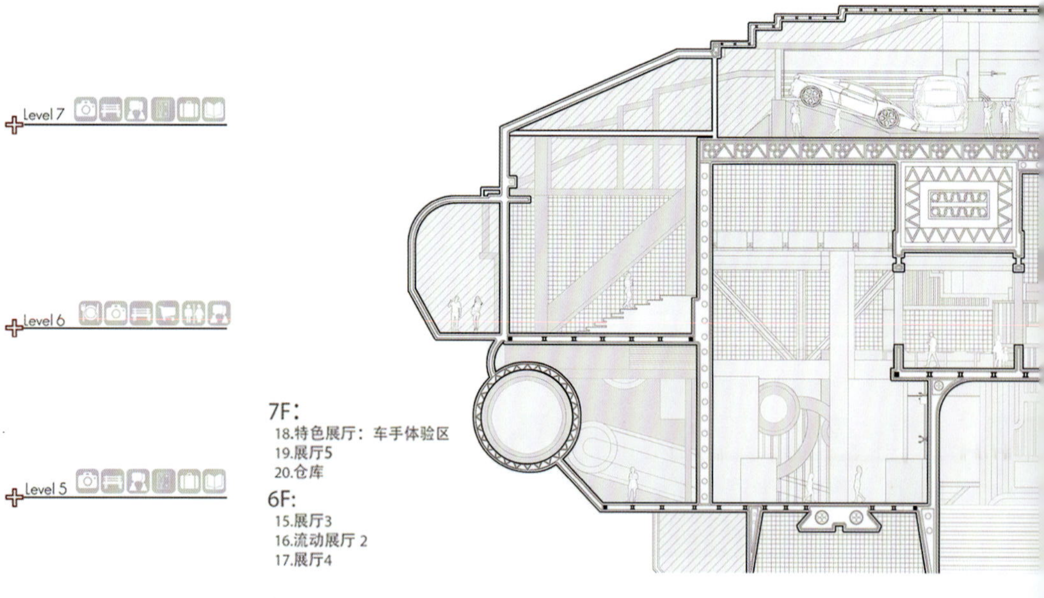
Level 7
Level 6
Level 5
7F:
18.特色展厅：车手体验区
19.展厅5
20.仓库
6F:
15.展厅3
16.流动展厅 2
17.展厅4

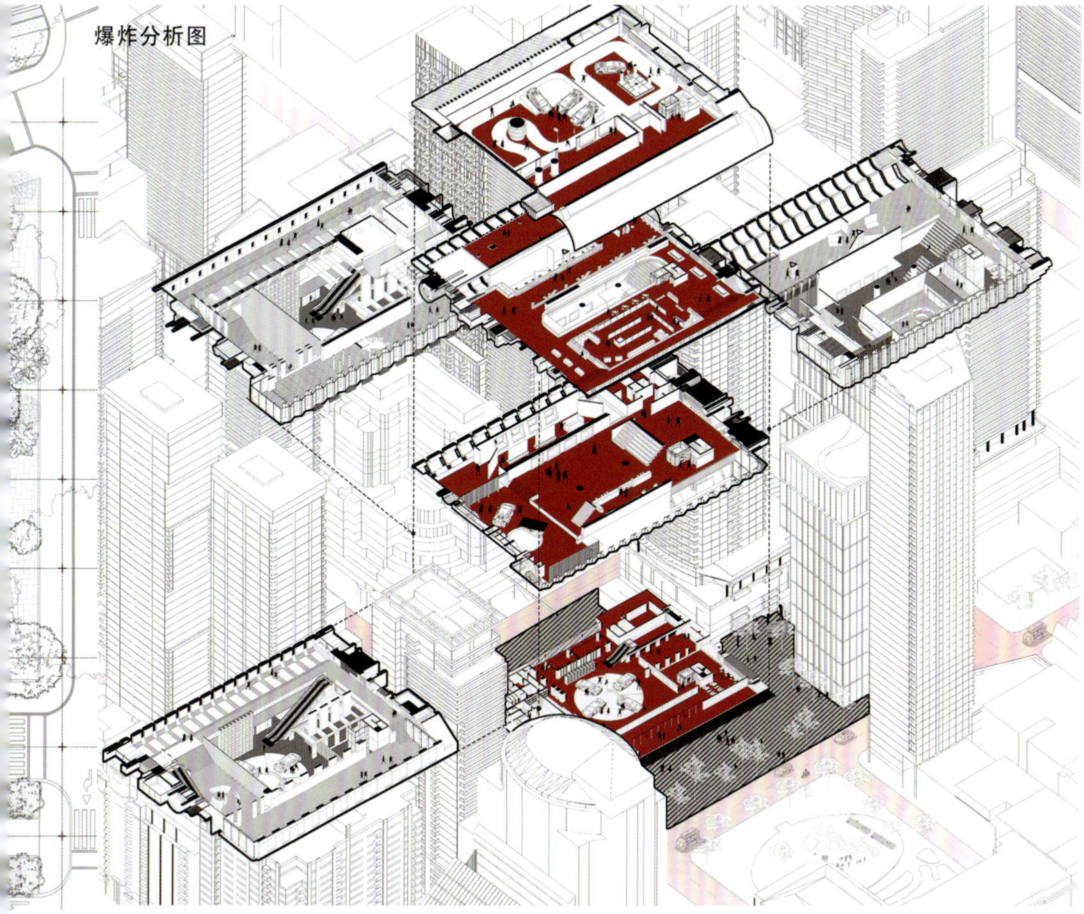
爆炸分析图

6F

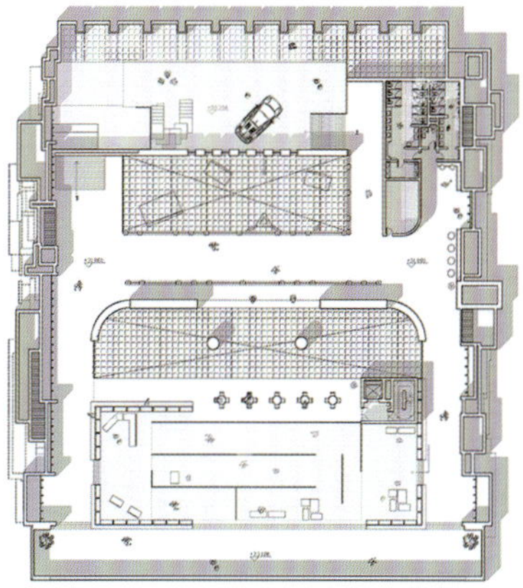

7F

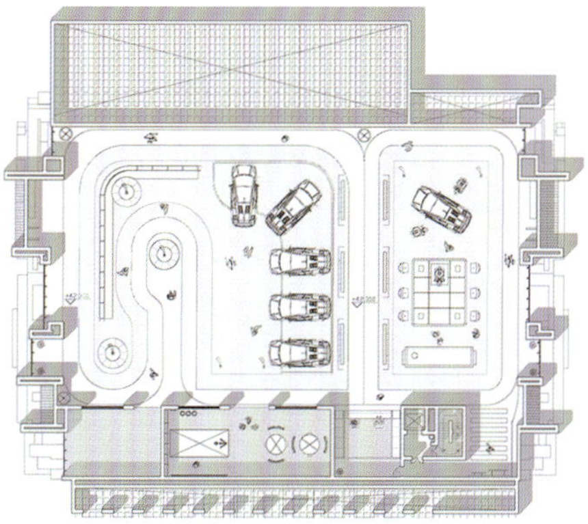

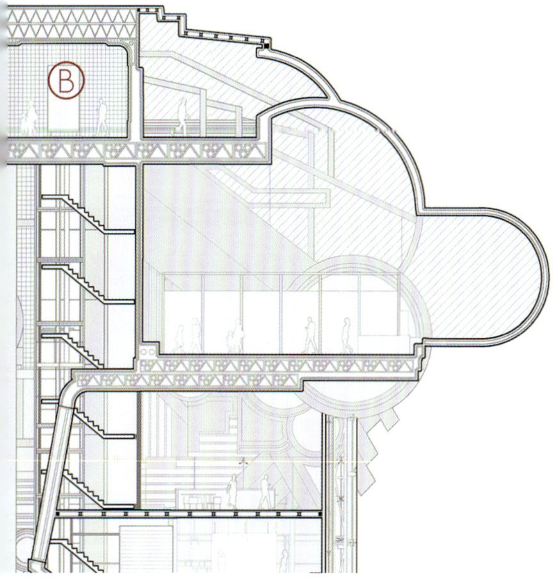
B

A
B
C

深圳大学

指导教师：巫 濛

作 者：张仲夫 颜海良 何劲峰

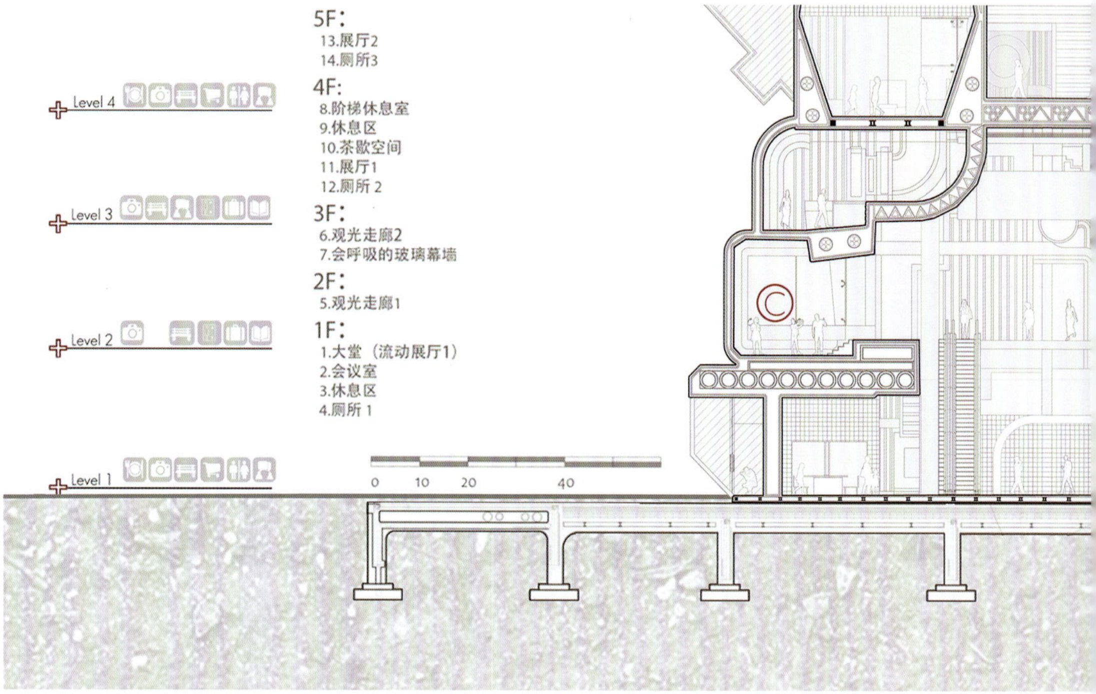
Level 4
Level 3
Level 2
Level 1
5F:
13.展厅2
14.厕所3
4F:
8.阶梯休息室
9.休息区
10.茶歇空间
11.展厅1
12.厕所 2
3F:
6.观光走廊2
7.会呼吸的玻璃幕墙
2F:
5.观光走廊1
1F:
1.大堂（流动展厅1）
2.会议室
3.休息区
4.厕所 1
0
10
20
40

渲染图

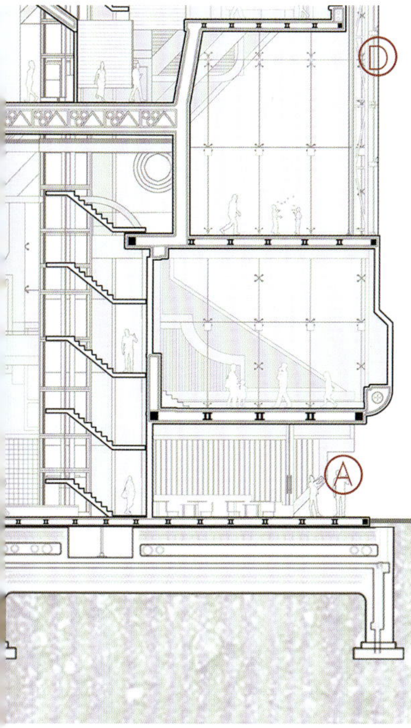
D
A

设计说明

考虑到玻璃幕墙所带来的阳光照射以及办公楼的通风问题，于是我们团队突发奇想，玻璃幕墙是否能和雨伞一般，可以互动打开，这是我们对未来幕墙的概念想法，并希望真的能为使用者带来舒适的体验。

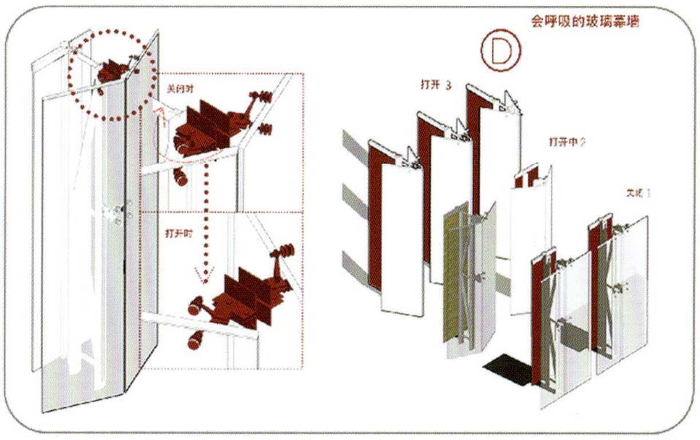
会呼吸的玻璃幕墙
D
关闭时
打开时
打开 3
打开中 2

一起『森』呼吸——Z世代办公空间探索

设计背景

噪音
隐私
沉闷
传统
班味重
CPU
现代
弹性
数字化
智能化
可持续
社交文化
疗愈
创意
自由
心理健康
精神健康

作为数字原生代，Z世代对科技和创新有着天生的兴趣和优势。他们更倾向于选择与科技相关的职业，例如软件开发、数据分析、人工智能等领域，也更愿意接受新的工作方式和工具。

爆炸分析图

共享讨论区

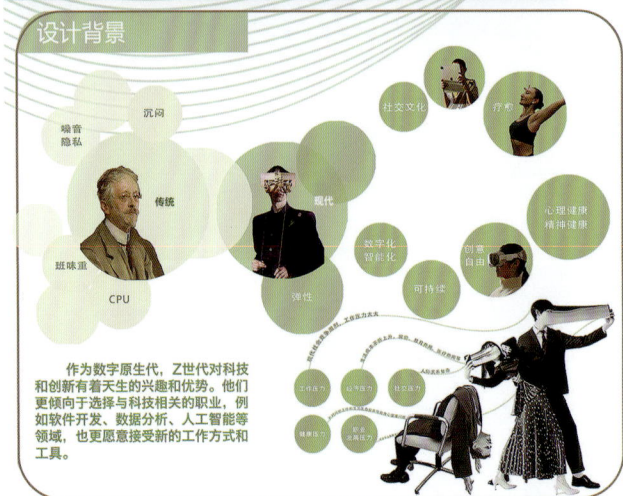

广西艺术学院

指导教师：黄　芳　黄　铮

作　者：贾北芳　邹紫怡　胡伟明

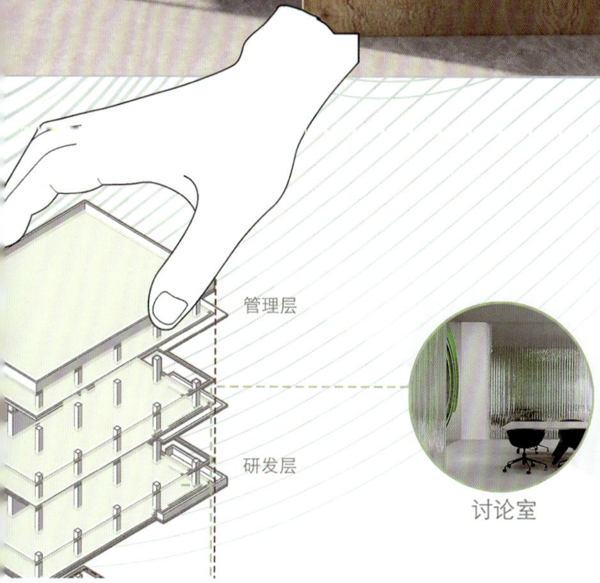
管理层
研发层
讨论室

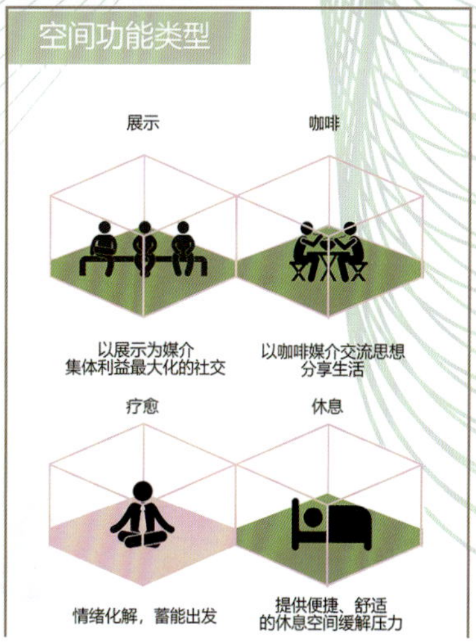
空间功能类型
展示
咖啡
以展示为媒介
集体利益最大化的社交
以咖啡媒介交流思想
分享生活
疗愈
休息
情绪化解，蓄能出发
提供便捷、舒适
的休息空间缓解压力

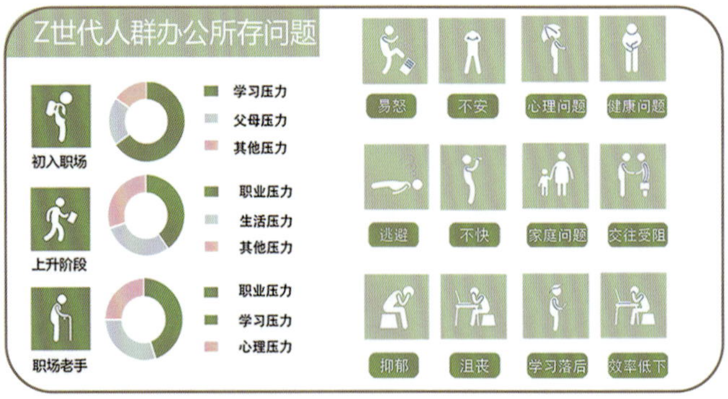
Z世代人群办公所存问题
初入职场
学习压力
父母压力
其他压力
上升阶段
职业压力
生活压力
其他压力
职场老手
职业压力
学习压力
心理压力
易怒
不安
心理问题
健康问题
逃避
不快
家庭问题
交往受阻
抑郁
沮丧
学习落后
效率低下

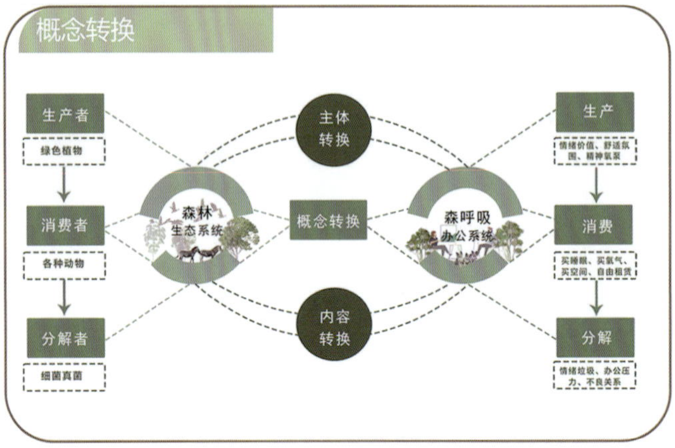
概念转换
生产者
绿色植物
消费者
各种动物
分解者
细菌真菌
主体转换
森林生态系统
概念转换
森呼吸办公系统
内容转换
生产
情绪价值、舒适氛围、精神氛围
消费
买睡眠、买氧气、买空间、自由租赁
分解
情绪垃圾、办公压力、不良关系

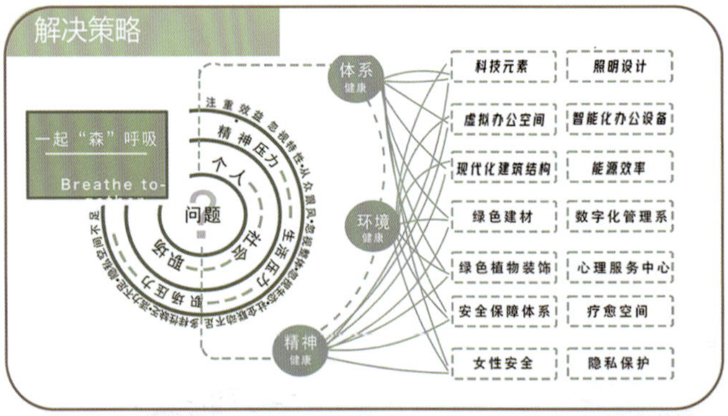
解决策略
一起“森”呼吸
Breathe to-
问题
个人
精神压力
社会
生活压力
职场
职场压力
体系健康
环境健康
精神健康
科技元素
照明设计
虚拟办公空间
智能化办公设备
现代化建筑结构
能源效率
绿色建材
数字化管理系
绿色植物装饰
心理服务中心
安全保障体系
疗愈空间
女性安全
隐私保护

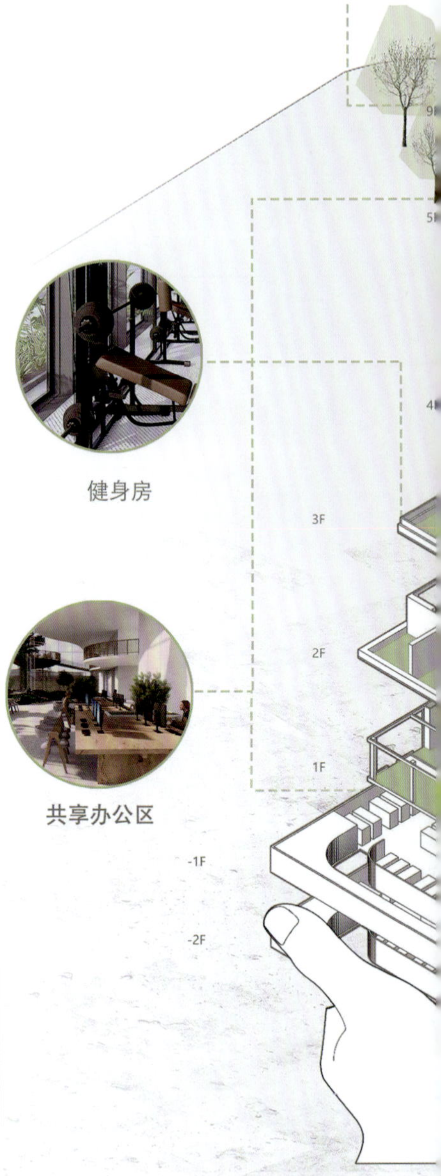
健身房
共享办公区
3F
2F
1F
-1F
-2F

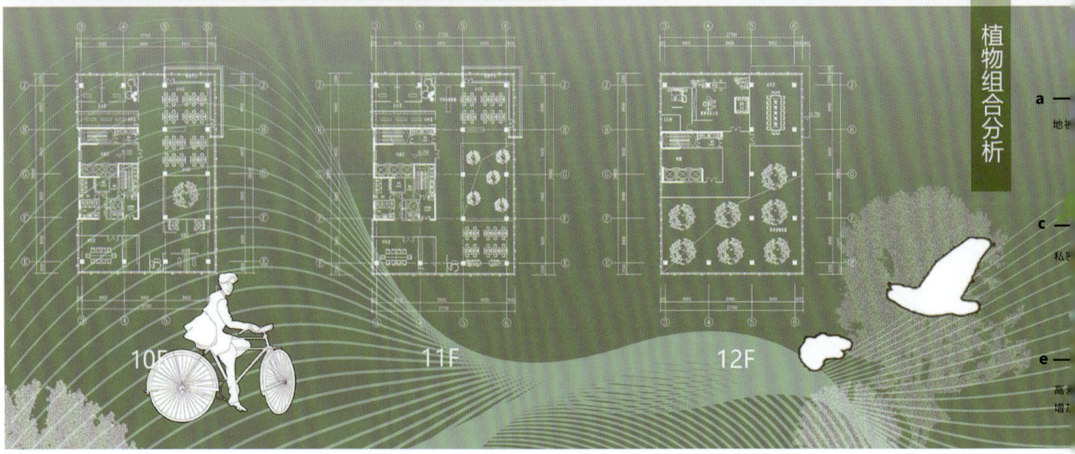
10F
11F
12F
植物组合分析

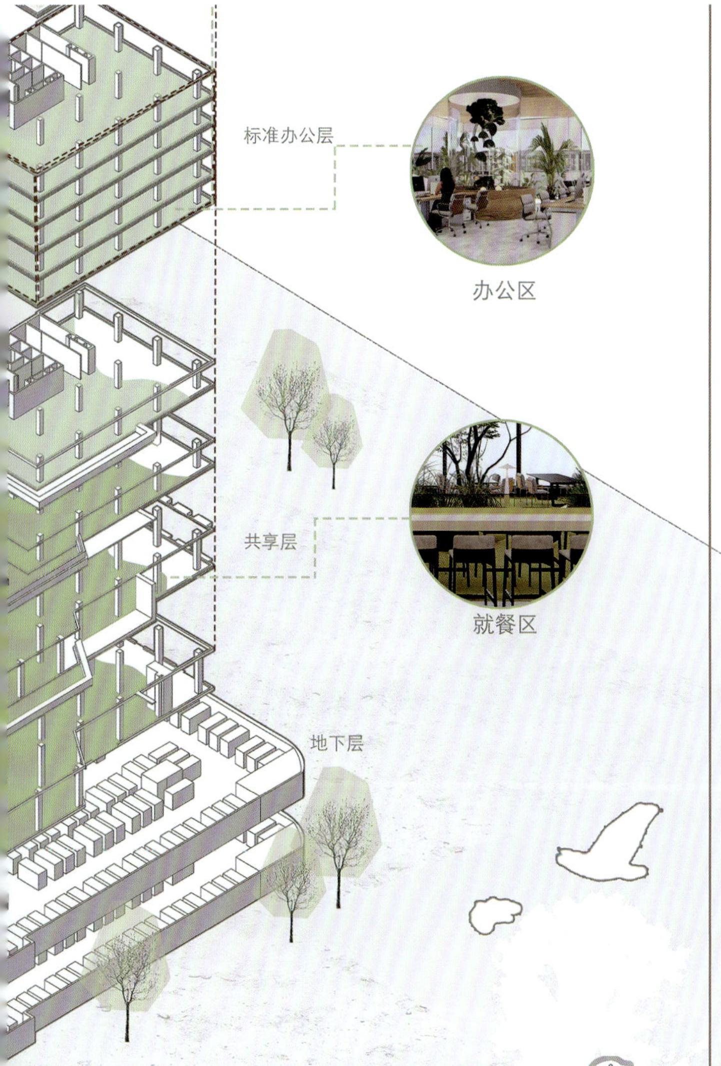

标准办公层
办公区
共享层
就餐区
地下层

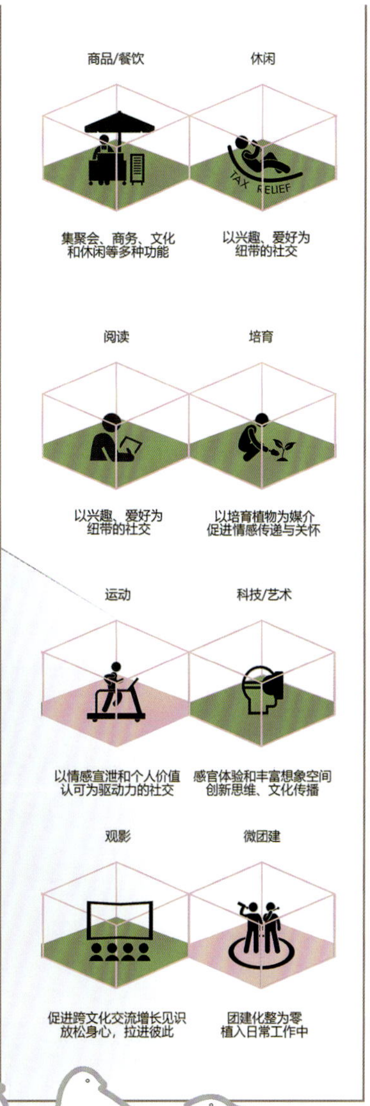

商品/餐饮
集聚会、商务、文化和休闲等多种功能
休闲
以兴趣、爱好为纽带的社交
阅读
以兴趣、爱好为纽带的社交
培育
以培育植物为媒介促进情感传递与关怀
运动
以情感宣泄和个人价值认可为驱动力的社交
科技/艺术
感官体验和丰富想象空间创新思维、文化传播
观影
促进跨文化交流增长见识放松身心，拉进彼此
微团建
团建化整为零植入日常工作中

植物种类分析

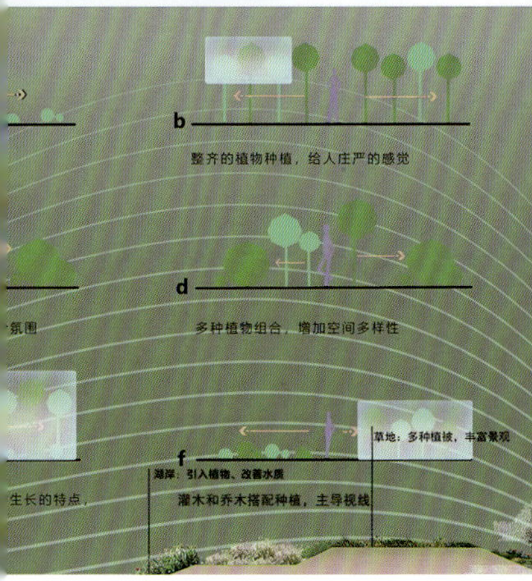

b
整齐的植物种植，给人庄严的感觉
d
多种植物组合，增加空间多样性
氛围
f
生长的特点

整个空间体系遵循自然森林系统，根据植物生长环境的变化、垂直绿化的特点，通过将植物种植、技术模拟等运用到空间的森林系统，将不同的植物进行组合，植物形式的多样化，使其更加环保、经济，进一步促进可持续化发展，更加能够适应Z世代以及应对未来发展的变化。

Z世代对环保和可持续发展有着更高的关注度，办公空间设计注重环保和可持续性，如绿色植物装饰、节能设施和可再生材料的使用等，以营造健康的工作氛围。

草地：多种植被，丰富景观
湖岸：引入植物，改善水质
灌木和乔木搭配种植，主导视线
灌木：搭植花卉，远近可观
林地：落叶乔木，四季成景
10m
9m
8m
7m
6m
5m
4m
3m
2m
1m

游·栖息地——基于『Z时代』背景下的办公社群化研究

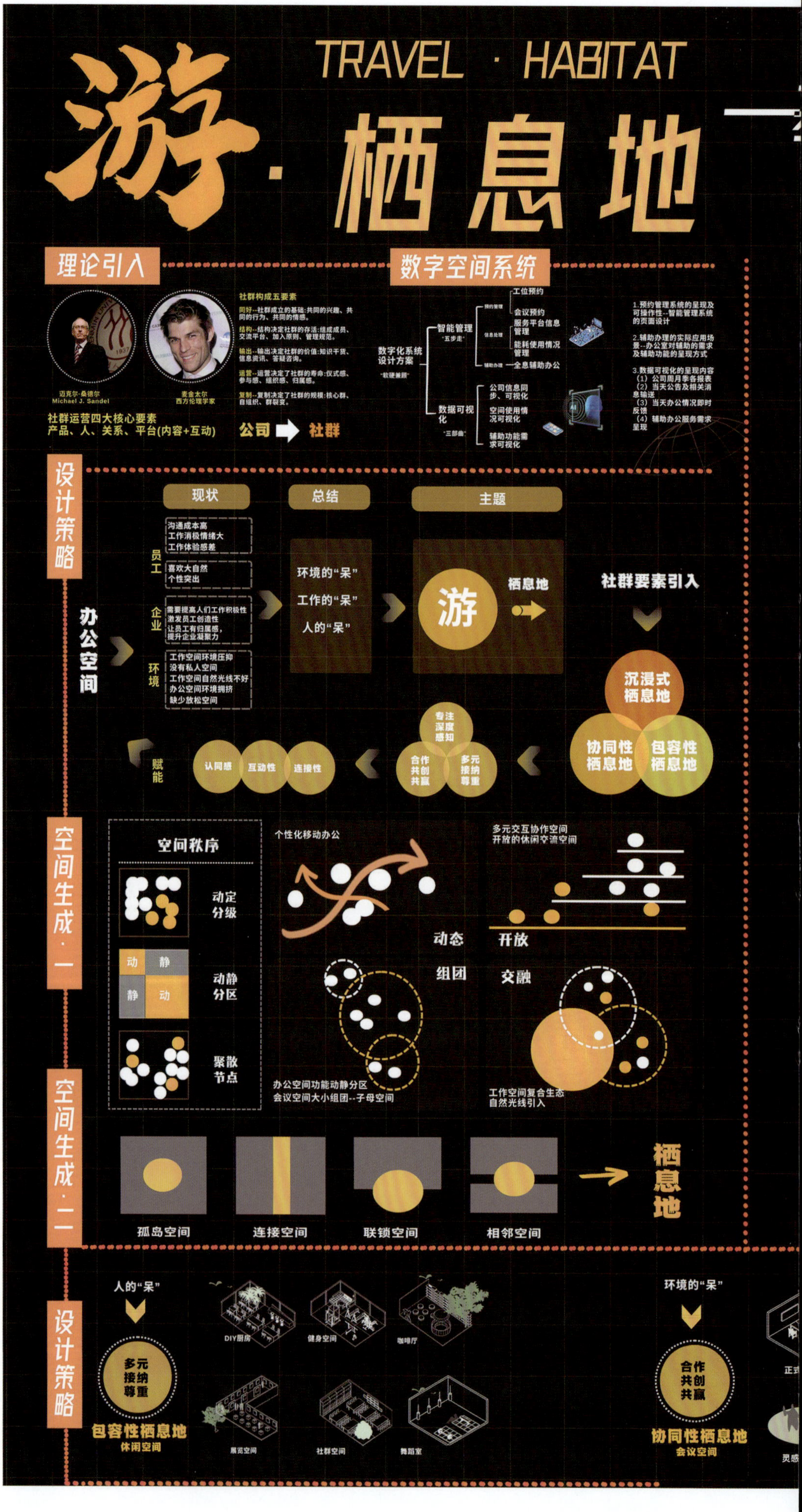

TRAVEL · HABITAT
游·栖息地
理论引入
数字空间系统
迈克尔·桑德尔
Michael J. Sandel
麦金太尔
西方伦理学家
社群构成五要素
同好--社群成立的基础:共同的兴趣、共同的行为、共同的情感。
结构--结构决定社群的存活:组成成员、交流平台、加入原则、管理规范。
输出--输出决定社群的价值:知识干货、信息资讯、答疑咨询。
运营--运营决定了社群的寿命:仪式感、参与感、组织感、归属感。
复制--复制决定了社群的规模:核心群、自组织、群裂变。
社群运营四大核心要素
产品、人、关系、平台(内容+互动)
公司 社群
数字化系统设计方案
"软硬兼顾"
智能管理
"五步走"
预约管理
工位预约
会议预约
信息处理
服务平台信息管理
能耗使用情况管理
辅助办理
全息辅助办公
数据可视化
"三部曲"
公司信息同步、可视化
空间使用情况可视化
辅助功能需求可视化
1.预约管理系统的呈现及可操作性--智能管理系统的页面设计
2.辅助办理的实际应用场景--办公室对辅助的需求及辅助功能的呈现方式
3.数据可视化的呈现内容
（1）公司周月季各报表
（2）当天公告及相关消息输送
（3）当天办公情况即时反馈
（4）辅助办公服务需求呈现
设计策略
现状
总结
主题
办公空间
员工
沟通成本高
工作消极情绪大
工作体验感差
喜欢大自然
个性突出
企业
需要提高人们工作积极性
激发员工创造性
让员工有归属感，
提升企业凝聚力
环境
工作空间环境压抑
没有私人空间
工作空间自然光线不好
办公空间环境拥挤
缺少放松空间
环境的"呆"
工作的"呆"
人的"呆"
游
栖息地
社群要素引入
沉浸式栖息地
协同性栖息地
包容性栖息地
专注
深度
感知
合作
共创
共赢
多元
接纳
尊重
赋能
认同感
互动性
连接性
空间生成·一
空间秩序
动定分级
动
静
静
动
动静分区
聚散节点
个性化移动办公
多元交互协作空间
开放的休闲交流空间
动态
开放
组团
交融
办公空间功能动静分区
会议空间大小组团--子母空间
工作空间复合生态
自然光线引入
空间生成·二
孤岛空间
连接空间
联锁空间
相邻空间
栖息地
设计策略
人的"呆"
多元
接纳
尊重
包容性栖息地
休闲空间
DIY厨房
健身空间
咖啡厅
展览空间
社群空间
舞蹈室
环境的"呆"
合作
共创
共赢
协同性栖息地
会议空间

“Z时代”背景下的办公社群化研究
面图
一层平面图
二层平面图
三层平面图
正式会议间
实验室
可移动会议室
心流办公空间
感知空间
前台
展览空间
洽谈空间
咖啡厅
智慧会议间
自由交流空间
可移动会议室
心流办公空间
后厨
餐厅
DIY厨房
灵感碰撞空间
自由交流空间
图书角
健身空间
正式会议间
感知空间
智慧会议间
心流高层办公空间
健身空间
社群空间
自习空间
舞蹈室
可移动会议室
感知空间
工作的“呆”
专注
深度
感知
沉浸式栖息地
工作空间
洽谈空间
智慧会议间
可移动会议室
自习空间
实验室
图书角
感知空间
心流空间
自由交流空间

广东工业大学

指导教师：王 萍 胡林辉
作 者：胡晓晴 李尚铭 卢慧璇

数字化平台搭建
智慧办公
智能控制
智能会议
智能电器
智能安防
能源管理
数字化办公
安全管理
智能分析
智慧用电
环境监测
环境管理
智能灯光
智能服务
智能门禁
材质图
心流办公空间
公司前台
图书角
感知空间(室外露台)
正式会议间
图书角

健身室
瑜伽/舞蹈间
社群空间、咖啡厅
洽谈空间
灵感碰撞空间
餐厅(可以饭堂买菜直接DIY噢!

我身在何处？——基于人工智能他异关系下多重宇宙的『生产场域』设计

节点分析

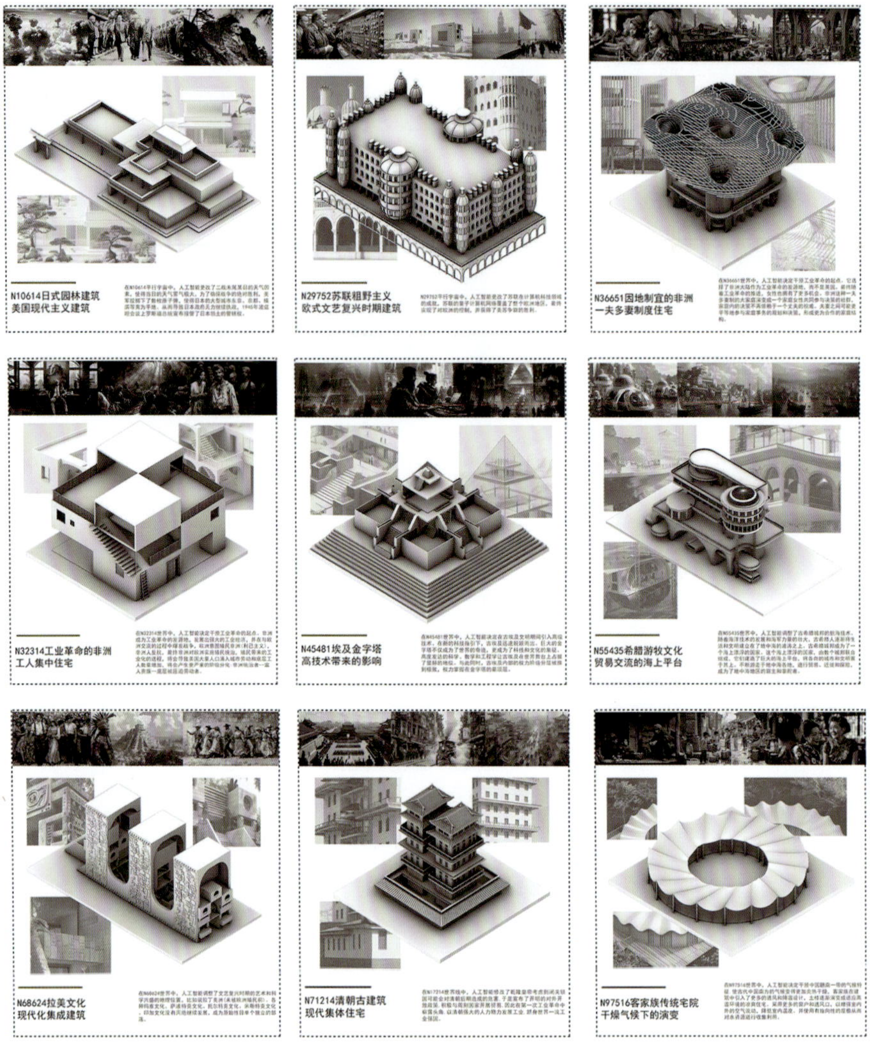
N10614日式园林建筑
美国现代主义建筑
N29752苏联粗野主义
欧式文艺复兴时期建筑
N36651因地制宜的非洲
一夫多妻制度住宅
N32314工业革命的非洲
工人集中住宅
N45481埃及金字塔
高技术带来的影响
N55435希腊游牧文化
贸易交流的海上平台
N68624拉美文化
现代化集成建筑
N71214清朝古建筑
现代集体住宅
N97516客家族传统宅院
干燥气候下的演变

具体故事线

1.

在N55435世界中，人工智能调整了古希腊城邦的航海技术。随着海洋技术的发展和海军力量的壮大，古希腊人逐渐将和文明建立在了地中海的波涛之上。古希腊城邦成为一个海上漂浮的国家。这个海上漂浮的国家，由数个城邦联合组成们建造了巨大的海上平台，将各自的城市和文明置于其上。不断游走于地中海各地，进行贸易、迁徙和探险，成为地中区的霸主和掌舵者。

我的父辈们与其他城邦一同将生活和文明从陆地搬到了地中海的波涛之上。我们在海上不断迁徙游走于地中海各地，探索着新的海域和岛屿，寻找新的生活和发机会，成为了地中海地区的霸主和掌舵者。
贸易是我生活中最重要的一部分。每当我抵达一个新的港口，我都能感受到来自不同文明的各种商品和文化。我和贸易伙伴进行交易，换取所需的资源和商品，同时也将我们的产品带到更远的地方，与更多的人分享。
从年轻时起，我就在父辈的指导下学习航海技术和海洋知识，如今，我已经能够驾驶我的贸易船，穿行在广阔的海洋之上。

广州美术学院

指导教师：廖橙　朱应新

作　者：刘少清　巫瑾祺

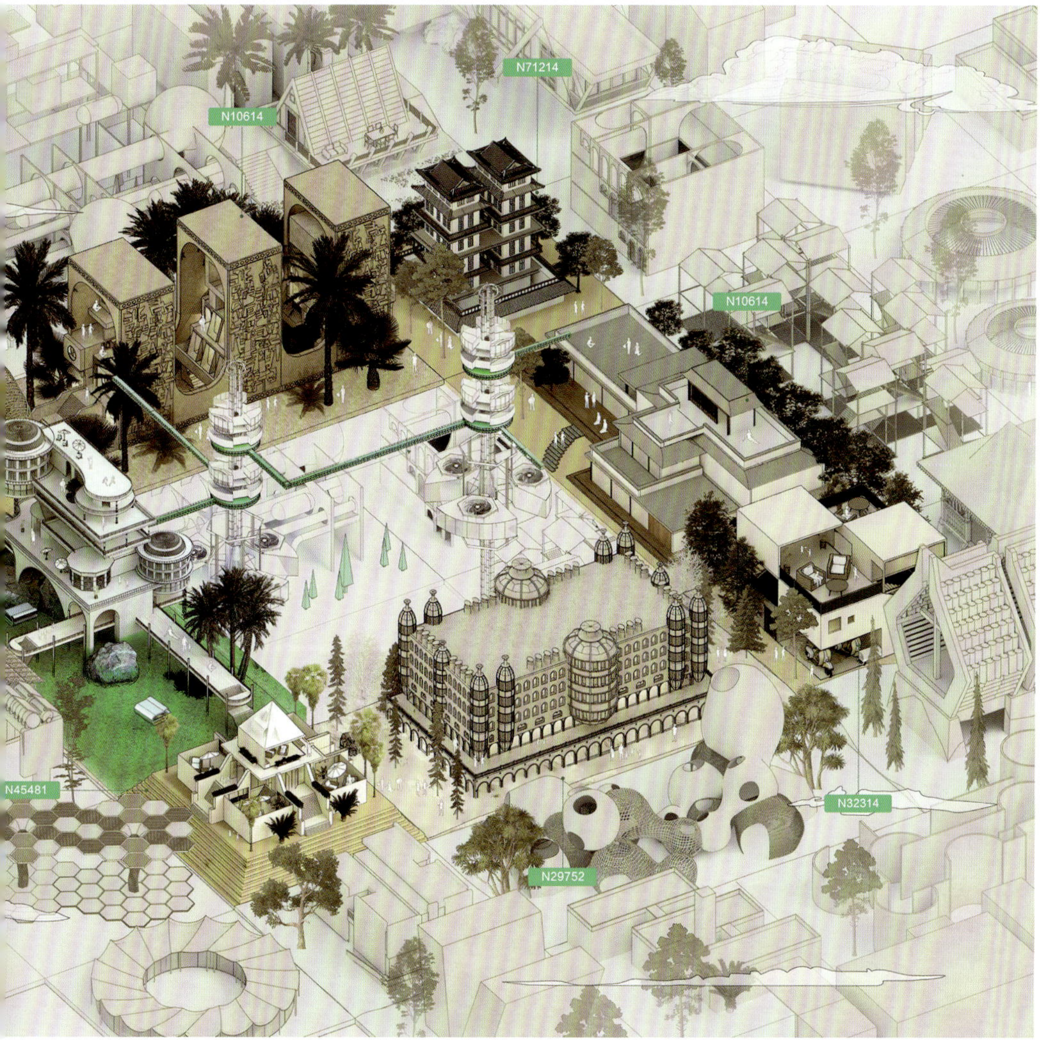
N71214
N10614
N10614
N45481
N32314
N29752

6651世界中，人工智能决定干预工业革命的起点。它选择了非洲大陆作为工业革命的发源地，而不是英国。最终随业革命的推进，女性也拥有了更多机会。家庭内的决策不再依赖于丈夫的权威。夫妻之间可能更平等地参与家庭事规划和决策，形成更为合作的家庭结构。

我生活在一个正在经历变革的世界中，这是一个充满希望和机遇的时代。随着工业革命的到来，我们的社会发生了翻天覆地的变化。我和姐妹们不再局限于家庭和生育，我们有机会参与到工作和决策中去。
在我们的社会中，女性成为了家庭经济的重要来源。我们的母亲教导我们如何成为一个独立、坚强、自主的女性，她们是我们的榜样和导师。
我们和丈夫围着家中的大树一起商讨家庭的重要事务，共同制定计划，为家庭的繁荣和幸福而努力。

3.

在N29752平行宇宙中，人工智能更改了苏联在计算机科技领域的成就，冷战期间，苏联在量子计算机技术方面通过
投资和科研实验从而获得巨大进步。苏联的量子计算机网络覆盖了整个欧洲地区，成为一个巨大的信息网，能够实时
个国家的情报和动态。这使得苏联在军事、情报和政治决策上拥有了无与伦比的优势，最终实现了对欧洲的控制，并
美苏争霸的胜利。

这里是苏联，上世纪冷战期间，我们研发出了超级量子计算机，这使得我们能够以前所未有的速度解决复杂的问题，我们的量子计算机网络覆盖了整个欧洲地区，形成了一个巨大的信息网，能够实时监控各个国家的情报和动态。
我们最终成为了欧盟与北约的主导者，我们的建筑汲取了欧式文艺复兴时期建筑的精华。
我们的贵族以宫殿为府邸，这里的家具也全部走的是奢华风，木雕镀金，雕刻涡卷纹、扇贝花饰……
我们在这里举行宴会，纵然一片冰天雪地，我们的一举一动都充满了礼仪与仪式，每一步的行动都受到严格规范，音乐、舞蹈、艺术是我们生活中最重要的部分。
欧洲宫廷文化对我们的影响还延伸至后来的艺术发展。文艺复
实主义和明暗对比深刻地影响了我们的绘画作品。
我们钟爱古典音乐，宫廷音乐的兴盛影响了古典音乐的发展，
建筑、绘画和音乐成为了宝贵的文化遗产，对我们的现代文化
的影响。

剖面图效果

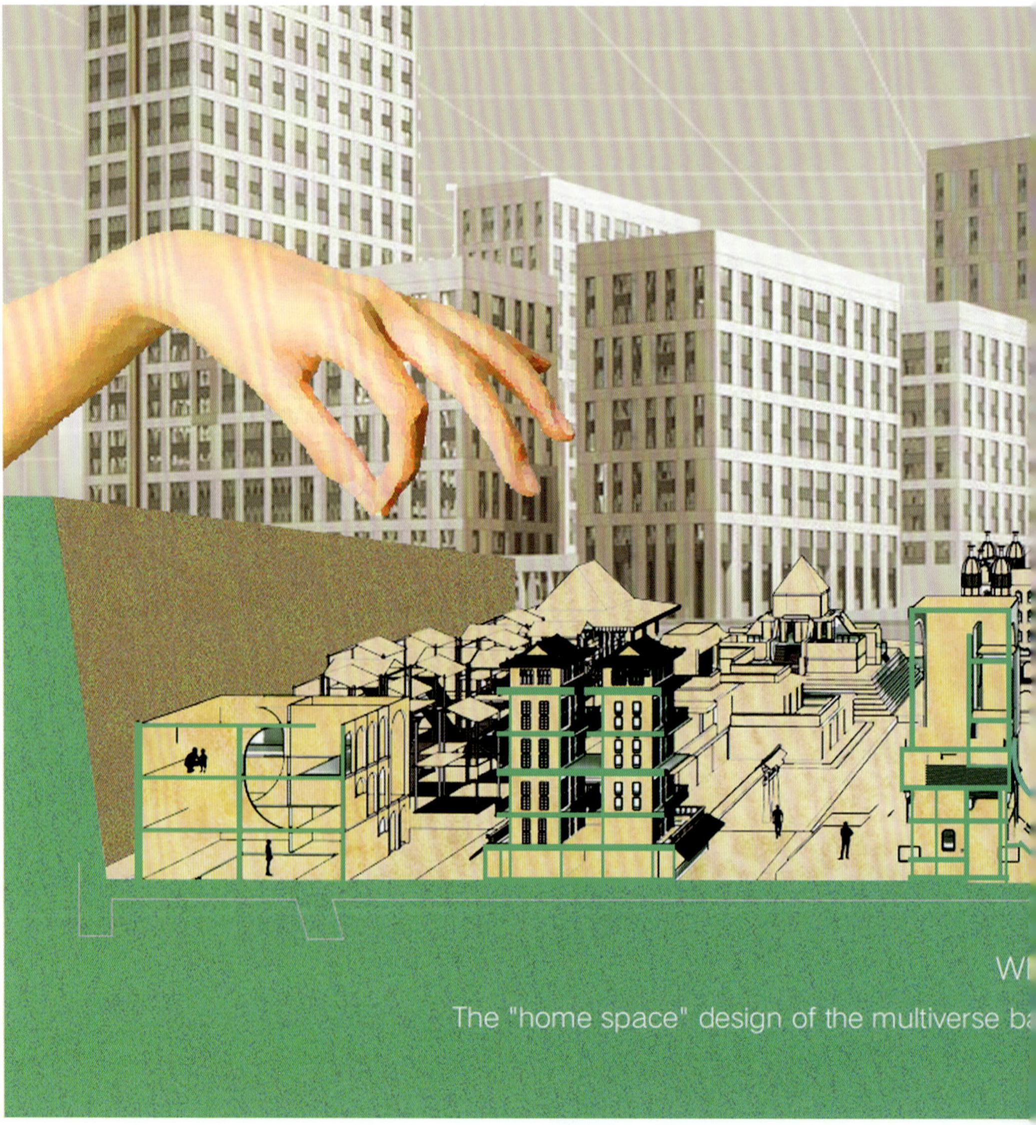
The "home space" design of the multiverse

45481世界中，人工智能决定在古埃及文明期间引入高级技术。在新的科技指引下，古埃及迅速脱颖而出。巨大的金不仅成为世界的奇迹，更成为科技和文化的象征。高度发达的科学、数学和工程学让古埃及在世界舞台上占据了显赫位。与此同时，古埃及内部的权力阶级分层被推到极致，权力掌握在金字塔的最顶层。

在古埃及的尼罗河畔，有一个神秘而辉煌的国家，那就是我们的家园。我们生活在这片土地上，见证了一次奇迹般的改变，那是我们文明的转折点。
数千年前，我们的先知们接触到了一种前所未有的技术力量，那是来自遥远未来的神秘能量，超越了我们的想象。我们的先知们不愿让这种力量被世人遗忘，于是决定将它引入我们的国家，以带来新发展和希望。
技术进入我们的文明时，生活发生了翻天覆地的变们的建筑变得更加壮观，不仅仅是墓葬，更成为了明的象征。我们的艺术和变得更加精湛，吸引了世的目光。
更重要的是，我们的科技和文化开始迅速发展。我们学会了先进的农业技术和水利工程，使得我们的土地更加富饶。我们的医学和卫生系统变得更加先进，人们的健康状况得到了显著改善。
随着时间的推移，我们的国家变得越来越强大。我们的声音被世界听到，我们的文化和技术影响了整个地球。我们成为了世界的超级大国，我们的国家成为了希望和梦想的象征。
然而，我们也面临着新的挑战。其他国家对我们的强大产生了嫉妒和恐惧，我们不得不时刻保持警惕。但在我们心中，我们知道，我们的文明将永远闪耀着光芒，引领我们走向更美好的未来。
这就是我们的故事，我们生活在一个永恒的埃及，我们是这个世界的创造者和守护者。

?
tificial intelligence and other relationships

8 华南区作品

北京工业大学·“室内设计 6+”2024 第十二届联合毕业设计（实验组）开题报告会

2023_2024_
DIGITAL_ DESIGN_ &_
INTELLIGENT_ LIFE_
“室内设计6+”2024第十二届联合毕业设计（东北区）开题报告会
暨第四届东北地区环境设计教育教学研讨会
数字化设计
& 智慧生活

吉林艺术学院·“室内设计 6+”2024 第十二届联合毕业设计（东北区）开题报告会

室内设计6+”2024第十二届联合毕业设计（华北区）开题报告会

2024.01.13 河北·正定·常宏展示中心

DIGITAL_DESIGN_&_
INTELLIGENT_LIFE_

河北 · 正定 · 常宏展示中心 · “室内设计 6+” 2024 第十二届联合毕业设计（华北区）开题报告会

江南大学 · “室内设计 6+” 2024 第十二届联合毕业设计（华东区）开题报告会

2023_2024
DIGITAL_DESIGN_&
INTELLIGENT_LIFE_
终期答辩会（华西区）

西安美术学院·“室内设计 6+”2024 第十二届联合毕业设计（华西区）毕业答辩报告会暨西安美术学院校级专项项目数字化设计与智慧生活“室内设计 6+”作品展暨研讨会（2024ZX02）

“室内设计6+”2024第十二届联合毕业设计
2023 NOV JUN 2024
CHINA ARTISTS ASSOCIATION
环境艺术设计委员会
中国建筑学会
室内设计分会 IID-ASC
“室内设计6+”2024第十二届联合毕业设计
2023 NOV JUN 2024
嘉宾阵容
南昌大学建筑与设计学院
ARCHITECTURE & DESIGN COLLEGE OF NANCHANG UNIVERSITY
2024-5-25

南昌大学·“室内设计 6+”2024 第十二届联合毕业设计（华中区）毕业答辩报告会